수정증보판

수학은
자유이다

수정증보판

수학은 자유이다

신기영 지음

The essence of mathematics is in its freedom.
– Georg Cantor

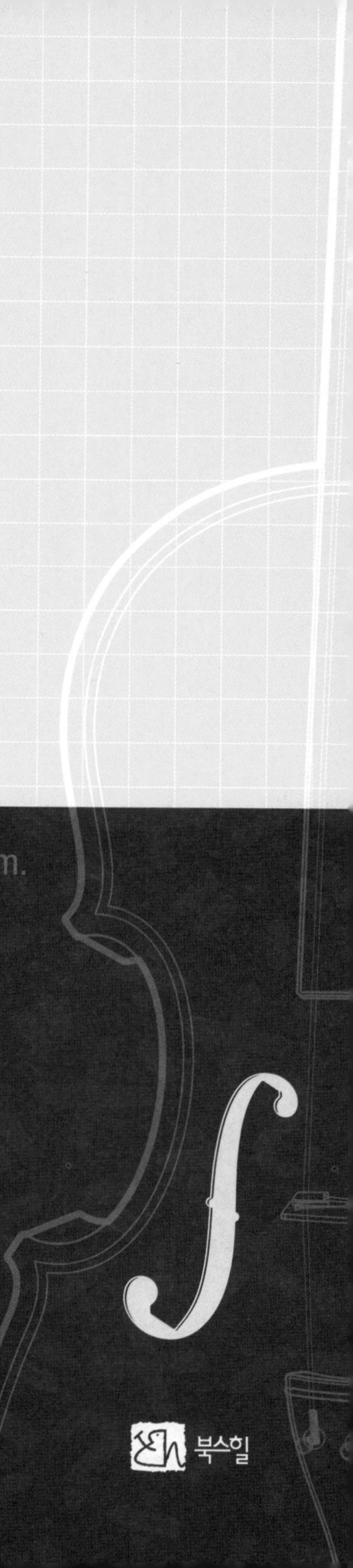

북스힐

추천의 말

우리는 초등학교에 들어가기도 전 단계인 유치원 또는 어린이집에서부터 수학을 배우기 시작하여 한평생을 배운다. 그렇게 오랜 세월을 배웠음에도 대부분의 사람들은 수학을 막연히 어려운 학과목, 또는 머리 좋은 사람들만이 할 수 있는 학문 정도로 여긴다.

이 책은 우리 주변에 지천으로 널려 있는 수학을 찾아 약간의 살을 붙여 수학에 대한 막연한 생각을 가진 사람들에게도 "아하! 이런 것이 수학이구나"라는 생각을 갖도록 하였다.

거실이나 휴게실의 탁자 위에 올려 놓고 마치 단편 소설집이나 수필집을 읽듯 아무 때나 시간 날 때 조금씩 읽어 보면 자기도 모르게 수학에 관한 지식이 늘어나고 그로 인하여 수학과 친해지도록 꾸며 놓았다.

사실 수학의 역사는 인류의 역사와 함께 한다. 그리고 지금도 발전하고 있는 것이 수학이다. 선형대수학을 예로 들어 보자.

이미 2300여 년 전에 쓴 『구장산술(九章算術)』이라는 책에 오늘날의 가우스 조르단 소거법에 해당하는 '쓸어내기 방법'이 나와 있다. 우리가 중학교에서 배운 선형방정식계('연립 1차 방정식'을 요즘은 대학에서 '선형방정식계'라 부른다)를 행렬로 나타내고 여기에 행(가로줄) 변환을 하여 간단한 방정식의 계(시스템 모임)로 바꾼 것이다.

그런데 미지수의 개수가 많아지고 방정식의 개수가 많아지면 계산의 양이 많아져서 다루기가 힘들고 지겨워진다. 그러나 최근에 대용량 컴퓨터의 발달로 지겨운 계산은 모두 컴퓨터가 하도록 하여 다시 연구가 시작되었다.

많은 경제이론가들은 이를 이용하여 한 나라의 경제 또는 세계 전체의 경제를 한 눈에 볼 수 있도록 모델을 만들었다. 이렇게 하여 몇몇 경제학자들은 노벨상을 받았다.

그러나 그들이 결코 어려운 수학 이론을 쓴 것은 아니다. 우리가 고등학교에서 배운 두 행렬의 곱셈을 이해하는 정도의 수학적 개념을 사용하였다.

행렬의 곱셈이란 무엇인가? 그것은 요소의 개수가 같은 두 n겹수를 하나는 가로로 하나는 세로로

$$(a_1, a_2, \cdots, a_n)\begin{pmatrix} b_1 \\ b_2 \\ \vdots \\ b_n \end{pmatrix}$$

과 같이 놓고 대응하는 위치에 놓인 수끼리 곱해서 합치는 것이다. 즉

$$a_1 b_1 + a_2 b_2 + \cdots + a_n b_n$$

을 구하는 것이다.

이 계산은 초등학교 2학년 정도의 산수 실력을 가진 사람이면 쉽게 할 수 있다. 같은 연산을 여러 번 반복하다 보니 금방 지겨워지겠지만 컴퓨터는 지겹다는 말을 하지 않고 금방 계산한다.

이번에는 두 n겹수 $(a_1, a_2, \cdots, a_n)$과 $(b_1, b_2, \cdots, b_n)$을 n차원 공간의 원소(이것을 벡터라 한다)로 여기고 같은 계산

$$a_1 b_1 + a_2 b_2 + \cdots + a_n b_n$$

을 하여 보자. 이 때는 이것을 내적(內積)이라 한다. 이것과 $(a_1, a_2, \cdots, a_n)$의 크기 $\sqrt{a_1^2 + a_2^2 + \cdots + a_n^2}$과 $(b_1, b_2, \cdots, b_n)$의 크기 $\sqrt{b_1^2 + b_2^2 + \cdots + b_n^2}$을 비교한 값

$$\frac{a_1 b_1 + a_2 b_2 + \cdots + a_n b_n}{\sqrt{a_1^2 + a_2^2 + \cdots + a_n^2}\sqrt{b_1^2 + b_2^2 + \cdots + b_n^2}}$$

을 두 벡터가 이루는 사잇각 θ의 코사인이라 한다. 즉

$$\cos\theta = \frac{a_1 b_1 + a_2 b_2 + \cdots + a_n b_n}{\sqrt{a_1^2 + a_2^2 + \cdots + a_n^2}\sqrt{b_1^2 + b_2^2 + \cdots + b_n^2}}$$

과 같이 정의한다.

사실 3차원 이상의 고차원에서 두 벡터가 이루는 사잇각을 상상하기는 어려운 일이다. 그러나 이와 같이 기초적인 연산으로 이들을 소개한다면 공간 개념이 발달하게 되고, 이들은 이 공학의 여러 분야를 이해하고 설명하는 데 큰 도움이 된다.

필즈상을 받은 일본인 수학자 히로나카 헤이스케(廣中 平祐)는 그의 자전적 책『학문의 즐거움』에서 필즈상을 받게 한 그의 논문 '특이점 해소'를 쓰게 된 아이디어 중 하나는 어릴 때 부모님들이 믿었던 불교의 내세관에서 영감을 얻은 것이라고 하였다.

3차원 공간의 곡선의 뾰족한 점이라도 차원을 높임으로써 매끈한 곡선으로 바꿀 수 있다는 것이 이 아이디어의 바탕이다. 이렇게 230쪽에 걸친 긴 논문(정확한 논문의 제목은 '표수 0인 체 상의 대수적 다양 체 특이점의 해소'이다)도 우리 주변에 있는 평범한 생활 요소에서 아이디어가 될 수 있다.

이렇듯 이 책은 생활속의 수학을 모티브로 하여 써진 책으로 무료할 때 아무 쪽이나 열어 읽어 보면 아주 필수적인 마음의 양식을 얻을 수 있는 소재들로 가득 차 있다.

한국과학기술원 교수 한국수학교육학회 회장
최영한

수정 증보판을 내면서

지구상에는 수많은 서로 다른 언어와 문자가 있다. 그로 인해 국가 간, 민족 간 소통의 어려움이 있고 때로는 문화적 갈등의 요인이 되기도 한다. 이를 극복하기 위하여 뜻 있는 사람들이 모여 세계적으로 통일된 문자와 언어를 만들자는 운동을 전개하고 있기도 하다. 이른바 에스페란토(Esperanto) 운동이다. 그러나 인위적인 이 운동은 별로 성공적이지 못한 듯하다.

그런데 학문적으로 만국 공통어가 있으니 그것은 바로 수학이다. 지역이나 문화나 사상이 달라도 학문의 내용은 물론이고 사용하는 기호도 세계 공통이다. 어떻게 이런 일이 이루어질 수 있었을까? 보편적 진리로 가장 합리적인 논증을 통해 이루어진 학문 중의 하나가 수학이기 때문이다.

수학은 학문 그 자체로 의미가 있으며 나아가 인류 문명 발전에 이바지하고, 특히 과학 발전의 중요한 도구로서의 가치가 있음은 분명하다. 특히 물리학자들은 수학을 과학의 언어라고까지 한다. 이 언어를 모르면서 무엇을 어떻게 논할 수 있단 말인가?

최근에 '스토리텔링'이라는 방법으로 수학을 좀 더 쉽게 가르치려는 움직임이 활발하다. 필자는 평소 수학을 가르치면서 몇 가지 신념을 가지고 있었다.

첫째, 수학을 생활과 연관시킨 '생활수학'으로 설명하자!

둘째, 수식만이 아닌 '스토리텔링'을 통하여 어려운 수학을 쉽고 재미있게 전하자!

셋째, 수학을 위한 수학 선생이 아니라 학생을 위한 수학 선생이 되자!

그래서 『대전일보』에 '신기영 교수의 수학이야기'라는 칼럼으로 일반인들에게 재미있는 수학을 전파하려 노력해 왔다. 2003년에 그 글들을 모아 『수학은 자유이다』라는 제목으로 출판하여 현재 4쇄가 출간되었다.

중 · 고등 학생들과 일선의 중등계 수학 선생님들이 많이 애독해 주셔서 기쁘고, 서울시 교육청과 인천시 교육청에서 지정한 고등학생을 위한 권장도서 목록에 들어간 것도 큰 보람으로 느낀다.

이 책의 출간 이후 유사한 형식의 수학 대중서들이 많이 출간되었다. 수학의 '스토리텔링'을 먼저 시도했던 나로서는 많은 독자들에게 수학이 좀 더 쉽게 다가가고 있다는 점에서 매우 반갑다.

그동안 많은 독자들의 격려와 조언이 있었다. 『조선일보』 논설위원 김형기 씨가 이 책을 읽고 '황희정승과 집합'을 인용하여 쓴 논설이 있었는데 책의 저자로서 기쁜 일이 아닐 수 없었다. 그리고 이 책이 출간된 지 15년이 지난 어느 날 서울 소재의 중학교 수학 선생님으로부터 전화를 받았다. 자신을 수학과 한글을 사랑하는 사람이라 소개하며 많은 조언과 제안을 주셨다. 수학적 재능과 수학 교육에 대단한 열정을 가진 분이시라는 것을 느낄 수 있었다. 현역 교사로서의 의견이라 더 없이 귀하고 고마웠다.

이 책이 교육현장에서 교육 자료로도 활용되고 있음에 사명감과 함께 책의 내용을 좀 더 보강해야 할 필요성을 느꼈다. 그동안 많은 분들이 보내주신 관심과 사랑에 용기를 얻어 부족한 부분을 채우고, 여성 수학자들과 구면기하학에 대한 내용을 더하여 수정 증보판을 낸다.

수학을 어려워하는 학생들에게는 흥미를, 수학을 좋아하는 학생들에게는 더 많은 수학의 생각거리를, 그리고 일반인들에게는 일상에서의 수학적 시야를 갖는 일에 도움이 되길 바란다. 수학을 가르치는 선생님들에게도 유용하게 활용되는 좋은 자료가 될 수 있으면 더욱 기쁘겠다.

마지막으로 이 책을 출간하면서 바라는 점은 책을 읽은 독자들이 보내준 질문과 의견으로 더 풍성한 다음 판이 나올 수 있었으면 하는 것이다.

이 책을 나의 아내이며 수학적 동반자인 이기동 선생님께 바친다.

감사합니다.

2019년 11월, 저자

초판 머리말

수학의 중요성을 말하는 사람은 많다. 그러나 "수학이 뭐길래?" 하며 어떤 면에서 어떻게 중요한가에 대해 구체적이고 알기 쉽게 말하는 사람은 그리 많지 않은 듯하다.

과학자이며 미래학자인 칼 사강은 "우리는 과학과 수학에 크게 의존하는 사회에 살고 있지만 과학과 수학을 제대로 아는 사람은 그리 많지 않다. 이것은 우리 미래에 재난을 불러들이는 확실한 징조이다"라고 이야기한 바 있다.

이런 재난을 피하기 위해서인지 우리는 우리 자녀들에게 유아 시절부터 초·중·고등학교에 이르기까지 많은 교과목 중에도 수학을 가장 비중 있는 교육과정으로 가르치고 있다. 그런데 이렇듯 중요한 학문이 따분하고 귀찮게 인식되고 있는 것은 역설적이다.

매우 논리적이면서도 추상적인 것이 수학 특성의 일면이다. 또 바로 이런 점이 수학의 존재 의미와 장점이다. 그런데 그런 특성과 장점들이 깊이 사고하려 하지 않는 사람들에게는 수학을 거북스러운 대상으로 취급하게 하는 요인이 된 듯하다.

그러면 수학을 전공하고 가르치는 사람들에게 이런 문제 해결을 위한 어떤 책임은 없을까? 사실 많은 수학자들이 수식이 아닌 일상 언어로 수학적 사실을 설명하는 데 매우 소홀히 하고 있다.

수학은 인류 문화의 원천이며 모든 과학의 기초가 되는 학문이라는 것에는 누구도 이의를 제기하지 않는다. 더 나아가 수학은 과학의 언어라고까지 이야기하는 사람도 있다. 언어를 모르면서 무엇을 말할 수 있겠는가? 실제로 수학은 모든 학문을 설명하는 데 기본 도구가 되며 일상생활에 필요 불가결한 학문이라는 것을 우리는 잘 알고 있다.

21세기를 지식기반사회라고 한다. 이 말은 특정 분야에 탁월한 지식을 지닌 사람들과 더불어 지적 인프라가 대중화되어야 한다는 말이기도 하다. 그 어떤 학문도 나름대로 그 학문의 정체성이 있으며 심오한 내용들로 이루어져 있지 않은 것이 없다. 그러나 그 학문이 그들 전문가들의 전유물로만 남아 있다면 무슨 의미가 있겠는가?

수학의 대중화도 마찬가지라 생각한다. 이제 수학도 수학 교과서나 수학자들의 두뇌 밖으로 나와 친근하게 대중 속으로 스며들어야 한다. 그런 면에서 수학자들의 의식 변화와 책임에 따른 새로운 시도에 어떤 동기 설정이 필요하다고 생각한다. 수학을 위한 수학도 필요하지만 대중 속의 수학이 되도록 마땅히 노력을 아끼지 말아야 할 것이다.

아침에 신문을 읽던 아빠가 식탁에서 자녀들에게 신문에 나온 이런저런 세상 돌아가는 이야기를 들려주고 토론하는 경우가 있다. 이처럼 어떤 아빠가 가끔 신문에 실린 수학에 관한 에피소드를 자녀와 나눈다면 그는 세련된 아빠임이 분명하다.

2001년 초『대전일보』에서 이런 멋진 엄마 아빠를 위해, 그리고 수학의 대중화를 위해 수학 관련 칼럼 연재를 기획하고 필자에게 자문을 구해왔을 때 필자는 신선한 충격을 받았다.

아무리 모든 소재가 신문 기고의 대상이 된다고 하지만 수학에 관심을 가져주는 멋진 생각을 가진 용기있는 언론인들도 있구나 하는 생각이 들었기 때문이다.

신문 독자들은 매우 다양하다. 다시 말해 대중이다. 대중 매체인 신문 지면을 할애 받아 생활 속의 수학 이야기들을 전할 수 있는 좋은 기회가 나에게 주어진 것은 정말 행운이었다.

이렇게 해서 '신기영 교수의 재미있는 수학 이야기' 1800자 칼럼이 탄생하게 되었고 몇 달의 준비를 거친 후 집필에 들어갔다. 이어 2001년 6월부터 주 1~2회로 약 반년 간 '재미있는 수학'이 연재되었다.

그 동안 정리해 왔던 수업안과 대전일보의 동기 부여에 힘입어 졸작이지만 '수학은 자유이다'라는 책이 엮어져 나오게 되었다. 진심으로 대전일보에 감사드린다.

글의 순서는 자유분방하게 배열하였다. 그러나 전반부는 대전일보에 연재했던 것들을 연재 순서대로 배열하였다.

글의 내용은 대부분 우리들의 생활과 자연에서 수학적 모티브를 찾은 것이다. 좀더 나아가 수학 역사 속에서 가장 극적이었던 것들부터 현대 수학에 이르기까지 엄선된 테마들을 수필 형식을 빌려 가능한 일상 언어로 썼다. 생활 속의 수학을 소개하려고 노력한 것이다.

어떤 좋은 저작물도 책장에 꽂혀 있으면 무용지물이나 마찬가지다. 이 책은 책장 속이 아닌 식탁 위의 책으로 모든 사람들의 벗이 되어주었으면 하는 바램이 간절하다.

수학에 관심이 있는 중 · 고등학교 학생들에서부터 자녀들 수학 지도를 하는 부모에게까지 특별한 수학 지식이 없어도 읽을 수 있도록 쓰려고 노력하였다. 대학에서 교재로 사용할 수도 있을 것이다. 특별히 중 · 고등학교 수학 선생님들이 수업 현장에서 활용하면 좋은 자료가 되리라 확신한다.

다행스럽게도 필자의 내자 역시 수학을 전공하였고 중학교에서 수학 교사로 재직 중이다. 글의 테마를 정할 때나 내용 구성에 있어 필자는 내자의 도움을 많이 받았다. 부부 수학자 가정으로서 시너지 효과가 있었다면 우리 부부는 남다른 축복을 받은 경우라 하겠다.

또 필자가 재직하고 있는 대학의 수학과 대학원생들, 특히 교직에 있으면서 교육대학원에서 공부하는 학생들의 자문에 감사드린다. 더 나아가 수업 지도 시 매우 유익한 자료로 활용하고 있다는 소식을 접할 때 큰 보람을 느낀다.

연재 중 성원해 준 독자들과 대전일보 웹사이트에서 칼럼을 열람하고 격려를 해 준 많은 교사들에게도 심심한 사의를 표한다. 또 원고를 검토해준 동료 교수들과 자료 정리에 정성을 다 해준 박선희, 김효정님께도 고마운 마음을 보낸다.

정선된 대학 교재와 자연 과학에 관련된 흥미로운 교양 서적을 많이 간행한 저명한 출판사 '북스힐'에서 본 저서를 출간하게 된 것도 행운이라고 생각한다. 이 모든 것을 하나님께 감사드린다.

마지막으로, 완성도 낮은 저작임에도 불구하고 완독하시고 추천사를 써 주신 한국과학기술원 교수이시며 한국수학교육학회장이신 최영한 교수님께 감사드립니다.

2003년 2월, 저자

차 례

추천의 말	v
수정 증보판을 내면서	ix
초판 머리말	xi
01 수학의 변명	1
02 짝짓기와 함수	5
03 2진법과 주역(周易)	9
04 부울대수와 논리회로	13
05 수학의 바탕은 자유이다	17
06 한석봉 어머니와 미적분	21
07 토정비결의 수학적 구조	25
08 황희 정승과 집합	31
09 수학과 논리언어	35
10 수학과 미터법	39
11 수학의 역설	45
12 원주율 π(파이)	49
13 꿀벌의 집 정육각형	53
14 왜 사각형 맨홀 뚜껑은 없는가?	58

15 위상적 동형 62
16 수의 집합 체계 66
17 대수학이란? 70
18 시인과 수학 74
19 기하학이란? 79
20 삼각형 내각의 합은 어느 경우에나 180°인가? 84
21 세상은 곡선이다 89
22 사랑과 이별의 원추곡선 92
23 인천공항에서 LA공항까지 최단거리는? 96
24 통계(학)의 허실 100
25 지구는 둥글고 할 이야기는 많다 104
26 전칭명제와 존재명제 108
27 피라미드계의 문제점 112
28 귀류법 116
29 1 + 1 = ? 120
30 독특한 수 배열과 1에 대한 이야기 124
31 대칭수와 회문 127
32 가우스함수는 어디서 왔을까? 131
33 걸리버의 수학 134
34 제주도 둘레는 얼마인가? 138
35 반복법과 프랙탈 142
36 여의봉과 벡터 146
37 수학의 도미노 이론 150

38 가장 큰 수는? 154
39 태양력과 태음력 158
40 A_4 용지 속의 수학 163
41 한 붓 그리기 167
42 놀이와 확률 171
43 게임 속의 수학 175
44 필요 조건, 충분 조건 179
45 관계 183
46 무한집합과 초한수 187
47 대수적 수와 초월적 수 192
48 집합론의 모순 196
49 π, e, i, 0, 1 200
50 단위의 기준 205
51 수학 퍼즐 I 209
52 수학 퍼즐 II 213
53 신문 속의 수학 217
54 담배씨 산법 221
55 우리나라의 수학 225
56 대칭성과 규칙 229
57 황금비 233
58 음악 속의 수학 237
59 다차원 241
60 직교좌표계와 극좌표계 245

61 수학올림피아드와 필즈상 249
62 수학용어의 정의 253
63 기호의 발전 257
64 암호학의 발전 261
65 수학과 정보 보호 265
66 증명되지 않은 것은 틀린 것인가? 269
67 페르마의 마지막 정리와 앤드루 와일스 273
68 3대 작도 불능 문제 277
69 피타고라스 생애 281
70 피타고라스 업적 285
71 유클리드 290
72 데카르트 294
73 수학의 천재성과 가문 298
74 신이 사랑한 아벨과 갈루아 302
75 뉴턴과 라이프니츠 306
76 수학의 왕 가우스 310
77 칸토어 314
78 직관주의와 앙리 푸앵카레 318
79 형식주의와 힐베르트 322
80 여성 수학자 에미 뇌터 326
81 최초의 여성 수학자 히파티아 330
82 러시아 여성 수학자 소피아 코발레프스카야 335
83 이란의 여성 수학자 마리암 미르자카니 339

01 수학의 변명

그 어떤 학문이라도 학문 스스로만을 위해서 존재한다면 인류문명과 역사 속에서 사라질 수밖에 없을 것이다. 다양한 분야의 학문을 통한 인류의 물질적, 정신적 발전은 역사가 시작된 이래 오늘에 이르기까지 계속되어 왔다.

수학은 언뜻 보면 우리의 일상생활과는 거리가 있는 학문처럼 보이기도 한다. 하지만 수학이 우리의 삶과 밀접한 관련이 없었다면 오늘날까지 학문의 중요한 분야로 자리 잡을 수 있었을까?

수학은 인간의 삶을 정신적으로나 물질적으로 풍요롭게 하는 데 상당한 역할을 해왔다. 가깝게는 돈을 계산하고, 물건을 세는 것에서부터 멀게는 하늘을 나는 비행기의 항로 계산에 이르기까지 수학은 우리 생활 곳곳에 스며있는 학문이다. 때론 다른 학문의 기초가 되기도 하고, 때론 다른 학문에 응용되기도 한다. 급변하는 미래사회에서 수학의 역할은 더욱 커질 것이다.

하지만 학창시절 수학 과목을 떠올리면 행복한 기억보다는 괴로운 추억이 더 많은 우리들이기에 수학이 그리 편하지만은 않다.

수학이라는 학문 분야는 그 접근과 전개 방법이 과학적이고 논리적이면서도 때론 추상적이기도 한 탓에 편하게 공부할 수 있는 분야가 아닌 것은 분명하다. 사실, 우리 모두가 수학자가 될 수는 없다. 하지만 우리 생활 속에 깃든 수학에 대해 의문을 갖고 해답을 찾거나 나아가 수학적으로 접근해보려는 시도는 해볼 수 있을 것이다.

이 글을 쓰는 필자의 가장 큰 목적도 바로 일상에서 쉽게 만날 수 있는 수학을 소개하고자 하는 것이다. 필자는 오랜 세월 대학에서 학생들에게 수학을 가르쳤고, 아내 역시 중학교에서 수학을 가르쳐왔다. 남다른 재능이 있었던 것도 아니었지만 이렇게 평생을 수학과 특별한 인연으로 살아올 수 있었던 데는 어머니의 영향이 컸다.

나의 어머니는 정규 교육을 거의 받지 못하셨다. 그런데도 과일이나 생선을 사실 때 "얘들아, 조금 비싸더라도 큰 것을 사거라. 더 지불한 값에 비해 양이 더 많고, 맛도 좋다"고 하셨다.

수학이라는 걸 조금 터득한 후 생각해 보니 나의 모친은 훌륭한 생활 수학자였음이 분명하다. 왜냐하면 원의 넓이는 반지름의 제곱으로 늘어나고 구의 부피는 반지름의 세제곱으로 늘어난다는 수학적 사실을 남다른 생활 경험으로 터득하고 계셨던 것이다.

예컨대 반지름이 10 cm인 A란 수박은 1천 원이고, 20 cm인 B란 수박

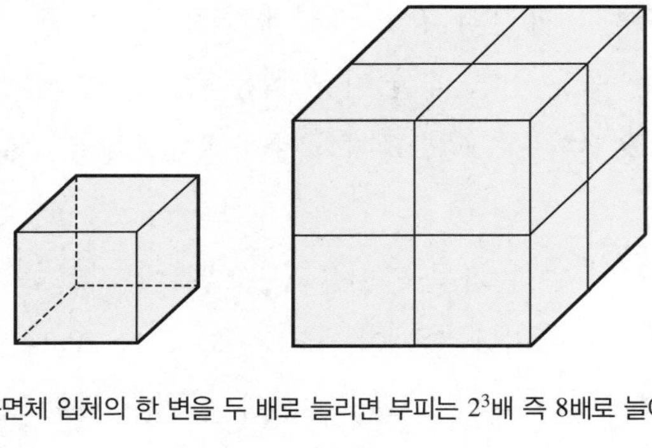

● 정육면체 입체의 한 변을 두 배로 늘리면 부피는 2^3배 즉 8배로 늘어난다.

레오나르도 다빈치의 신체비례도이다. 늘씬하고 멋진 미인을 빗대어 8등신이라고 하는 말도 수학적인 접근에서 시작된 것이다.

은 2천 원이라 하자. 중학교에서 배우는 부피 계산법에 의해 약간의 계산을 거치면 B의 값이 A의 두 배이지만 B의 부피는 A에 비해 무려 여덟 배나 된다는 것을 알 수 있다. 그렇다면 과일의 맛을 제외하고서라도 B라는 수박을 5천 원을 주고 산다한들 억울할 것 없이 훨씬 유리하지 않은가?

이렇듯 생활 속의 수학에 조금만 관심을 가지면 수학은 바로 나의 삶을 윤택하게 해주는 도구가 될 수 있다.

가끔 증권회사에 가보면 일별, 월별 가격 동향 그래프에 잣대를 대고 변화를 예측하는 사람들이 있다. 정상적인 경제 흐름의 곡선이란 걸 전제로 할 때, 미분이라는 것에서 접선의 기울기를 이용하여 곡선의 오목한 형태에서 볼록한 형태로, 혹은 볼록한 형태에서 오목한 형태로 바뀔 것이라는 사실을 미리 예측하는 것은 어려운 일이 아니다. 이를 근거로 주식의 매도나 매수의 타이밍을 정함으로써 이익을 극대화할 수 있다.

수학은 이런 물질적 효용에 그치지 않고, 인간의 사고와 판단에도 큰 도움을 준다. 바로 수학이란 분야의 특성이라고 할 수 있는 논리성이 그것이다.

수학은 과학의 언어라고 불릴 정도로 논리적인 진실을 추구한다. 평소 논리적으로 사고하고 판단하는 훈련이 되어 있는 것은 삶을 살아나가는 데 중요한 강점이다. 수학은 그런 논리적 사고와 논리적 판단을 훈련하는 데 큰 도움이 되는 학문이다.

수학은 어렵고 귀찮은 존재만은 아니라는 것을 독자에게 전하며 수학의 변명으로 삼고자 한다. 굳이 수학을 더 칭찬하자면, 수학은 미술이면서 음악이다. 더 나아가 자연의 언어이며 신의 메세지가 담겨 있기도 한 꿈꾸는 시인의 이야기이기도 하다.

이 책에서 소개하는 수학이야기는 현명한 삶을 살고자 하는 독자들에게 나의 어머니가 가진 지혜 못지않은 지혜를 전할 것이다.

02 짝짓기와 함수

오늘날의 컴퓨터 문화를 디지털 문화라고도 한다. 디지털이란 말은 본래 '손가락'을 지칭하는 디지트에서 유래했고 후에 손가락의 여러 용도 중에서도 세는 작업에 많이 쓰였기에 '세다'는 뜻도 지니게 되었다.

인류가 초기부터 물건이나 돈을 셀 때 오늘날처럼 자연수를 사용해서 자연스럽게 셌다고 생각되지는 않는다. 그러나 짝짓기(대응)란 방법에 의해서 자기 소유의 가축이나 수렵한 것들의 양을 나타낸 기록은 많이 있다.

예를 들면 닭 한 마리에 조약돌 하나, 두 마리에 조약돌 두 개…. 이런 식으로 닭과 조약돌을 대응한 후 보관하고 있는 돌의 수로 자신이 소유한 닭의 수를 파악하려 했다.

조금 인지가 발달한 후에는 동굴의 벽면에 숯 검댕을 사용하여 문자나 기호로 닭의 수를 나타내려 했던 기록 등이 나타난다. 다 아는 바와 같이 한문의 숫자 一, 二 , 三, … 등이 그 예일 것이다.

계산한다는 뜻을 지닌 글자로서 '산(算)'이란 한자 역시 대나무(竹)와 조개(貝)를 합성한 글이라 한다. 물건과 대응하여 계산할 때, 대나무나 조개를 사용했다는 근거일 것이다.

그 후 물건과 일대일 대응을 시킨 수로 자연수라는 것이 형성되고 그 표현으로 아라비아숫자 1, 2, 3,⋯ 이 세계적으로 사용하는 숫자로 정착했다.

이 대응, 즉 짝짓기 방법을 좀 더 수학적으로 일반화한 것이 함수(函數)이다. 함수는 많은 수학 용어 중 가장 핵심적이고 사용빈도가 많은 용어 중 하나이므로 조금 구체적으로 설명해 보자.

먼저 생과일주스를 만드는 모습을 떠올려 본다. 원액기와 같은 주스를 만드는 기계에 재료가 되는 과일을 넣으면 주스가 나온다. 오렌지를 넣으면 오렌지주스가 나오고, 사과를 넣으면 사과주스가 나오는 것이다. 넣는 재료가 달라지면 나오는 주스도 달라지게 마련이다.

수학에도 이런 논리에 따라 만들어진 많은 식들이 있는데 이들을 이른바 함수라 한다. 만약 들어가는 변수가 포함된 어떤 수식이 있다면 그 수식에 따라 기능에 따라 그리고 그 변수에 어떤 수가 들어가느냐에 따라 그것에 대응되어 나오는 결과들이 다양한 모습으로 나타날 것이다.

그래서 기능이라는 뜻의 영어 'function'의 첫 자 '*f*'를 따서 함수의

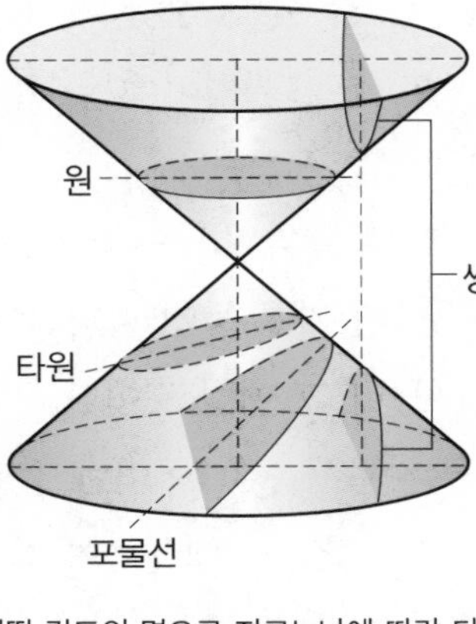

● 두 원추는 어떤 각도의 면으로 자르느냐에 따라 다양한 함수가 탄생한다.

기호로 쓰고 있다. 개인적으로는 함수란 용어를 그냥 '기능' 또는 '작업'이라고 했어도 무방하지 않을까 하는 생각을 해 본다.

어쨌든 짝짓기라는 방법론에 의해 만들어진 수학적인 함수들이 자연 현상이나 경제, 통계, 심지어는 사회과학에서 발생하는 현상들을 나타내고 분석해줌으로써 그들을 이해하는 데 많은 도움을 주고 있다.

수학이라는 것은 현실과 동떨어진 학문이 아니다. 우리 생활 속에서 발생하는 일들에서 출발해 미래지향적인, 그래서 조금은 추상적인 논리적 체계를 만들어 가는 것이다.

불교에서 말하는 인과응보(因果應報) 사상이나, '콩 심은 데 콩 나고, 팥 심은 데 팥 난다'는 우리 속담은 아마 항등 함수의 일종이 될 것이다.

교묘한 수식은 전문가에게 맡기고 되로 주고 말로 받는 2차 함수 정도만 생활에 접목시켜도 좋을 것이다.

덧붙여 삼각함수 중 사인, 코사인 곡선은 올라가면 내려오고 어려우면 좋은 때도 있을 것이라는 삶의 진리가 어우러진 인생의 수학 곡선이

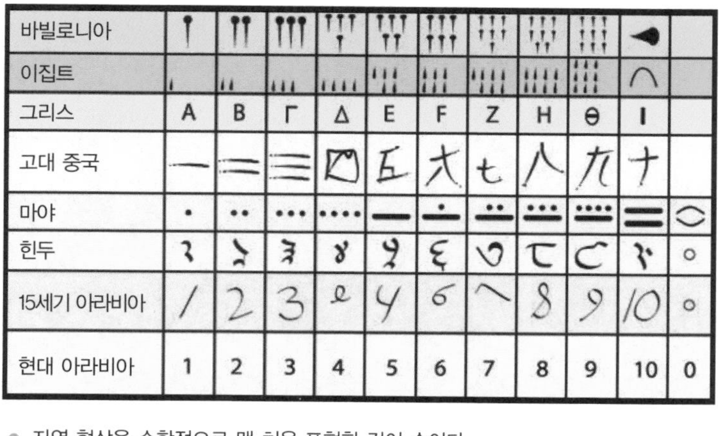

● 자연 현상을 수학적으로 맨 처음 표현한 것이 수이다.

라 해두자.

겨울에 하늘에서 떨어지는 눈송이는 거리를 거니는 젊은 연인들에게 낭만의 대상일지 모르지만 $\frac{1}{2}gt^2$이라는 시간의 이차함수로 표현되는 자유 낙하에 불과하다.

하늘과 땅 그리고 사람의 상호관계에 내재된 평범한 진리들을 수학적으로 표현한 것들이 함수가 될 수 있을 것이다.

03 2진법과 주역(周易)

수의 표기법, 즉 기수법에는 다양한 방법들이 있다. 특히 동양에서는 12지(支)를 근간으로 하는 12진법이 자주 사용되어 왔다.

여기에 10간(干)을 첨가하여 갑자(甲子), 을축(乙丑), …과 같이 간지(干支)를 조합하여 10과 12의 최소공배수인 60이 또 하나의 기수법으로 사용되기도 했다.

이른바 60갑자(甲子)가 그것이다. 오늘날도 시간은 12진법으로 사용하고 있으며 분, 초, 각도 등에서는 60진법이 사용되고 있다. 그 외 2진법, 5진법 등이 있으나 10진법이 가장 보편적인 기수법으로 정착되었다.

10진법 수 체계의 특징은 0을 사용한 것이고 10을 기준으로 하여 나타냈다는 것이다.

예컨데 "복숭아가 365개 있다."라는 말은 100(10^2)개씩의 무더기가 3개이고 10(10^1)개씩의 무더기가 6개이며 1(10^0)개씩의 무더기가 5개 있다는 뜻이다.

여기에서 자릿수 단위의 호칭을 생략하고, 자릿수 크기 순서로 그 무더기 개수만을 써 놓은 것이 365이다. 이와 같은 방법으로 표현한 것을 위치수라 하며 10을 기준으로 할 때, 10을 밑수로 한 위치수라 한다. 즉

10진법인 것이다.

이렇게 대단했던 10진법의 위세도 역사의 흐름에 따라 바뀌게 되었다. 바로 디지털 시대로의 변화 때문이다. 2진법이라는 디지털 세계의 기수법은 이제 우리의 생활과도 밀접한 관련을 가진다.

이야기를 바꾸어, 전기를 통하게 하는 물체를 도체(導體)라 하고, 통하지 않는 물체를 부도체(不導體)라 한다. 그런데 반도체(半導體)라는 것, 즉 어떤 조건의 변화에 따라 도체가 되기도 하고 부도체가 되기도 하는 이런 변덕스러운 물체가 오늘날을 대표하는 디지털 문화를 좌지우지하고 있으니 기가 막힐 일이다.

바로 이런 반도체 성질을 지닌 물질이 실리콘인데, 미국 IT산업의 본산지가 실리콘 밸리라 불리는 이유이기도 하다. 컴퓨터는 바로 이 반도체로 만들어진다.

그런데 컴퓨터가 아무리 복잡한 구조를 지닌다고 해도 전기의 흐름과 차단의 순서에 의해 모든 작업을 하고 그 작업의 명령과 프로그램은 그것에 대응되는 신호인 +와 −, 또는 −와 −− 혹은 1과 0 등 두 개로 된 체계에 의존한다.

이들 중 쓸 만한 것은 수학적 알고리즘이 원만한 0과 1로 된 2진법 체계인 것이다. 어떤 수나 언어도 0과 1에 대응하여 나타낼 수 있으며 컴퓨터는 이것에 의해 표현된 명령대로 작업을 할 수밖에 없다. 이런 면에서 이 녀석은 좀 멍청하게 0과 1만 계속 중얼거리는 어린아이 같기도 하다.

컴퓨터를 처음 구상한 사람은 17세기 프랑스의 수학자 파스칼이다. 어느 날 중국에서 선교 활동을 하고 있던 천주교 신부인 친구로부터 온 편지에 "여보게 파스칼! 중국에는 2진법이 일상화돼 있다네……." 하는 내용을 받아보고 파스칼이 감동했다는 일화가 있다.

● 이 8괘는 2진법 세 자릿수와 같다. --은 0, -은 1로 나타낼 때, 곤괘를 000 즉 0이라 하면 건괘는 111 즉 7이고, 감괘는 010 즉 2이다. 괘는 아래에서 위로 올라가며 읽는다.

그것은 다 아는 바와 같이 중국에 이원론 철학인 양(—)과 음(--), 즉 2효(爻)를 사용한 주역(周易)의 일상화였던 것이다. —과 --을 중복 허락하여 세 개씩 짝지은 순열을 만들면 이른바 8개의 소성괘가 나온다.

우리 태극기 중앙에는 태극 2원(元)이 있고 네 귀퉁이에는 이들 8괘 중 건(乾), 곤(坤), 감(坎), 이(離)가 배열되어 있다. 더 나아가 —과 --을 여섯 개씩 중복 순열하면 64개의 신호가 나온다(고등학교 수학 계산에 의해). 이것이 주역을 구성하는 64괘인 것이다.

필자는 여기서 주역의 역사성과 그 내용을 이야기하려는 것은 아니다. 그러나 그 구성면에서 오늘날 컴퓨터의 이론적 생성근원이 되고 있는 수학의 2진법이 이미 우리의 일상 속에 녹아 있는 친근한 생활 수학이라는 점을 말하고자 하는 것이다.

말이 나온 김에 중국 수학에 대해 짧게 덧붙이고 이야기를 끝내고자 한다. 지난 역사 속에서 중국 수학의 수준이 세계 최고인 것에 대해서는 동서 수학자가 다 인정하는 바이다. 그런데 그들은 수의 표기에서 0을 사용하지 않았고 모든 자릿수 단위의 호칭을 그대로 나타내는 약점을 지

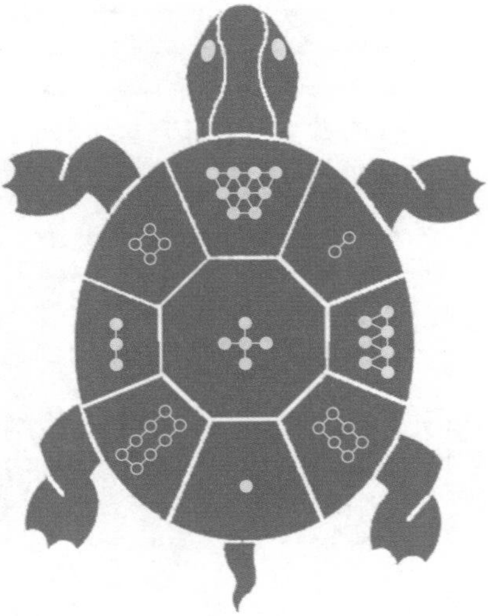

● 중국 하나라 우왕이 낙수에서 찾아낸 거북 등에 새겨진 낙서(落書)다. 이는 수의 배열이고 어느 쪽으로 더하더라도 15가 된다.

녔다. 이런 약점이 근대 중국 수학뿐만 아니라 과학 문명까지 서구에 뒤지게 한 큰 요인 중 하나라 한다.

예컨대 100자릿수를 나타내려면 그것에 필요한 자릿수 단위 한문 호칭만 별도로 100개가 필요하지 않겠는가? 기존의 천자문만도 어려운데……. 그래서 중국 근대화 운동인 백화 운동에는 간략자 만들기와 10진법 아라비아 숫자 쓰기 운동이 있었을 정도이다. 이전에 그들의 고충을 이해할 만하다.

04 부울대수와 논리회로

부울대수(Boolean Algebra)는 연산자(operator)를 사용하는 연산 중심인 수학의 한 분야라는 측면에서 일반 대수학과 무관하지 않으나 내용면에서는 차이가 많다. 부울대수는 초기에 논리학에서 수학의 도움을 얻어 명제의 참, 거짓을 판단하는 수학적 도구로 구상되었다. 그러나 오늘날에 와서는 컴퓨터 논리 설계에 필수적인 요소가 됐다.

영국의 수학자이며 논리학자인 조지 부울(George Boole, 1815~1864)은 1847년에 기호논리학의 한 아이디어로 '논리와 확률의 수학적 기초를 이루는 사고(思考)의 법칙 연구'라는 논문을 발표하면서 유명해졌다.

그는 1854년 '사고의 법칙 연구(An investigation of the laws of thought)'라는 논문에서 구체적인 수학적 논리 형식으로 부울대수를 처음으로 소개했다. 부울대수 이론은 그 자체로 단순하지만 부울의 인생여정은 그리 단순하지 않았다.

부울은 영국의 소도시 링컨(Lincoln)에서 태어나 빈민자녀들을 위한 내셔널 스쿨에서 초등교육을 받았다. 가난으로 더 이상의 정규교육을 받지는 못했지만 그는 독학으로 라틴어, 그리스어를 익혀 초등학교 교사가 되었다.

● 조지 부울은 논리대수인 부울 대수를 창안하여, 기호 논리학 분야에 큰 업적을 남겼다.

교직생활을 하면서 그는 수학의 매력에 빠져들어 당대의 최고 학자들의 저서를 구해 독학하였다. 천문학자 '라플라스(Laplace)'의 천체역학과 수학자 '라그랑주(Lagrange)'의 해석학을 섭렵하였다.

그는 이를 바탕으로 자신만의 수학연구를 쌓아나갔고, 그 연구논문을 '케임브리지 수학저널'에 발표하였다. 이후 부울은 그 재능과 열정을 인정받아 퀸스 칼리지의 수학 교수가 되었다. 초등학교 졸업이란 약점을 타고난 재능과 부단한 노력으로 극복해낸 것이다.

그러면 그가 만든 부울대수란 어떤 것일까.

어떤 논리 명제를 펼치기 위해서는 '용어의 정의'와 '논리 언어 연산식'이 먼저 필요하다. 명제(proposition)라는 것은 참(truth)과 거짓(false)이 분명한 수학적 문장을 뜻한다. 두 명제 P와 Q가 '그리고'와 '또는'이라는 접속어로 연결될 때와 명제의 부정 '아니다'의 뜻을 정의하자.

우선 영어의 'and', 'or', 'not'을 언어적 의미로 사용하기로 한다. 이들 언어의 다른 표현은 형편에 따라 다양하게 표현할 수 있다. 이 세 가지 용어의 기호로는 수학의 집합 연산에서 빌려와 사용하는 것이 편리하다.

- '그리고(and)'는 공통집합의 기호 ∩을 빌려와 ∧을 사용한다.
- '또는(or)'은 합집합의 기호 ∪을 빌려와 ∨을 사용한다.
- 어떤 명제 P의 부정인 '아니다(not)'는 여집합(complement)의 기호 ′(프라임)을 빌려와 P'(p프라임)으로 나타내거나 ~p로 쓰기도 한다.
- 좀 더 수학적으로 유리한 연산 기호를 이용하여 and를 곱셈기호 ×, 혹은 •을 사용한다. 때로는 곱셈기호를 생략하고 이어 쓰기도 한다.
- or는 +(덧셈)로 표현하기도 한다.

명제의 진리값인 참과 거짓에 대응하는 기호도 편의에 따라 다양하게 표현된다. '참'을 T라 하고 '거짓'을 F라 하며, 전기공학적으로는 '참'을 '연결'이라 하고 '거짓'을 '단절'이라 하기도 한다.

이 모두를 포괄하는 가장 편한 표현이 있다. 2진법에서 사용되는 정수 1과 0을 참과 거짓의 표현 기호로 사용하기도 한다. 이 얼마나 편리한 방법인가?

마지막으로 '부울대수 연산식'과 성질 몇 가지를 소개한다.

p(입력)	p'(출력)
0	1
1	0

$p\ q$(입력)	$c = p \wedge q$(출력)
0 0	0
0 1	0
1 0	0
1 1	1

p, q(입력)	$c = p \vee q$(출력)
0 0	0
0 1	1
1 0	1
1 1	1

이 세 가지 연산을 '부울대수의 연산식'으로 채택했다. 복잡한 부울함수(부울식)는 하나 또는 여러 개의 변수가 연결되어 나타난다.

기본정리 몇 가지를 소개한다.

1. 변수 p와 0, 1의 연산: $p+0=p$, $p+1=1$, $p \cdot 0=0$, $p \cdot 1=p$
2. 멱의 법칙: $p+p=p$, $p \cdot p=p$
3. 누승의 법칙: $(p')'=p$
4. 상보의 법칙: $p+p'=1$, $p \cdot p'=0$
5. 교환의 법칙: $p \cdot q=q \cdot p$, $p+q=q+p$
6. 결합의법칙: $(p \cdot q)\,r=p(q \cdot r)$, $(p+q)+r=p+(q+r)=p+q+r$
   (여기서 곱 •은 생략하기도 한다.)
7. 분배의 법칙: $p(q+r)=p \cdot q+p \cdot r$, $(p+q)(p+r)=p+q \cdot r$
8. 드모르간의 법칙: $(p+q)'=p' \cdot q'$, $(p \cdot q)'=p'q'$

위 등식의 증명은 생략한다.

05 수학의 바탕은 자유이다

수학자 칸토어는 “수학의 바탕은 자유이다”라고 했다. 그의 놀라운 수학 업적과 활동을 생각해보면 충분히 가능한 말이다.

힐베르트가 칸토어에게 보낸 칭송을 보면 그가 자유를 구가한 수학자임을 알 수 있다.

힐베르트는 “그 누구도 우리를 칸토어가 구축한 수학적 천국으로부터 쫓아낼 수 없다”라고 말했다. 얼마나 아름답고 자유로운 수학을 창조했기에 그렇게 말했을까 하는 생각이 든다.

힐베르트는 기하학을 공리화했으며, 일반 상대성 이론을 수학적으로 정의하는 데 큰 영향을 끼쳤다.

칸토어가 구축한 수학 세계만이 아름답고 자유로울까? 그것은 아니다. 모든 수학 세계는 정말 아름답고 자유롭고 신비하기까지 하다.

이렇게 말하면 수학하는 사람들의 자화자찬 같지만 이런 감탄은 자연과학이나 사회과학을 공부한 사람들의 찬사이다.

여러 학문에는 나름대로 이런저런 학문적 정체성과 특성이 있다. 여기에서는 수학 세계에 내재되어 있는 자유로움의 특성에 대해 이야기해 보자.

수학의 본질이 자유인 첫 번째 이유는 수학은 다른 자연과학과는 달리, 보이는 것뿐만 아니라 보이지 않는 것까지 수학의 대상으로 삼는다는 사실이다.

이런 특성은 수학의 추상성이라고도 할 수 있으며 이런 추상적 대상을 상대로 해서 만들어진 수학적 구조는 모든 학문의 입장에서 그들에게 제 나름대로 적합한 설명을 붙여가며 응용할 수 있게 된다.

즉 수학자는 자기가 하고 있는 수학 내용이 그 어떤 학문에서 어떻게 쓰일지에 대해 그리 심각하게 생각하지 않는다. 누군가는 이런 수학 방법론이 실생활과 동떨어진 수학의 약점이라고 한다. 바로 이러한 약점이 수학의 장점이며 자유인 것이다. 구체적으로 무엇에 쓰일 것인가를 미리 못 박으면 그 수학은 제한된 세계로 자리잡게 된다. 이것은 사고의 영역이 축소되는 것과 마찬가지다.

좀 더 구체적인 예를 들면 수라는 것은 눈에 보이지 않는 추상적 대상인데도 실존하고 있음이 분명하다. 자연수 한 가지만도 여러 학문에서 그들 나름대로의 의미를 붙여 해석하고 활용하고 있다. 또한 미분법에 대해 물리학자는 기울기나 속도로 인식하고, 경제학자는 경제 지수 변화를 예측하는 데 사용한다. 그리고 등산가는 산의 가파름을 파악하는 데 사용할 것이다.

● 남극의 설원과 같은 광경을 보여 주는 만델브로 집합의 3차원 입체 이미지. 프랙탈 기하학은 아름다운 자연 그대로의 모습을 해석하는 가장 강력한 수학이다.

수학의 본질이 자유일 수밖에 없는 두 번째 이유로 수학에서 대두되는 공리라는 것을 들 수 있다. 공리란 증명 없이 자명한 진리로 인정되는, 다른 명제를 증명하는 데 전제가 되는 원리이다. 공리란 인정을 요청한 진술이기 때문에 어떻게 보면 제시한 사람의 자유이다.

상대가 그 공리를 인정하고 받아들이면 그는 그 공리를 제시한 사람의 수학 동료가 되고 거부하면 그 수학과는 단절된다. 즉 수학적 구조가 구축될 때 주어지는 공리는 수학 그 자체에서 주어지고 있다.

그것에 의해 이루어진 수학구조나 내용이 다른 학문에서 어떻게 사용되느냐는 별개의 문제이다. 이렇듯 공리는 자유로운 것이다.

세 번째로 수학의 본질이 자유일 수 있는 이유는 수학이란 모든 자연과학의 언어로서 자연과학을 전개하는 가장 기본적인 도구이기 때문이다. 그런데 그 언어를 수학 아닌 다른 자연과학에서 자의로 만들어 쓰는 것이 아니고 수학자에 의해 공급받고 있다.

공급하는 자가 수혜자의 구미에 맞게 할 수도 있지만 자신들의 제품은 자신들의 자유로운 아이디어에 의해 만들 수 있는 선택권도 가지고 있다.

숲 속의 요정이 가을에 떨어지는 낙엽을 보면서 겨울에 흩날리는 눈을 상상하며 마냥 즐거워하는 그런 자유로운 발상이 수학에도 넘쳐흐른다.

06 / 한석봉 어머니와 미적분

미적분에 대한 약간의 이해도 없는 사람은 거의 없을 거라고 생각한다. 누군가는 '나는 미적분학이라는 말을 들어본 일도 없는데' 할지 모르지만 염려할 건 없다. 몇 차례 이야기했지만 어떤 학문의 전문적이고 섬세한 부분은 그 학문의 전문가에게 맡겨도 된다.

미적분학 역시 어려운 듯하지만 본질적으로 우리 생활 이야기를 체계화한 것이다. 우선 수학적 체계화 과정을 잠시 살피고 나서 한석봉 어머니의 이야기로 미적분을 이해하는 데 도움을 주고자 한다.

BC 4세기의 인물인 제논은 엉뚱한 수학적 역설을 주장한다. 그러나 그의 논리의 허점을 인정한다 하더라도 제논은 미분과 적분에 관한 논의의 원조라고 할 수 있는 인물이다.

어떤 삼각형도 두 변의 합은 다른 한 변보다 크다.

고양이가 쥐를 쫓을 때도 쥐는 직선으로 도망가는데 고양이가 지그재그로 쫓아 가지는 않는다.

그런데 제논은 정삼각형을 한 예로 하여 이 명제에 이의를 제기한다. 그의 주장은 각 변의 중심을 차례로 잘게 나누는 작업을 반복하고 삼각형의 합동의 성질을 이용하여 '두 변의 합은 다른 한 변과 같다'는 것이다.

그러나 이 논리는 당연히 거짓이다. 엄격한 수학적 반증은 생략하고 다음 예로 제논 주장의 오류를 살펴보자.

여기에 길이가 10 m인 매우 가는 철사 A가 있고, 이것으로 아주 섬세하고 가느다란 1 m 길이의 스프링을 만들었다고 하자. 이 스프링이 철사 A의 1 m와 일치한다고 할 수 있을까? 그렇지 않다. 왜냐하면, 스프링과 본래의 철사는 본질적으로 같을 수 없으며 그 스프링을 펴면 결국 다시 10 m가 되는 것이다. 그러므로 제논의 주장은 거짓이다.

그러나 이 제논의 논리 중 어떤 대상들을 지극히 작게 나눌 수 있다는 수학적 작업의 시도는 매우 의미가 있는 것이다. 이런 시도에서 출발하여 수학에서 합리적인 방법으로 전개한 논리가 '극한의 개념'이다.

이 극한의 개념을 바탕으로 미분법이 형성되었고 그 역 연산이 적분이 된다는, '미분학 · 적분학 이론'을 완벽하게 세운 사람은 공교롭게도 17세기 후반 동시대인인 영국의 뉴턴과 독일의 라이프니츠이다.

그런데 이 작업을 뉴턴은 사물의 운동을 연구하는 과정에서 평균속도에 대한 순간속도를 생각하면서 만들어냈고, 라이프니츠는 일반적인 함수에서 접선의 기울기에 착안하여 접근하였다. 접근 방법과 표현의 차이는 있지만 결과는 같다.

영국과 독일 관계가 항상 그렇듯이 학문에서도 학자들의 경쟁심과 자존심 또한 만만치 않았다. 당대 이들 두 학자는 서로 자신의 이론을 도용하였다고 비난하였으며 그 오해를 풀지 못하고 세상을 떠났다.

그 후 후세 수학자들에 의해 각자 독립적인 방법으로 미분 논리가 개발되었음이 확인되었다.

두 학자의 방식 중에서도 라이프니츠의 방법이 좀 더 세련된 것으로 알려져 있다. 미분과 적분의 엄격한 정의보다는 익히 아는 이야기를 소개하면서 미적분에 대한 이해를 돕고자 한다.

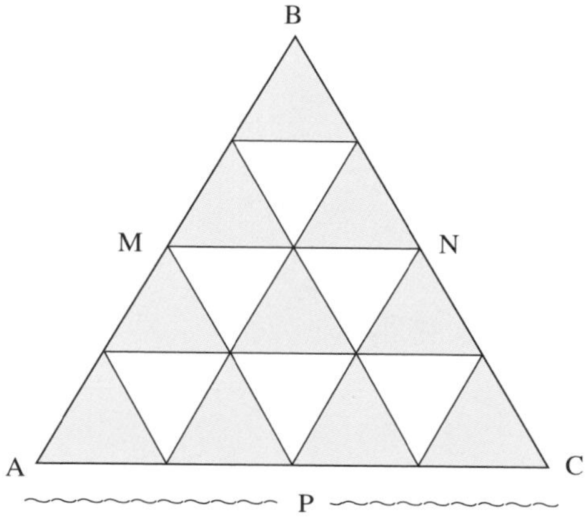

● A에서 출발하여 B를 거쳐 C로 가는 것이나, A에서 M과 P 그리고 N을 거쳐 C로 가는 것은 같은 거리이다. 이 방법을 반복하면 아랫변의 사선과 같아진다. 그래서 AB와 BC의 합은 AC와 같다고 제논은 주장한다.

조선시대 한석봉과 그 어머니에 관한 이야기를 모르는 사람은 없을 것이다. 이 일화는 수학적 관점에서도 특별하다. 조금 과장하자면 한석봉의 모친은 미적분학의 대가라 할 수 있기 때문이다.

불이 꺼진 어둠 속에서 둥글고 긴 가래떡을 아주 얇게 일정한 모양으로 썰어 놓은 석봉의 어머니는 삐뚤게 글씨를 써 놓은 아들을 나무란 후 공부에 더욱 정진할 것을 권한다는 내용이 대강의 줄거리이다.

그런데 이 가래떡은 수학적으로는 원통이요, 아주 얇게 썰어 놓은 떡은 면인 것이다. 역으로 이렇게 잘게 나눈 면을 다시 모으면 본래의 가래떡 부피가 된다.

미분 · 적분을 소박하게 말하면, 잘게 나누는 작업이 미분(微分)의 기본 작업이고, 나눈 것을 다시 쌓아 모으는 것이 적분(積分)이라고 할 수 있다.

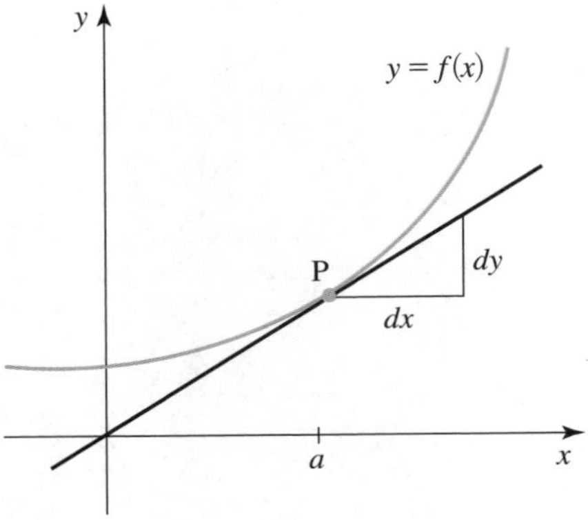

● y를 x의 함수라 할 때 곡선 위의 점 P에서의 접선의 기울기가 그 점에서 미분이라는 것이다.

이런 면에서 한석봉 어머니는 가래떡으로 미적분을 하고 있는 것이다.

우리도 한번 무생채를 썰고 있는 어머니의 작업 과정을 자세히 관찰해 보자. 싱싱한 입체 무 하나를 얇게 썰어 놓으면 면이 되고 다시 옆으로 살짝 뉘어 잔잔하게 썰면 선이 된다.

즉 우리 어머니들은 모두 미분을 하고 계신 것이다. 이 생채에 참기름, 깨소금을 솔솔 뿌린다면 미분에다 양념을 하는 것이니 생활 속의 미분인 셈이다!

07 토정비결의 수학적 구조

어려운 환경에서 갑작스럽게 출세를 하거나 뜻하지 않은 행운으로 갑자기 부자가 된 이들을 향해 사람들은 "팔자 고쳤다"라는 말을 한다. 또한 사람들은 새해가 밝아오면 한해 운수를 궁금해 하며 '토정비결(土亭秘訣)'을 보기도 한다. 팔자나 토정비결을 온전히 믿어서라기보다는 논리적으로 설명하기 힘든 인생의 큰 변화를 그런 식으로 받아들이는 편이 차라리 마음 편한 구석이 있기 때문이리라.

그런데 우리가 흔히 논리적인 영역과는 무관하다고 생각하는 팔자나 토정비결에도 수학적 요소가 깃들어 있다는 사실은 놀라우면서 흥미롭다. 이 부분을 이야기하면서 먼저 독자에게 알려둘 것은, 팔자나 토정비결에 대한 필자의 설명은 역학적 배경 지식이 없는 어디까지나 수리적 접근일 뿐이라는 점이다.

옛부터 중국이나 우리나라에서는 한 사람의 운명은 네 가지 기둥이 되는 사주(四柱), 즉 탄생한 연월일시(年月日時)에 의존하고 있다고 생각했다.

그래서 연월일시를 10천간(天干)과 12지지(地支)를 조합하여 각기 두 글자로 이루어진 60갑자(甲子), 즉 갑자(甲子), 을축(乙丑), …으로 나타내고 있다.

● 조선 후기 이지함이 지은 토정비결은 지금까지도 운세를 보는 데 쓰이고 있다.

그러니 한 사람이 태어난 연월일시 사주는 여덟 글자로 이루어진다. 예로부터 이 사주팔자(四柱八字)에 의한 운명론은 특히 인간의 대소사 중 결혼에 심각하게 작용한 듯하다.

그래서인지 사주에 의해 궁합을 먼저 본 후 혼사를 결정했고 그런 후에야 정식으로 신랑의 사주를 적어 신부집으로 '사주단자(四柱單子)'라는 편지를 보내는 풍습이 있기도 했다.

한편 사람이 장성하여 의외의 출세를 했을 때 본래의 사주팔자에서 벗어나는 일이 이루어졌다 하여 "팔자를 고쳤다"고 말했으며, 그 사람이 죽은 후 비석(碑石)에 비문을 기록할 때 고인의 사주팔자 앞에 출세하여 얻은 관직이나 명예를 기록하였기에 팔자(八字)를 고쳐 쓴다고 말했다.

팔자를 고치지 못한 불쌍한 평민이 죽은 후에는 그래도 세상 공부라도 하다 떠났다 해서 학생(學生)이라는 문구를 성씨 앞에 붙여 주는 아량을 베풀기도 했다.

이제 토정비결 144장을 알아보자.

이 토정비결은 사주가 아닌 삼주(三柱), 즉 사람이 태어난 연, 월, 일 세 가지만을 기준으로 하여 이루어져 있다.

그 구성은 주역(周易)의 괘와 무관하지는 않지만 정확히 말해 괘는 아니다.

그러나 운세 설명은 괘와 연결되어 있다.

주역은 양(−)과 음(−−)의 2효(爻)를 중복 순열로 세 개씩 배열한 8 소성괘와 여섯 개씩 배열한 64 대성괘가 있다고 앞에서 이야기한 바 있다.

그러면 토정비결이 어떻게 144장으로 이루어져 있는가 살펴보자.

그 구성을 보면 각 장이 세 자리수로 이루어져 있는데 맨 앞자리는 사람이 태어난 해를 기준으로 하여 산출한 수로 태세수(太歲數) 혹은 상수(上數)라 하며 1에서 8까지의 수로 이루어져 있다.

두 번째 자리는 태어난 월을 기준으로 하여 산출한 수로 월건수(月建數) 혹은 중수(中數)라 하는데 1에서 6까지로 이루어져 있다.

마지막 셋째 자리는 태어난 날을 기준으로 하여 산출한 수로서 일진수(日辰數) 혹은 하수(下數)라 하는데 1에서 3까지로 이루어져 있다.

이렇게 이루어진 것을 약간의 고등학교 순열계산을 하면 836335144개의 배열이 나온다. 이것을 배열하면 111, 112, 113, 121, …, 862, 863이 된다.

이 세 자리 수들이 구체적으로 어떻게 산출되는지 알아보자.

무슨 연유에서인지 모르지만 토정 이지함(土亭 李之函)은 사람의 탄생 연, 월, 일의 모든 간에 대해 10간을 다섯 부류로 나누고 각 부류에 5에

日辰數	月建數	太歲數	地支
九	九	十一	子
十一	八	十三	丑
八	七	十	寅
八	六	十	卯
十一	五	十三	辰
七	四	九	巳
七	九	九	午
十一	八	十三	未
十	七	十二	申
十	六	十二	酉
十	五	十三	戌
十	四	十一	亥

天干 年月日共通數(천간년월일공통수)

甲巳=九 乙庚=八 丙辛=七 丁壬=六 戊癸=五

地支의 年月日의 고정數

● 토정이 천간에 대응시킨 수와 또 지지에 상수, 중수, 하수에 대응시킨 수의 표이다.

서 9까지의 수를 대응시켜 놓았다.

그리고 연월일의 12지에 대해서는 따로따로 4에서 13까지의 수를 대응시켜 놓았다.

이로부터 태세수를 구할 때는 태어난 해의 간과 지에 대응하는 두 수와 본인의 나이를 합한 결과를 8로 나누어 그 나머지 수를 태세수로 정하고 있다.

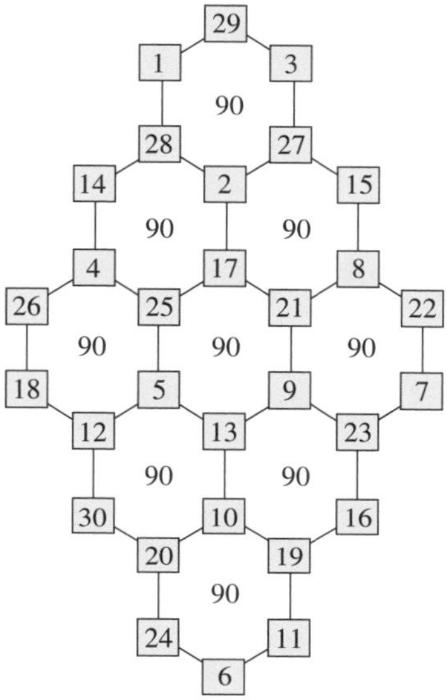

● 거북등 문양의 합이 90인 지수귀문도 마방진이다.

만약 나머지가 0일 때는 8로 대신하고 있다.

그러니 1에서 8까지가 태세수를 결정해 주는 수인 것이다.

월건수는 태어난 달이 크면 30, 작으면 29에다가 역시 그 달의 간과 지에 대응하는 세 가지 수를 합한 결과를 6으로 나누어 그 나머지 수를 월건수로 정하고 있다.

일진수는 생일날의 수와 그 날의 간과 지에 대응하는 세 가지 수를 합하여 역시 3으로 나눈 후 그 나머지를 일진수로 삼았다.

이것으로부터 태세수, 월건수, 일진수가 좌에서 우로 차례로 결정되면 토정이 써 놓은 144장의 비결 111, 112, … 863 중 하나를 찾아가게 된다.

수학적으로는 8과 6 그리고 3을 법으로 한 잉여류 계산법을 하고 있어 신비롭다.

잉여류에 대한 설명을 덧붙인다. 정수 m을 법(法, module)으로 하여 어떤 정수 n을 m으로 나누었을 때 그 나머지들의 집합을 m을 법으로 한 잉여류(residue class)라 한다. 그리고 나머지가 같은 수를 서로 합동수라 한다.

잉여류의 개념은 군론이나 해석학 등에 확장되어 어떤 대상들을 묶음으로 나누어 그 속성을 논의할 때 매우 유용하게 사용된다.

시간을 예로 들어 보자. 12를 법으로 했을 때 {0, 1, 2, ⋯, 11}은 12를 법으로 하는 잉여류이고 새벽 1시와 13시는 서로 합동이다.

동양의 역법에서 10간(干)과 12지(支)는 대표적인 법이며, 간과 지가 서로 만나서 이루어지는 최소공배수로써 60갑자가 탄생한다.

대개의 토정비결 내용은 "지금은 어려우나 귀인으로부터 도움을 받겠다, 너무 운세가 좋으니 경거망동하지 말아라, 여름에는 물 조심, 겨울에는 불조심, 입 조심, 사람 조심, 관재 조심하거라" 등이다. 이 얼마나 훌륭한 비결인가!

당대의 지식인이었던 토정은 어렵고 고난 받는 서민에게는 희망과 용기를 주려 했고 잘나가는 양반들에게는 자중자애하기를 권고하려고 토정비결을 쓰지 않았나 생각된다.

08 황희 정승과 집합

역성 혁명으로 나라가 바뀐 고려와 조선, 두 나라에서 아홉 명의 왕을 섬기며 벼슬을 했던 황희 정승의 일화 하나를 소개한다.

어느 날 황희 정승이 퇴궐하여 집에 돌아와 보니 두 여종이 다투고 있더란다. 무슨 일인가 물으니, A라는 여종이 쪼르르 달려와 자초지종을 이야기하자 정승이 다 듣고 난 후 "그래, 네 말이 옳다" 하니, B라는 여종도 달려와 전후 사정 이야기를 하더란다. 정승은 역시 "그래, 네 말도 옳다" 했다 한다.

황희 정승의 이런 태도가 주관 없는 태도처럼 여겨질 수도 있겠지만, A 여종이 주장하는 진리집합과 B 여종의 진리집합이 어떻든 간에 그들 입장에서 볼 때 "네 입장에서 옳다"라는 말은 하자가 없는 평가이다.

더욱이 황희 정승이 생각하는 진리집합이 그들을 모두 포괄하는 전체집합이라면 여종 A와 B는 부분집합에 불과하므로 부처님 손바닥에서 놀아나는 일이니 가소로운 다툼일 수밖에 없다.

이 일화를 이야기하는 중 '집합(集合)'이라는 말이 여러 번 나왔다. 집합이란 무엇인가?

요즘 초 · 중등학교 수학 교과서에서 가장 많이 사용되는 용어 중 하

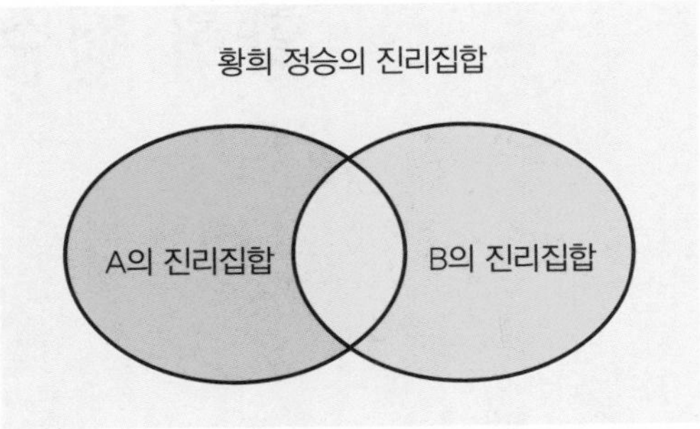

● A와 B의 의견 일치 부분도 있는데 소인배들은 여타 부분에 만 관심이 있고, 대인배의 넓은 마음은 모두를 포용한다.

나가 집합인데, 이는 직관적이고 통속적인 언어 수준을 벗어나는 상당히 엄격하게 정의되는 용어이다.

고전적인 수학에서는 다루는 대상이 거의 수나 도형들이었다. 그러나 현대 수학의 대상은 매우 다양한 것들이다. 전통적이고 구상적인 것들 외에 추상적인 대상들까지 포함하여 다음에 정의할 집합이 되기만 하면 된다.

먼저 집합을 이야기할 때 수학사에서 정말 큰 족적을 남긴 수학자 한 사람을 소개하지 않을 수 없다.

중세 이후 새로운 과학의 발견과 발전은 종교의 절대적 관위로부터 벗어나게 하는 큰 역할을 해 왔음은 잘 알려진 사실이다. 19세기 들어 고전주의의 반역으로 알려진 동시대의 독일 철학자와 수학자가 있었는데, 바로 니체와 칸토어이다.

니체는 저서 『짜라투스트라는 이렇게 말했다』에서 그야말로 공격적인 슬로건 "신은 죽었다"를 내세워 기독교를 당혹하게 했으며, 수학자인 칸토어 역시 신의 영역으로 치부되었던 무한의 세계를 헤집고 들어갔다.

칸토어는 바로 이 무한의 세계를 수학의 영역으로 불러들이면서 집합

● 은하계는 수많은 별들의 집합이다. 지구가 이들 중 외로운 점 하나라고 하면 우리는 무엇인가?

론이라는 수학적 이론체계를 세웠던 것이다. 사족을 붙이면 칸토어로 인해 유한의 세계에만 많고 적음의 개념이 있는 것이 아니라 무한의 세계에도 차원이 다를 정도로 더 많은 농도를 지닌 무한들이 무한히 많다는 것이 알려지게 된 것이다.

인간이 이렇게 헤집고 들어오니 신은 매우 당혹스러워하였을 거라는 생각이 든다.

이제 집합에 대해 칸토어의 소박한 정의를 소개한다.

A라는 항아리 안에 있는 것들이 '집합'이란 것이 되기 위해서는 첫째, 그 어떤 대상이라 하더라도 그것이 그 항아리 안에 있는 것인지 밖에 있는 것인지 소속이 분명해야 된다. 둘째, 그 항아리 안에 있는 임의의 두 대상(원소라 부른다)이 서로 명확히 구별되어야 한다. 이상의 두 조건을 만

족하는 항아리 A를 집합이라 정의한다.

어떻게 보면 별것 아닌 시시해 보이는 이야기 같으나 이런 조건을 만족하는 모두를 수학의 대상으로 하여 연구하면서 현대 수학은 대혁신을 일으키며 발전했다.

그런데 앞에서 필자는 조심스럽게 집합이란 용어 정의를 '칸토어의 소박한 정의'라 했는데 그 이유가 있다. 칸토어의 집합에 대한 정의는 후에 약간의 모순점이 발견되었기 때문이다. 영국의 철학자 러셀에 의해 이른바 '러셀의 패러독스'가 제시되면서 이른바 소박한 집합론의 모순을 해결하기 위해 공리론적 집합론이 등장했다.

그럼에도 불구하고 칸토어의 정의는 거의 완벽한 것이어서 전문적으로 수학을 전공하는 학자들 외에는 큰 문제없이 이론체계로 사용해도 무방하다.

한편 순수한 집합 그 자체로서는 수학적 작업이 이루어질 수 없다. 주어진 집합 안에 있는 원소들 사이에 필요한 관계와 연산을 설정해줌으로써 원소들은 활동을 하고 그 집합은 수학적 유기체가 되는 것이다.

대표적인 연산으로 합집합(∪), 교집합(∩) 등이 있다. 합집합과 공통집합은 각각 '또는'과 '그리고'라는 논리언어와 진리값이 같으며 수리논리에 매우 유용하게 활용된다.

09 수학과 논리언어

사람들은 물론이고 동식물 사회에도 그들 나름대로의 언어가 있어 의사소통의 수단으로 삼고 있다. 그런데 과학에 관련된 사람들은 서슴지 않고 수학을 자연의 언어 혹은 자연과학의 언어라 한다. 이 말은 역으로 수학을 익히지 않고 자연과학을 공부한다는 것이 거의 불가능한 일이라는 것을 반증한다.

더 나아가 철학이나 논리학에서도 논리 전개를 위한 여러 방법론을 필요로 하는데 수리 논리학을 기본적인 방법론으로 하여 옳고 그름을 판단하기도 하고 연역하여 또 다른 논리를 전개하기도 한다. 잘 알려진 삼단논법이라는 추론 방법도 그런 것 중 하나이다.

한 예로 "사람은 동물이다. 동물은 죽는다. 그러므로 사람은 죽는다"라는 추론이 있다. 이 추론은 집합의 포함관계 그림 하나로 간단히 설명이 된다.

실제로 많은 논리언어와 다양한 논리 전개 방법이 있으나 여기서는 우리 생활 속에서 조리 있는 언어 생활에 도움이 되는 몇 가지를 소개하려 한다.

사람들 사이의 대화에는 인간의 감정이나 느낌 등을 나타내는 것들이

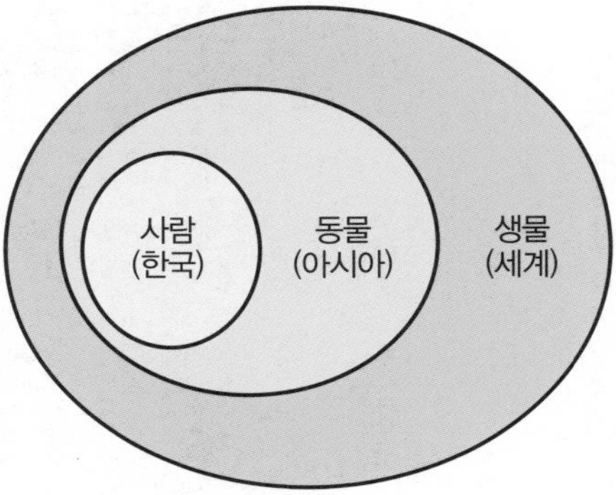

● 이 그림은 한국 사람이면 아시아 사람이고, 아시아 사람이면 세계 사람이라는 것을 명쾌하게 보여준다.

많이 있다. 이런 문장에 대해서는 상대 따라 상황 따라 그야말로 감정 따라 각양각색의 반응이 있을 수밖에 없다. 즉 '그렇다, 그렇지 않다'든지, '옳다, 그르다'는 판정을 내릴 수 없는 경우이다.

그런 반면 옳고 그름을 분명히 해야 할 논리적 언어들이 있는데 이런 경우는 정말 신중하게 생각하고 조심스럽게 표현할 수밖에 없다. 이렇게 참, 거짓이 분명한 문장을 명제라 하는데 이 명제들이 어떤 경우에 참과 거짓이 되는가를 몇 가지 문장 형식에서 알아보자.

그 대표적인 예가 조건문이라는 것인데 '만약' 또는 '가령'이라는 조건이 붙은 형태로 말할 때이다.

조금 체계화하면 '만약 ~ 하면 그러면 … 하다'는 문장형식을 말하는 것인데 도식적으로 나타내면 '만약 P이면 그러면 Q이다'로 표현할 수 있겠다.

이때 P 부분을 조건부라 하고 Q 부분을 결론부라 한다.

이런 문장을 하나 예로 들자. 국회의원 선거의 그럴듯한 선거 공약 중 하나를 소개한다.

"만약 내가 국회의원에 당선되면 이 지역에 다리를 놓아 주겠다"라는 어떤 국회의원 출마자의 공약이 잘 실행되었는지 그렇지 않았는지에 대해 알아보자.

첫 번째 경우, 국회의원에 당선되고 다리도 놓아주었다. 이건 괜찮다.

두 번째 경우, 국회의원에 당선되고 다리는 놓아주지 않았다. 이건 거짓이다.

세 번째 경우, 국회의원에 당선되지 않고 다리는 놓아주었다. 이건 괜찮다.

네 번째 경우, 국회의원에 당선되지 않고 다리도 놓아주지 않았다. 이건 괜찮다.

위와 같이 조건문에서 참, 거짓을 평가하기 위해 발생할 수 있는 경우는 네 가지 경우뿐이다.

그런데 여기서 관심을 가져야 되는 부분은 셋째와 넷째 부분이다. 조건부분이 거짓이면(여기서는 낙선된 경우이다) 그 약속은 지켜도 안 지켜도 참이 된다는 것이다.

두 번째 경우는 분명히 사기이며 이때는 법률적 보호를 받을 수 있지만 세 번째 네 번째 경우, 즉 조건에 함정이 있을 때에는 약속이 지켜지지 않았다 하더라도 보호를 받을 수 없다.

우리 주변의 사기 사건들을 보면 사기를 치는 사기꾼은 항상 조건에 함정을 두고 있다. 이런 면에서 법의 보호 이전에 그럴싸한 사기꾼 궤변의 함정에 빠져서는 안 되겠다.

그 다음 '또는'과 '그리고'라는 언어 연결 접속사를 구분해서 사용해야 하는 이유에 대해 이야기하고자 한다.

언론인 이어령 씨가 중앙일보에 '떠도는 자의 우편번호'라는 칼럼을

p	q	p→q
T	T	T
T	F	F
F	T	T
F	F	T

p	q	p↔q
T	T	T
T	F	F
F	T	F
F	F	T

● 왼쪽은 조건문이고 오른쪽은 쌍조건문의 형식논리 표현에 의한 참(T), 거짓(F)의 진리표이다.

연재한 일이 있었다. 그의 섬세하고 감동적인 문필력은 익히 잘 알려져 있다.

그 칼럼에서 어느 날 낙향하는 친구가 "나는 이제 낙향하여 농사를 짓거나(또는) 시를 쓰겠네" 하면서 떠났는데 그 뒷모습을 보고 "나는 이제 낙향하여 농사도 짓고(그리고) 시도 쓰겠네" 하는 적극적인 모습이 아쉬웠노라 하는 내용의 글을 읽은 기억이 난다. 쓸쓸히 낙향하는 친구이지만 강한 의지를 보여 주기를 바랐던 취지의 글이라 생각된다.

그런데 훗날 만약 이어령 씨가 그 친구를 찾아갔다고 하자.

전자의 경우 농사를 짓거나 시를 쓰는 일 중 적어도 하나만 하고 있어도 떠날 때의 약속을 지키고 있는 것이요, 후자의 경우 두 가지를 다 하는 경우만이 떠날 때의 약속을 지키고 있는 것이다.

이렇게 '또는'과 '그리고'의 차이는 우리 실제 삶에서는 꽤 큰 것이다. 이왕이면 약속이나 다짐의 말을 할 때에도 이런 부분을 신중하게 생각하고 이야기하는 편이 현명하다 할 것이다.

10 수학과 미터법

우리나라에서는 도량형의 기본단위로 미터법을 사용한다는 법령을 1961년에 제정하고 이 법의 시행령에 의해 1964년 1월 1일부터 전면 실시에 들어갔다.

이후 정부에서는 실생활에서 미터법 사용을 권장해 왔다. 그러나 여전히 국민들은 실생활에서 익숙한 '평'이나 '돈'과 같은 단위로 넓이나 무게를 표현하는 일이 많았다. 이에 정부는 2007년 7월부터는 국제적으로 통용되는 법정 계량 단위 사용이라는 원칙을 강제규정으로 두어 실시한다고 밝혔다.

이런 미터법의 제정 역사와 기본적인 원리를 알아보자.

먼저 미터법을 이야기하노라면 수학과는 다소 거리가 있는 듯한 역사적인 몇 가지 단어가 나오는데 프랑스 혁명, 합리주의, 나폴레옹 등이 그것이다.

미터법은 통치자의 의지에 의해 만들어진 도량형이다. 더불어 계몽주의에서 자극 받아 일어난 프랑스 혁명, 그 혁명의 결과 나타난 자유주의에 근거한 합리주의 사상이 그 바탕이 되고 있다는 것도 잊어서는 안 된다.

● 라그랑주가 새로운 수학적 방식으로 표현한 해석역학은 이론물리학의 새 지평을 열었다.

1804년 나폴레옹이 황제가 된 후 영국을 제외한 거의 전 유럽이 프랑스의 지배를 받게 된다.

프랑스는 피지배지로부터 세금을 거두어들여야겠는데, 당시만 해도 세금이란 거의 곡물이었고 각 지역별로 곡물계량 단위가 각양각색이어서 여러 가지로 어려움을 겪었다. 통일된 도량형 제도의 필요성을 느낀 나폴레옹은 당대의 최고 수학자인 라그랑주를 초빙하여 '도량형 제정위원장'으로 임명하고 그 후에는 재무장관까지 역임시켰다.

이때 나폴레옹이 라그랑주에게 "수학의 발전과 완성은 국가 번영과 밀접한 관계를 갖고 있다"라고 하는 '수학 부국론'을 이야기한 것은 유명한 일화이다. 혁명 와중에도 기초학문을 이해하고 존중한 나폴레옹은 역시 위대한 영웅이라는 생각이 든다.

라그랑주(1736~1813)는 이탈리아 출신으로 19세 때 포병학교 교수가 됐고, 24세 때 당시 세계의 최고 수학자인 오일러의 초청으로 독일로 이

● 자오선은 천체의 방위각과 시각을 측정하는 기준이 된다.

주하여 베를린 아카데미 회원이 된 후 30세에 프리드리히 대왕의 총애를 받아 아카데미 회장이 되었다.

그 후 파리로 이주하여 화학자 라부아지에와 교류하기도 했는데 프랑스 혁명 와중에 라부아지에는 단지 귀족이라는 이유로 기요틴(단두대)에서 처형되는 수난을 겪는다.

이제 미터법에 관해서 구체적으로 알아보자.

'도량형 단위의 기본은 길이에서부터 출발한다'라는 것부터 소개한다. 당시 이미 지구 자오선 둘레의 길이가 계산되어 있었는데, 라그랑주는 이것으로부터 길이의 단위를 정하는 것이 합리적이라 생각했다. 왜냐하면 우리 모두는 지구 여기저기에 살고 있기 때문이다. 그래서 자오선 둘레 길이의 4천만 분의 1의 길이를 1미터(meter)라 정하기로 했다.

그러니까 지구 자오선 둘레는 4천만 미터, 즉 4만 킬로미터(km)인 것

● 백금 90%, 이리듐 10% 합금으로 만들어진 1미터원기다. 현재는 프랑스의 세브르 국제 도량형 중앙국에 보관되어 있다.

이다.

이렇게 정한 1미터에 대한 분쟁의 소지를 없애기 위해 미터 원기가 만들어졌으나, 그 후 자오선 길이의 정확성 때문에 몇 번의 미터법 국제회의를 거친 후 지금은 진공 중에서 크립톤이라는 원자 파장의 160만 배를 1미터 기준으로 삼고 있다.

또 짧은 길이의 표현도 필요하여 1미터를 100등분하여 1센티미터라 했다. 그런데 센티미터(centimeter)에서 centi가 100이란 뜻이니 1미터를 100등분했다는 자연스러운 뜻 외에는 아무것도 아니다.

더불어 큰 길이 표현도 필요하여 1미터를 1,000배하여 1킬로미터라 했는데, 이 킬로미터(kilometer)에서 kilo가 1,000이란 뜻이니 1미터를 1,000배했다는 자연스러운 약속이다.

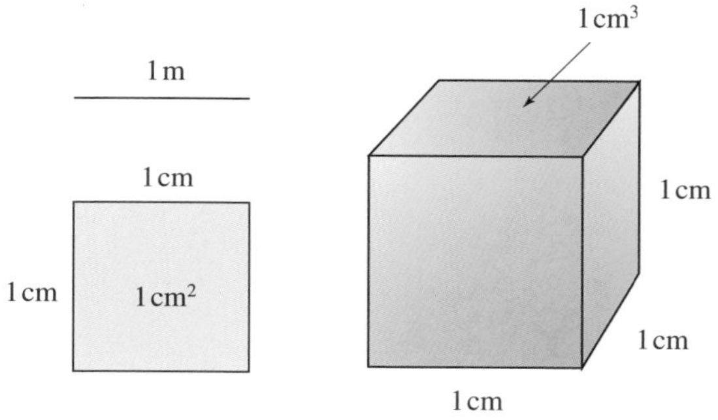

● 도량형의 기준은 1m에서부터이다. 넓이, 부피, 무게의 단위가 이것에 근거한다.

길이에서 출발하여 넓이의 단위는 cm^2가 되는데 이는 가로와 세로가 1센티미터인 정방형의 넓이에서 근거한 것이다.

또 부피의 단위는 cm^3가 되는데, 앞의 밑넓이에 높이가 1센티미터인 정육면체의 부피를 구하면 이 정육면체의 부피는 $1\text{ cm} \times 1\text{ cm} \times 1\text{ cm} = 1\text{ cm}^3$이고, 이것에 근거하여 부피의 단위가 나온다.

무게(질량)의 단위인 그램(gram)도 본질적으로 길이에서 기준하여 정해졌다.

앞에서 말한 가로, 세로, 높이가 모두 1센티미터인 정육면체에 담긴, 즉 1 cm^3의 그릇에 담긴 섭씨 4도인 순수한 물의 양을 1그램으로 약속하여 무게의 단위로 삼았다.

병원에서는 주사량을 cc라는 단위로 표현하는데 1 cm^3의 영어문장 표현인 1 cube centimeter의 머리글자를 따서 cc라는 단위를 쓰고 있을 뿐이다.

더 나아가 가로, 세로, 높이가 각 10센티미터인 정육면체의 그릇에 담긴 물체의 양을 1리터(liter)라 정하여 부피 계량의 기본으로 삼았다.

여기에 첨가하여 시간의 기본 단위를 초(second)로 정한 후 길이, 무게,

시간 단위 이 세 가지를 CGS 단위라 한다.

우리가 기존에 사용했던 길이를 나타내는 척이나 넓이를 나타내는 평, 시간을 나타내는 참이라는 단위 등을 의무적으로 미터법으로 통일해야 한다는 점은 아쉽기도 하지만 세계화시대에 국제적 약속을 따르는 것은 상대를 위한 배려일 뿐만 아니라 우리의 생활 또한 더 편리하게 할 것이다.

11 / 수학의 역설

어느 시대에나 학문의 특정한 논리를 자신에게 유리한 대로 해석해 이용하는 경우는 늘상 있어왔다. '바른 길에서 벗어난 학문으로 세상 사람들에게 아첨한다'는 뜻의 곡학아세(曲學阿世)라는 사자성어도 그런 부분을 경계하는 말이다.

수학에서도 마찬가지이다. 수학의 학문적 특성상 전문적인 깊이가 느껴지면 잘 모르는 이들은 고개를 끄덕일 수밖에 없게 된다. 자세히 들여다보면 모순된 논리이거나 억지스러운 주장이지만 그들의 논리에 허점이 무엇인가를 반증하는 것이 쉽지 않은 경우가 많다.

수학의 역설도 그렇다. 일반인들에게 가장 많이 알려진 제논의 역설부터 알아보자.

BC 4세기경 그리스 수학자이자 철학자인 제논의 역설은 당대 최고의 영웅이자 마라톤 선수였던 아킬레우스와 거북이의 경주 이야기이다. 아킬레우스는 너그러운 마음으로 거북이를 앞세워 놓고 달리기 경주를 했다.

이때 제논은 아킬레우스가 거북이를 따라잡을 수 있을까? 하는 질문을 던져 우리를 헷갈리게 한다.

● 시각적 역설을 이용한 그림이다. 영원히 올라가거나 영원히 내려갈 수밖에 없는 구조이다.

제논은 다음과 같이 주장한다.

거북이가 출발한 곳에 아킬레우스가 도착하면 아무리 느린 거북이라 하더라도 조금은 진행해 갔을 것이다. 다시 아킬레우스가 조금 전 거북이가 있던 곳에 도착하면 거북이는 그래도 조금은 진행해 갔을 것이다. 이런 과정이 계속 반복되어 아킬레우스는 영원히 거북이를 따라 잡을 수 없다는 논리를 전개한다.

이 주장은 당연히 거짓말이다. 그렇다면 그럴듯한 제논의 논리에서 무엇이 잘못되어 있을까?

대답은 사람도 거북이도 직선 위에서 하나의 점으로 보는 비약이다. 즉 운동이란 시간과 거리, 여기서 나온 속도에 의해 그 의미가 결정되는데 단지 위치만을 가지고 논하면서 사람을 현혹시킨 것이다. 독자 여러분도 이제 수학의 역설이 어떤 것인지 어느 정도 짐작할 수 있을 것이다.

이번에는 또 다른 역설이다. 유산으로 양 17마리를 남겨 둔 아버지가 아들 삼형제에게 다음과 같은 상속 유언을 하고 세상을 떠났다. “장남은 식솔이 많고 실업자이니 양 17마리의 2분의 1을, 차남은 3분의 1, 막내는 9분의 1을 각기 나눠 가져라” 하는 유언이었다.

장례를 치른 후 부친의 유언대로 삼형제가 모여 앉아 분할 논의를 했다. 초등학교 3학년 학생의 도움을 얻어 약간의 산수 계산을 하면, 각 형제의 몫은 장남은 8.5마리, 차남은 5.7마리 정도, 막내는 1.9마리 정도이다. 먼저 장남 몫 8마리 차남 몫 5마리, 막내 몫 1마리를 합하면 14마리가 된다.

이제 나머지 3마리에 대해 장남은 0.5, 차남은 0.7, 막내는 0.9 만큼씩 쪼개 나누어 가지는 어려운 작업이 남아있다. 삼형제는 난감한 고민에 빠졌다.

이때 마을에서 현자라 일컬어지는 노인이 나타나 그 고민을 해결해 주었다.

“자 이제 내가 양 한 마리를 빌려줄 터이니 너희들 소유 17마리와 합하여 18마리를 가지고 나눈 후 한 마리가 남거들랑 도로 내게 돌려다오” 라고 했다.

다시 아까 그 초등학생의 도움을 빌리자. 양 18마리의 2분의 1은 9마리이고, 3분의 1은 6마리이며, 9분의 1은 2마리이다. 이들 삼형제의 것을 합해보면 17마리이다. 그러니 본래의 17마리로 무사히 상속이 해결되었고 나머지 1마리를 다시 노인에게 돌려주게 되었으니 이 무슨 해괴한 결과인가.

사실 후자의 상속 방법은 분명히 잘못된 것이다. 수학을 조금 아는 노인의 장난에 속은 것이며, 아들들은 부친의 유언대로 상속을 한 것도 아니다.

왜냐하면 2분의 1, 3분의 1, 9분의 1을 모두 합하면 18분의 17이 된다.

거북이보다 열 배 빠른 아킬레우스는 111.11m 지점에서 거북이를 따라 잡는다.

즉 본래의 상속 유언대로 하면 17마리의 18분의 1은 삼형제가 가져서는 안 된다.

이 부분은 남겨서 마을 노인정에 희사하든지 아버지 제사상에 올리든지 해야 되는데, 도사가 수학적 꼼수로 도움을 주어 이 부분까지 삼형제가 나눠 가지도록 문제를 해결해 주었던 것이다.

이런 식의 문제 해결 이전에 형 먼저 아우 먼저 하는 우애가 깃든 집안이라면 막내의 양의 수가 너무 적으니 형들이 조금 양보하든지, 아니면 막내가 아직 젊어 자수성가하겠다며 형들에게 양보했더라면 가장 바람직하고 훈훈한 결말이었을 텐데 말이다.

12 원주율 π(파이)

우리 주변을 둘러싸고 있는 사물 중에는 모난 것보다 둥그런 것들이 더 많다. 둥근 것은 왠지 부드럽고 정겹다.

시계의 문자판도 둥그렇고 하늘을 보면 둥그런 반구 모양이다. 평지에서도 주변을 둘러보면 둥그런 시야가 우리를 둘러싸고 있다. 여의주(如意珠)가 둥그렇고 축구나 야구, 배구에서 사용하는 공들이 둥글다.

이렇듯 둥그런 것들의 속성을 수학적으로 잘 나타낼 수 있는 핵심적인 수가 하나 있는데 바로 원주율 π라는 숫자이다.

실제로 수학에서 가장 영향력이 있는 수가 바로 π이다. 자세한 소개는 뒤에서 하겠지만 우선 수라 하면 정수나 소수 등으로써 10진법에 의해 나타내어질 텐데 무슨 놈의 수를 π라 하는가 의아한 생각이 들 것이다.

사실 이 녀석은 조금은 독특한 의미와 역사를 지니고 있으며, 수학의 여러 분야에 많이 사용되기에 다른 수와 달리 그리스 문자 π라는 우아한 이름을 가지게 되었다.

이 수의 정의는 대단히 명쾌하다. '원의 크기에 관계 없이 어떤 원이든간에 자신의 둘레(원주)를 자신의 지름으로 나누면 항상 일정한 값을 갖는데 그 값을 π라고 하자'

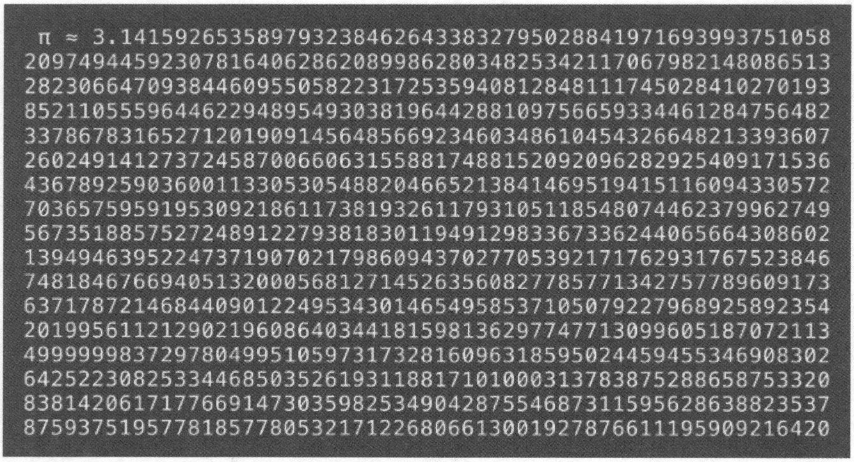

● 위 사진은 π의 소수점 이하 5만 자리 중 990자리만 써 놓은 것이다.

자신의 지름에 대한 원주의 비 값이니 말 그대로 '원주율(圓周率)'인데 그 대강의 값은 3.14 정도이다.

이 수가 밝혀지기까지의 역사도 파란만장하지만 이것의 정확한 값을 구하기 위한 노력의 과정에서 수학의 여러 분야가 발전하는 계기가 되기도 했다.

구약성경 열왕기 상 7장 23절에 보면 솔로몬왕이 화려한 궁전을 짓는 이야기가 나오는데 π를 3으로 계산하고 있다.

고대 이집트에서는 경험에 의해 원의 면적을 구할 때 π를 3.16 정도로 사용한 기록이 있다.

그 후 그리스의 아르키메데스는 좀 더 논리적인 접근을 하는데 원에 내접, 외접하는 섬세한 정다각형을 그려 넣어 원의 둘레를 계측한 후 π를 계산하는 과정을 거친다.

이런 노력으로 3.14, 즉 소수 둘째 자리까지 정확한 값을 알아내게 된다.

중국에서는 약 480년경 역학(易學)자인 조충지란 사람이 그 아들과 더불어 구의 부피를 구하면서 소수 여섯째 자리까지 정확히 계산한 기록이 있다.

서양 수학에서 역사적으로 π의 발전 과정과 내용은 책으로 몇 권에 이를 것이다.

최초로 π란 기호를 쓴 사람은 1737년 오일러였으며 1948년 영국의 퍼거슨이 소수점 아래의 808자리까지 정확히 계산했다. 수작업으로 이런 계산을 했다는 것은 놀라운 일이다.

그 후 컴퓨터의 발전으로 오늘날은 5만 자리까지 정확히 알 수 있다. 이 π값을 실제로 사용할 때는 상황에 따라 다르겠지만 소수 10자리면 족할 것이다.

그러나 수학자들은 마치 등산가들이 세계 최고봉을 정복하려고 노력하듯이 끊임없이 π에 도전하고 있다. π의 속성 중 하나인 순환하지 않는 무한소수, 즉 무리수인 동시에 초월수라는 점 때문이다.

필자의 초등학교 5학년 담임선생님은 일제강점기를 겪은 독립군 출신으로 대단히 엄격하신 분이었다.

눈 오는 날 우리 반만 운동장에 세워 놓고 "제군들은 이 나라의 동량이 될…." 하시면서 정신 교육을 시키셨는데 그때 나는 손발이 시려 죽을 지경이었다.

그러던 어느 날 선생님이 다음 산수 시간에는 비료 포대에서 오린 가능한 한 큰 원과 실 뭉치를 준비물로 챙겨오라고 하셨다. 큰 바가지를 엎어서 원을 그렸던 기억이 난다. 그 시절 나에게 무슨 놈의 컴퍼스가 있었겠는가?

수업시간이 되자 선생님께서는 준비물을 모두 내놓으라 하시더니 실로 둘레와 지름을 잰 후 제각기 그 둘레를 지름으로 나누라고 지시하셨다.

● π에 의해 원의 면적, 구의 체적을 구하게 됐고 역학 관계도 잘 설명되어 돔을 설계할 수 있다.

준비된 원이 제각각이니 나눈 값도 제각각일 것이라 생각했으나 웬일인지 다들 비슷비슷한 값이 나왔다.

둘러보시던 선생님은 그때야 비로소 "원주율이란 원주를 지름으로 나눈 값이다. 단지 너희들 준비물과 계산에서 오차가 있을 뿐이지 그 값은 항시 3.14이고 이름은 π라고 한단다"라고 하셨다.

진정 살아있는 학습 방법으로 나를 지도해 주시던 그 선생님이 그립다.

13 꿀벌의 집 정육각형

매우 무질서한 듯한 자연이지만 조금만 관심을 가지고 주변을 살펴보면 일정한 규칙성이 있는 기하학적 도형들을 많이 볼 수 있다.

구약성경 창세기 1장에 하나님은 공허한 혼돈(chaos)에서 질서(order)의 세계로 천지를 창조한다는 이야기가 있다.

최근 수학이나 물리학에서 이야기하고 있는 '혼돈 이론'은 "무질서해 보이지만 거기에는 어떤 논리(질서)가 있을 수 있다"는 전제 아래 전개하는 학문이다.

그렇다면 자연에서의 질서나 규칙성이란 어떤 것을 말하는 것일까.

조용한 저수지에 조약돌 하나를 던져보자. 수많은 파문(파동)들이 원의 궤적을 이루며 퍼져 나간다.

여름휴가를 즐기러 바다로 떠난 연인들은 소라 껍데기를 주워 귀에 대고 사랑의 속삭임을 나누기도 하는데 그 소라 껍데기는 나선형의 연속이다.

그런데 우연인지 모르지만 물질의 결정이나 동물의 집 모양이 육각형인 경우가 많다.

겨울철 눈송이는 얼핏 보면 무질서한 모습인 듯 하나 현미경으로 확인

● 눈의 결정은 육각형 모양을 가진다.

하면 모조리 육각형의 결정을 이루고 있다.

소금의 결정도 육각형이고 거북이 등의 문양도 육각형이며 특히 벌의 집은 정말 정교한 육각형의 합집합이다. 이 육각형의 집이 기하학적으로 얼마나 유리한 것인지 알고 나면 미물로 여겼던 벌에게도 경외감을 가지게 된다.

벌의 집을 이야기하기 위해서 목욕탕의 타일 이야기부터 시작하자.

목욕탕 바닥과 벽면은 몇 가지 모양의 타일들로 짜 맞추어져 다양한 문양으로 장식돼 있다. 그러나 여기에는 절대적인 원칙이 있다. 즉 어떤 경우이든 타일로 면을 빈틈없이 채우는 것이다.

이제 똑같은 크기의 일정한 모양의 정다각형 타일로 평면을 채워보자. 이때 빈틈없이 평면을 채운다는 것은 곧 한 꼭지점에 타일의 모인 각이 360도가 돼야 한다는 것이다.

그렇다면 첫 번째 경우, 정삼각형 타일을 생각해 보자. 이것의 꼭지각

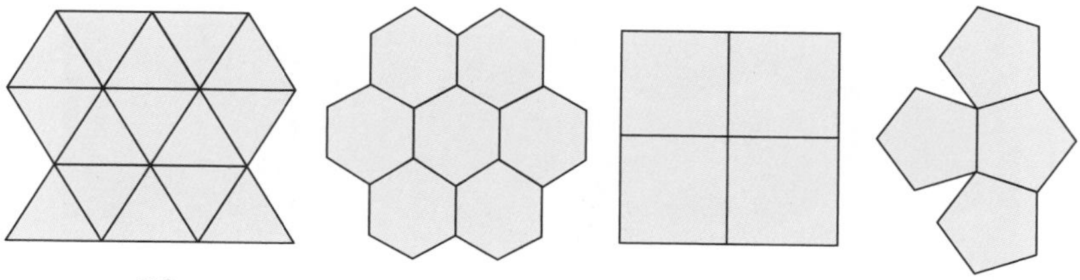

● 평면의 타일은 정삼각형, 정사각형, 정육각형 밖에 없다는 사실을 알려주는 그림이며, 정육각형이 원에 더 가깝다.

은 60°이므로 한 꼭지점에 6개의 타일이 모이면 360°가 되어 빈틈없이 평면이 채워진다.

두 번째 경우, 정사각형 타일은 한 꼭지점에 4개의 타일을 붙이므로 만족된다.

세 번째 경우, 정오각형 타일은 꼭지각이 108°이므로 한 꼭지점에 3개를 붙이면 324°이고 4개를 붙이면은 432°가 되어 불가능하다.

네 번째 경우, 정육각형인 타일은 꼭지각이 120°이므로 한 꼭지점에 3개의 타일을 붙임으로써 만족된다.

그 외에 어떤 경우의 타일도 빈틈없이 메꿀 수 없다. 결국 가능한 타일의 모양은 정삼각형, 정사각형, 정육각형 타일의 세 가지 경우 뿐이다.

위의 사실에서 출발하여 꿀벌집이 정육각형이 될 수밖에 없는 다른 이유들을 이야기해 보자.

인간이든 곤충이든 집을 지을 때 같은 재료를 사용하더라도 가능한 쉽게 짓고, 같은 값이면 넓게 짓고 싶어한다. 또 자기와 어울리는 집이라면 금상첨화일 것이다.

70년대 우리네 슬레이트집처럼 쉽게 짓기로 하면 정사각형이 좋겠지만 꿀벌은 기왕이면 우아한 집을 짓고자 하는가 보다. 물론 이것은 추측

● 수학 공부를 하지 않은 꿀벌이지만 정교한 정육각형의 집을 짓고 산다.

이고, 사실은 같은 재료로 더 넓게 짓고자 하는 데 그 이유가 있다.

긴 끈이 하나 있다고 하자. 그 끈으로 정삼각형이나 정사각형, 정오각형… 모양을 만들어 보자.

이렇게 계속 각을 늘려 가다가 마지막에는 원까지 만들어 보면 적분이라는 수학의 계산법에 의해 위의 순서대로 넓이가 점점 넓어진다. 즉 둘레가 같을 때 변이 많으면 많을수록 넓이가 커진다. 그렇다면 앞에서 말한 평면의 3가지 타일 중에서 정삼각형, 정사각형보다 넓이가 제일 넓고, 몸이 둥근 벌이 드나들기에 유리한 집이 정육각형일 수밖에 없다.

수학 공부도 한 적이 없는 벌꿀이 어떻게 이 오묘한 섭리를 익혔을까? 아니면 신의 조화일까? 다윈의 말대로 살아남기 위해서 학습된 결과일까?

사족을 하나 붙이면, 물의 분자식이 H_2O인데 산소 1개에 수소 2개가 마치 영어의 V자 모양으로 연결돼 있을 것이라는 가정 아래 이 분자들이 연이어지면서 물의 구조가 육각형을 이루고 있을 것이라는 가설이 있다.

이 가설은 과학자들의 상상의 구조일 뿐인데 우리가 마시는 물을 육각수로 만들어 낼 수 있다는 어느 정수기 회사의 광고는 볼 때마다 의아한 생각이 든다.

14 / 왜 사각형 맨홀 덮개는 없는가?

사람이나 차가 다니는 도로에는 물이 흘러들어가거나 지하로 사람이 출입할 수 있게 만들어 놓은 맨홀이 있다. 그런데 그 맨홀 덮개를 살펴보면 대부분 원형으로 되어 있다.

왜 그럴까? 덮개가 사각형이면 어떨까? 이 질문에 답하기 전 맨홀 덮개가 지녀야 할 조건을 살펴보자.

맨홀 덮개는 그 크기에 관계없이 어떤 경우라도 맨홀 안쪽으로 빠져서는 안 된다. 즉 맨홀 덮개를 어떤 방향으로 올려놓아도 안으로 떨어지면 안 된다는 전제가 있다.

그렇다면 그 구멍보다 크게 만들어 덮으면 되지 않겠느냐고 생각하는 이도 있겠지만 효율성과 미적 균형까지 생각하는 도시 공학자의 입장에서는 좋은 방법이 아니다. 조건에 맞는 동시에 경제적이고 교통에 장애를 주지 않는 덮개를 설계하기 위해서는 간단한 수학 이론이 필요하다.

가로와 세로가 3 m인 정사각형 맨홀 구멍과 그 덮개를 생각해 보자. 맨홀에서 작업을 하는 사람이 덮개를 구멍의 바른 위치에 올려놓으면 되겠지만 실수로 대각선 위치에 덮개를 올려놓으면 여지없이 아래로 떨어진다. 우리가 익히 알고 있는 피타고라스 정리에 의하여 맨홀 구멍의 대각선의 길이는 $3\sqrt{2}$ m로 3 m보다 크기 때문이다.

어느 방향으로 올려놓아도 빠지지 않으려면 덮개의 너비가 항상 일정해야 한다. 덮개가 원이면 그 지름이 유일하기 때문에 빠지지 않는다. 물론 미관상으로도 좋고, 굴리면서 이동시키면 작업에도 편할 것이다.

그러면 꼭 덮개가 원형이어야만 할까? 그렇지는 않다. 조건에 맞는 덮개는 많다.

독일의 기계공학자 프란츠 뢸로(Franz Reuleaux, 1829~1905)의 이름을 붙인 뢸로 다각형 중에는 세 변이 밖으로 볼록 나온 둥근 삼각형이 있다. 이 삼각형을 뢸로 삼각형이라 한다.

뢸로는 기계에 관한 최초의 기술학을 수립한 사람으로, 일찍이 원처럼 너비가 일정하면서 잘 굴러가는 도형의 필요성을 느껴 뢸로 다각형을 고안했다. 뢸로 다각형은 홀수 변을 가지고 있는 정다각형으로 만들 수 있다.

이제 뢸로 삼각형의 작도법을 살펴보자.

1. $\overline{AB}=\overline{AC}=\overline{BC}$ 인 △ABC를 그린다.
2. 꼭지점 A에서 꼭지점 B, C를 지나는 원호 $\overset{\frown}{BC}$를 그린다.
3. 나머지 두 꼭지점 B, C에서도 위와 같은 방법으로 원호 $\overset{\frown}{AC}$, $\overset{\frown}{AB}$를 그린다.
4. $\triangle ABC$의 세 변을 지우면 $\overline{AB}=\overline{AC}=\overline{BC}$ 인 뢸로 삼각형이 완성된다.

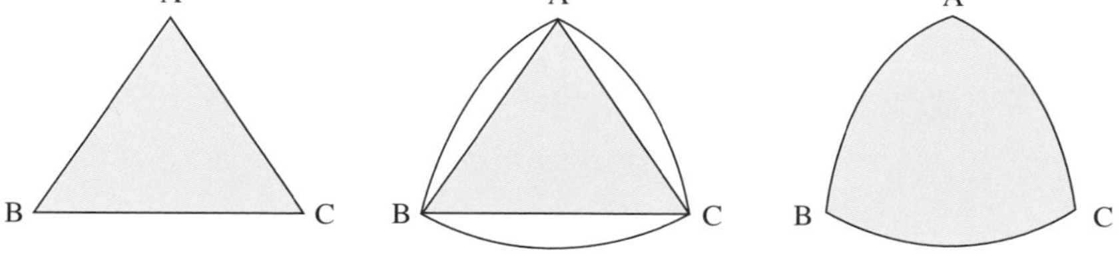

이러한 맨홀 뚜껑은 각 꼭지점에서 원호까지의 거리가 일정하기 때문에 맨홀 안으로 떨어지지 않는다. 변이 홀수 개인 정다각형을 이런 식으로 원호를 그려 가면 뢸로 다각형이 된다.

뢸로 삼각형의 넓이는 기초삼각법을 이용하여 쉽게 계산할 수 있다. 정삼각형의 한 변의 길이, 즉 원호의 반지름이자 뢸로 삼각형의 너비를 k라 하면 뢸로 삼각형의 면적은 $\frac{1}{2}(\pi - \sqrt{3})k^2$이 된다.

만약 너비가 k인 원을 사용했다면 그 원의 면적은 $\frac{1}{4}\pi k^2$이 된다. $\frac{1}{2}(\pi - \sqrt{3}) \fallingdotseq 0.705$가 $\frac{1}{4}\pi \fallingdotseq 0.785$보다 그 값이 작기 때문에 너비가 일정한 뚜껑을 만들어야 할 경우에 원형 대신 뢸로 삼각형을 선택한다면 재료를 아낄 수 있다.

뢸로 삼각형의 이해를 돕기 위한 또 다른 접근 방법이 있다. '일정한 폭을 가진 곡선'이라는 차원에서 접근하는 방법이다.

먼저 원형의 수레바퀴가 직선을 따라 굴러가는 모습을 상상해 보자. 그 다음 뢸로 삼각형을 직선을 따라 굴린다고 생각해 보자. 상상만으로는 원형이 아닌 그 어떤 모양도 직선을 따라 굴리면 높이가 일정하지 않아 굴러가지 않을 것이라 생각하기 쉽다. 하지만 뢸로 삼각형처럼 일정한 폭을 가진 곡선은 직선을 따라 굴러간다. 이런 일정한 폭을 가진 모양은 무수히 많은데 이를 '정폭도형'이라고 부른다.

그림과 같은 간단한 두 가지 예를 보자.

이 모양을 오려내어 5 cm 떨어진 두 자 사이에 놓고 굴리면 항상 양쪽 자와 접하며 지나가게 된다. 이 원리에 의하면 원형이 아닌 자전거 바퀴도 있을 수 있다.

원래의 덮개 문제로 돌아가면, 뢸로 삼각형을 비롯한 둥근 다각형은 너비가 일정하여 맨홀 아래로 떨어지지 않기 때문에 모두 맨홀 덮개로 쓸 수 있다. 게다가 뢸로 삼각형은 재료를 가장 많이 아낄 수 있어 매우

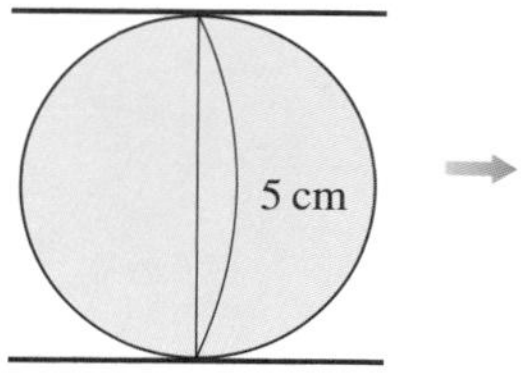

● 폭이 5 cm인 평행선 사이를
지름이 5 cm인 원이 굴러갈 때

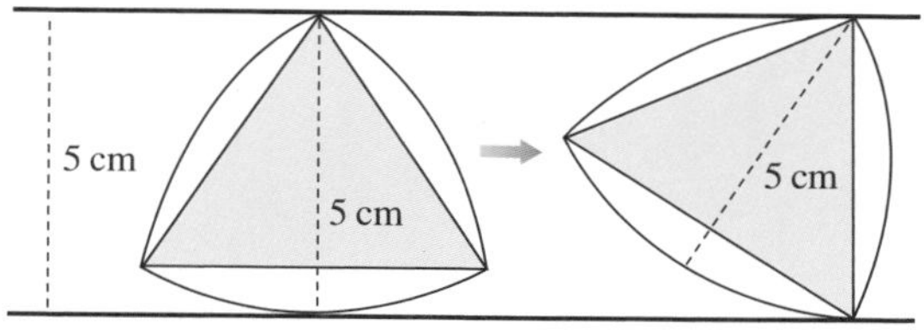

● 뢸로 삼각형이 폭이 5 cm인 평행선 사이를
굴러갈 때

경제적이다.

그러나 원형의 덮개가 뢸로 삼각형보다 훨씬 만들기 쉽고 조금만 굴려도 쉽게 제자리에 집어넣을 수 있고 모든 방향으로 힘을 받을 수 있어서 좀 더 안정적이다. 덕분에 앞으로도 다각형의 맨홀 뚜껑을 만나기란 쉽지 않을 듯하다.

15 위상적 동형

중· 고등학교 시절 수학을 지겨워 한 독자들도 '합동'이나 '닮음'이라는 수학용어를 들어본 기억은 흐릿하게나마 남아있을 것이다. '합동'은 완벽하게 모양과 크기가 같은 두 도형을 말하지만, '닮음'은 그보다 유연한 개념으로 닮음인 두 도형 중 하나를 적당히 늘이거나 줄임으로써 합동이 될 수 있다. 일란성 쌍둥이가 합동이라면 이란성 쌍둥이는 닮은꼴이라고 할 수 있을 것이다.

수학적 대상들 사이에 똑같은 것들만 가지고 논하는 경우는 그리 많지 않고 사실 무의미하다.

세상에는 오히려 유사(類似)한 것들이 더 많고 이들을 관찰하여 새로운 상황이나 세계를 예측하고 개발해 정리해두는 것은 의미있는 작업이다.

수학적 대상들 사이에 어떤 측면에서인가 닮았다는 기본 원리에서 출발한 위상수학(位相數學)이 무엇인지를 소개하려 한다.

수학적 대상들, 많은 경우 도형들이라 해도 좋겠다.

이런 것들 중 어떤 도형을 자르거나 이어 붙이지 않고 늘이거나 구부리거나 하는 방법으로 모양이 다른 도형을 만들 때, 이들 두 도형을 동상(同相) 또는 위상(位相)적으로 동형(同形)이라고 한다.

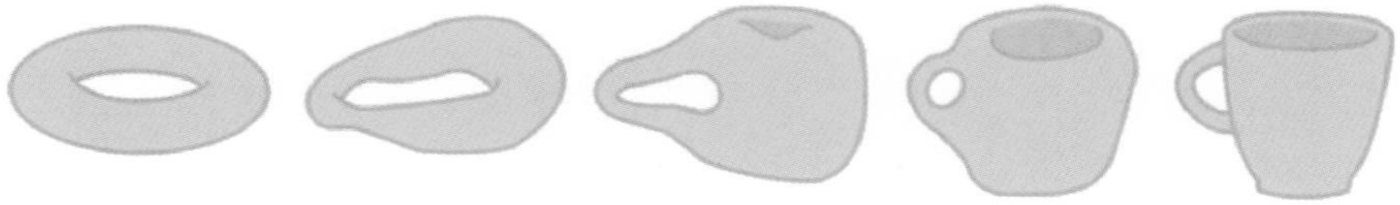

● 삼차원 공간에서 튜브와 위상적 동형인 것을 보여주는 예이다.

예컨대 고무줄로 만든 고리 하나를 생각해 보자.

이 고리로 삼각형도 사각형도 그리고 원도 만들 수 있다.

고무줄을 늘이거나 줄여도 되겠다. 이때도 가능 모양이나 크기는 다르지만 본질적인 것은 변함이 없다.

이렇게 위상적으로 동형인 경우 변하지 않는 성질(공통적인 성질)이 무엇인가를 연구하는 학문이 현대 수학의 중요한 부분인 위상기하학(Topology)이다.

위상수학의 또 다른 예를 보자. 목적지에 도착하기 위한 나의 알고리즘의 지혜는 바로 '위상수학'의 핵심 논리인 연결(continuous)이라는 개념에 의존한다.

필자는 서울 지리도 익숙지 못한 데다 워낙 차량의 소통도 많아 서울을 갈땐 주로 기차와 지하철을 이용한다. 우선 대전역을 출발점으로 하여 서울역으로 간다. 가는 과정이 지그재그든지 똑바로든지 문제가 되지 않는다. 이어 조금 걷기는 하지만 지하철을 타면 좁은 벽면에 지하철 노선 표시가 있다. 서울의 본래 모습과 상관없이 적당히 구부려 그린 지하철 노선도이다.

실제의 지하철 노선과 이 지도 위의 노선 표시는 위상 동형인 것이다. 나는 서울역에서 이어져 있는 선을 따라 목적지 역에 가기만 하면 된다.

여기에 핵심적인 내용은 역과 역의 연결 표시이지 동서남북이나 멀고 가까운 건 상관없다.

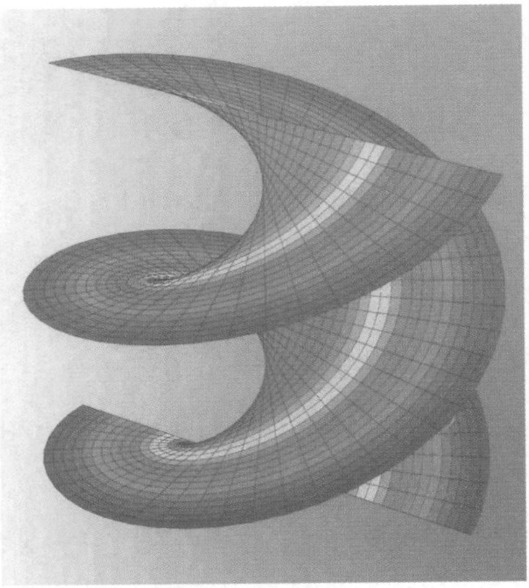

● 가우스 곡면을 나선형으로 위상변환한 그림이다.

다른 예를 하나 더 들면, 평면 거울에 비친 내 얼굴 모습이나 볼록거울에 비친 우스꽝스럽게 과장된 모습이라 하더라도 이들은 위상적으로 모두 동형이다. 만약 얼굴에 검은 점이 두 개 있고 그 점들이 연결된 선이 있다면 역시 두 거울에서도 연결된 선의 영상이 있기 때문이다.

우리 생활 주변을 어찌 본래의 모습 그대로만 표현할 수 있겠는가? 그래서 본질적이고 핵심적인 것들만 보존하는 내용을 수학적으로 표현하고 접근하는 것은 대단히 중요하다. 부수적이고 장식적인 것은 뒤로 미뤄 두는 이런 위상 작업 논리의 바탕에는 유연성이 방법론으로 사용되고 있다는 것이 중요하다.

그러나 여기에도 어떤 원칙은 있다. 직선과 곡선을 같이 본다 하더라도 수학적인 용어로 '일대일 대응'이란 원칙은 꼭 지켜져야 한다. 그리고 대응되는 점과 점 사이에 연결된 것이 대응되는 도형에서도 연결되어 있

● 위상적으로 동형인 것들끼리 모아 놓은 것이다. ①은 한 직선과 동형인 것들이며 ②는 Y와 동형인 것이고 ③은 단일폐곡선들이다.

느냐의 문제들은 심각하게 고려되어야 한다.

예컨대 대장 수술을 하는 외과의사의 경우 수술 부위의 인체 내에서의 모양과 수술대 위에서의 모양이 다를지언정 그 연결은 필히 보장해야 할 것이다. 그래야 회복 후 본래의 인간과 위상적으로 동형일 터이니까!

16 / 수의 집합 체계

수학에 관련된 이야기를 하노라면 그 주된 대상인 수에 관한 이야기가 많이 나오게 된다.

수에 관한 접근에는 두 가지 방법이 있다. 하나는 인류 문화 발전에 따른 수의 발전적 역사 과정을 따라가는 방법이요, 다른 하나는 현대 수학의 관점에서 분류하는 방법이다.

여기서는 수의 발전적 역사 과정을 더듬으면서 수의 집합 체계를 살펴보고자 한다. 그냥 수의 집합이라 하지 않고 체계란 말을 덧붙인 이유가 있다. 순수 집합 안에 몇 가지 연산을 정의해 넣고 집합과 연산을 동시에 생각하는 유기체로서의 의미를 부여한 것이다.

셀 수 있는 대상을 헤아리는 과정에서 그 대상과의 일대일대응에서 탄생한 수가 자연수라는 소개는 이미 앞에서 했다. 자연수는 존재하는 것들에 대한 헤아림에서 탄생했으므로 자연스럽게 사람들의 생활 속에 받아들여지게 되었으나 음수의 존재는 거의 중세기까지도 인정되지 않았다. 자연수에 대한 고정관념이 너무 강했기 때문이었다.

그러니 존재하지 않는 물건을 나타내는 음수의 개념을 받아들이기는 힘든 일이었다.

● 안지은 씨의 책『피타고라스, 수의 세계를 열다』.

인간 사고의 확장은 인류 문명 발전의 원동력이 되기도 한다.

겨울에 양식은 떨어졌고 굶을 수밖에 없을 때, 나에게는 없는 닭 한 마리를 이웃집에서 꿔 먹었다면 이것은 −1인 셈이다.

우여곡절 끝에 르네상스를 맞이한 16세기 들어 비로소 음수도 수로 인정받기 시작했다.

이로써 정수의 개념이 정립된 듯 하나 0이라는 수가 또 말썽이었다. 다행히도 인도의 불교사상에 힘입어 0이 탄생했고 이것이 아라비아로 넘어와 비로소 정수집합이 탄생했다.

그런 반면 상당히 일찍이 BC 572년경 에게해의 사모스섬에서 태어난 피타고라스란 수학자는 '만물의 근원은 수이다'라는 신념에 찬 교리로 일종의 신앙집단을 이루면서 그들이 알고 있는 신비한 수들을 즐겼다.

피타고라스 집단은 앞서 말한 정수 외에 분할의 문제에서 출발한 비율, 즉 유리수까지가 모든 수라고 믿고 있었고 이것을 일종의 신앙의 교리로 정하기까지 했다.

그런데 비의 값으로 표현할 수 없는 무리수의 존재를 자신들이 증명한 유명한 '피타고라스 정리'로부터 알게 됐으니 이 무슨 모순인가?

즉 밑변과 높이가 모두 1인 직각삼각형의 빗변의 길이는 2의 제곱근인데 이 녀석은 유리수가 아닌 것이다.

피타고라스는 이 사실을 비밀로 하도록 제자들에게 엄명하였으나 진실을 묻어둘 수는 없는 법이기에 '임금님 귀는 당나귀 귀다'의 우화에서처럼 어느 제자가 이 비밀을 세상에 알렸다가 돌로 쳐 죽임을 당하는 수학 지식인의 순교자가 되었다.

이런 수난을 거치면서 무리수도 수로 인정받게 되었다. 비로소 유리수(정수도 여기에 포함된다)와 무리수를 합집합으로 하여 실수 집합 체계가 확립되었다.

여기서 하나 지적해 둘 것이 있다.

유리수의 영어 표현이 rational number인데 비(rate)란 말의 어원에 근거하여 '비로 나타내어지는 수'가 본 뜻이나, 한문권의 초기 용어 제정자가 사전적 뜻인 '합리적'이란 말을 인용 사용하여 이치가 있는 수, 즉 유리수라 불리워 오늘에 이르고 있어 아쉽다.

그런데 이후 방정식을 푸는 과정에서 실수가 아닌 근이 존재한다는 사실을 알게 되었다.

과거처럼 이것도 해로 취급하지 않고 적당히 지내오다가 1799년에 가우스라는 수학자가 실수 아닌 그 수를 허수(虛數)라 이름 짓고 이전의 실수와 허수를 포함하여 복소수(複素數)라는 수의 체계를 사용할 것을 제안하여 오늘에 이르게 되었다.

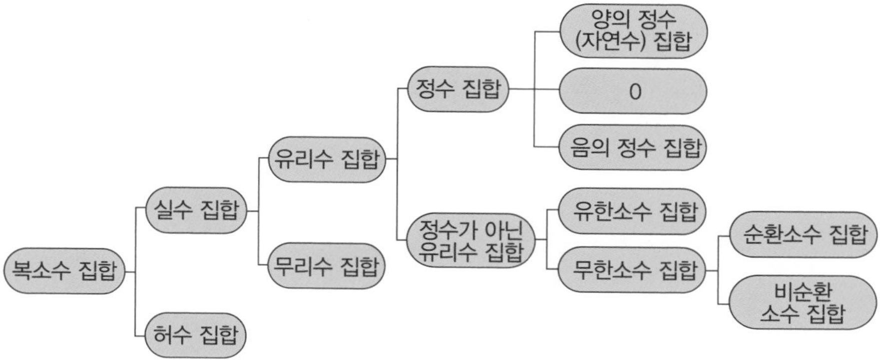

● 수 집합 체계도이다. 유리수 안에서 정수와 소수의 분류는 초 · 중등학교에서 편의상 하는 것일 뿐이다.

그의 박사학위 논문 제목이 「대수학의 기본정리」인데 위의 복소수 체계에서 n차 방정식은 n개의 해를 갖는다는 것을 증명한 내용으로 수학에서는 불후의 업적으로 인정받고 있다.

또 이 시기에 모든 유리수는 '순환하는 무한소수'가 되고 무리수는 '순환하지 않는 무한소수'가 된다는 것도 증명되었다.

여기까지가 우리가 현재 쓰고 있는 수 집합 체계의 정립 과정이다. 물론 사람은 필요에 따라 논리적 체계를 세워 새로운 수를 만들어 쓰기도 한다.

물리학에서 쓰이는 4원수, 8원수 등의 수체계가 대표적인 예인데, 여기서는 우리가 쓰는 수 집합 체계의 역사적 발전 과정을 따라가 본 것으로 마무리하도록 하자.

17 대수학이란?

주로 수를 대상으로 하여 전통적인 사칙연산을 하는 산술과, 평면이나 공간에서 삼각형이나 원과 같은 도형들을 중심으로 하는 수학의 차이점은 무엇일까?

상호 밀접한 관계가 있지만 전자를 우선 '대수학'이라 하고 후자를 '기하학'이라 해두자. 여기서는 대수학에 대해 좀 더 상세한 소개를 해보려고 한다.

수학을 만국 공통어라 한다. 그 이유는 민주주의 국가나 사회주의 국가는 물론 선진국이나 후진국 그 어느 문명에서나 공통의 기호와 수식으로 의사소통을 하고 있기 때문이다.

그러나 현재의 수식이나 방정식들 표현이 처음부터 지금의 모습이 아니었음은 두말할 나위 없다. 르네상스 이후 17세기에 들어서면서 많은 수학자들의 제안과 노력의 결과 현재의 모습을 갖춘 것이다. 그 이전에는 거의 모든 수식이나 방정식이 문장으로 표현되어 있어 불편함이 이루 말할 수 없었다.

민족의 이동이나 종교의 전파에 따라 서로 다른 문명이 합쳐지기도 하고 동서문명이 만나 발전하기도 하였다.

예를 들어 이슬람 문화는 서쪽으로는 스페인, 동쪽으로는 인도까지 그 영향을 미쳤지만 동시에 인도로부터도 많은 문화적 영향을 받았다.

특히 천문학과 수학에 있어서 인도의 불교적 사상으로부터 큰 수의 표현이나 10진 기수법 등이 아라비아로 전파되었다. 이 과정에서 아라비아 상인들이 편리한 계산법이나 식을 만드는 데 중추적인 역할을 함으로써 오늘날의 '대수학(Alge bra)'의 토대를 놓았던 것이다.

알지브라의 어원은 아랍어 Al-jabr로부터 온 것인데 뜻은 수식이나 방정식을 간단히 하는 작업의 하나인 이항(移項)한다는 의미를 지닌 말이다. 동양에서는 식에서 수식 대신에 문장을 사용한 수학 작업으로 이해되어 대수(代數)라 했으니 그럴듯한 용어라 생각된다.

어쨌든 초기부터 20세기 초까지의 대수학은 계산이나 방정식의 해법에 주력해 왔다 해도 과언이 아니다. 그러나 현대에 들어오면서 대수학은 조금 엄격한 공리체제를 갖춘 유기체적 시스템에서의 작업을 의미하게 되었다.

한 예를 들어보자.

우주 공간에 지구 못지 않은 환경과 문화를 지닌 별이 있다 하자. 그 별에 사는 우리와 유사한 생물체가 있어(그들을 사람이라고 하기에는 곤란하다) 만약 그들이 우리의 수학과 비슷한 학문을 한다면 그들이 사용하는 수나 계산법들이 우리들의 수나 계산방법과 일치할까? 그럴 가능성은 거의 없다.

그들은 나름대로의 수 체계와 연산 방법에 의해 작업을 하고 있을 것이며, 우리 입장에서 보자면 그들은 가상의 수 체계와 연산을 하고 있는 셈이다.

바로 이런 상황의 가정은 인류 문명의 미래일 수도 있다.

그래서 현대 대수학은 '주어진 집합에 어떤 연산의 규칙을 약속한 후

+6	0	3	1	4	2	5
0	0	3	1	4	2	5
3	3	0	4	1	5	2
1	1	4	2	5	3	0
4	4	1	5	2	0	3
2	2	5	3	0	4	1
5	5	2	0	3	1	4

● 자연수에서 6을 법(法)으로 한 덧셈 합동식의 구구계산표이다.

그 유기성에 따라 성립하는 다양한 수학적 성질을 논의하는 수학 분야'로 정착했다. 여기서 집합이나 연산은 전통적인 것들 외에 또 다른 가상의 약속일 수도 있음을 다시 한번 강조한다.

그런 면에서 전통적인 대수학에 대응하는 말로써 오늘날의 대수학을 '추상 대수학'이라고도 한다.

그렇더라도 대수학체계에는 몇 가지 기본 원칙이 내재되어 있다.

첫째, 주어진 집합에서 약속된 연산에 대해 연산할 때 결합법칙을 만족해야 한다.

둘째, 그 집합에는 주어진 연산에 아무 영향을 미치지 않는 원소인 항등원이 있어야 된다. 예컨대 수 집합에서 덧셈의 항등원은 0이요, 곱셈의 항등원은 1이 된다.

셋째, 그 집합의 어떤 원소에 대해서도 연산의 결과가 위에서 말한 항등원이 되는 상대 원소가 있어야 된다.

이 상대 원소를 역원이라 부르는데, 덧셈에서는 2에 대해 −2가 역원

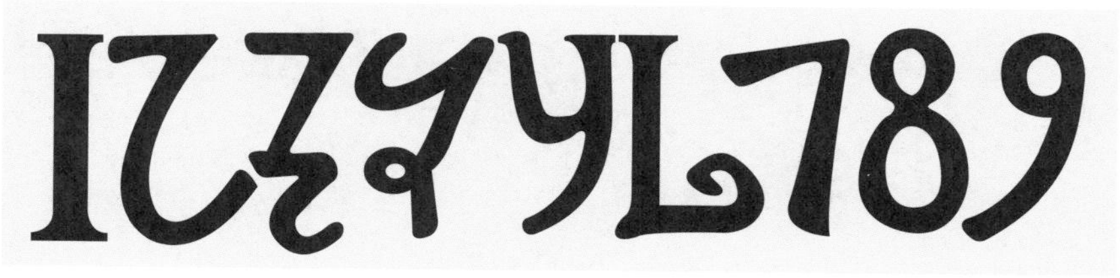

● 976년에 유럽에서 최초로 사용된 아라비아 숫자이다. 동서문물 교류에 이슬람의 역할은 매우 컸다.

이요, 곱셈에서는 2에 대해 $\frac{1}{2}$이 역원이다.

이상의 세 가지 공리를 만족하는 대수적 구조를 군(group)이라 한다.

이런 현대 대수학의 입장에서 본다면 사칙 중에 뺀다는 −연산은 덧셈에 대해 역원의 존재성으로서 대신하고, 나눈다는 ÷연산은 곱셈에 대한 역원인 유리수의 존재로 설명이 된다.

예를 들면 $5-3=5+(-3)$이고 $2 \div 3 = 2 \times \frac{1}{3}$이라는 뜻이다. 결국 사칙의 연산이 아니라 2칙 연산인 것이다.

더 나아가 한 집합에 두 가지 연산을 약속해 두고 특정한 대수적 성질들을 만족하는 집단들이 있는데, 환(Ring), 체(Field) 등이 이에 속한다. 이들 모두는 집단을 나타내는 용어라는 데 관심을 가질 필요가 있다.

이렇게 만들어진 대수적 유기체 집단은 다른 여러 학문에서 적절하고도 다양하게 활용되고 있다.

18 / 시인과 수학

"시인이 아닌 수학자는 완전한 수학자라고 할 수 없다"라는 말은 수학의 급수에 관해 많은 연구업적을 남긴 수학자 바이어 슈트라스(1815~1897)가 한 말이다.

또 어떤 수학자는 "수학의 본질은 그 자유성에 있다"라고 말하기도 했다. 정말 수학에 대한 적절한 말이라 생각한다.

많은 사람들은 이성적이고 딱딱한 논리 속에서 전개되는 규격화된 학문이 수학이 아니냐고 이야기하기도 하고, 혹자는 현실의 이해 타산을

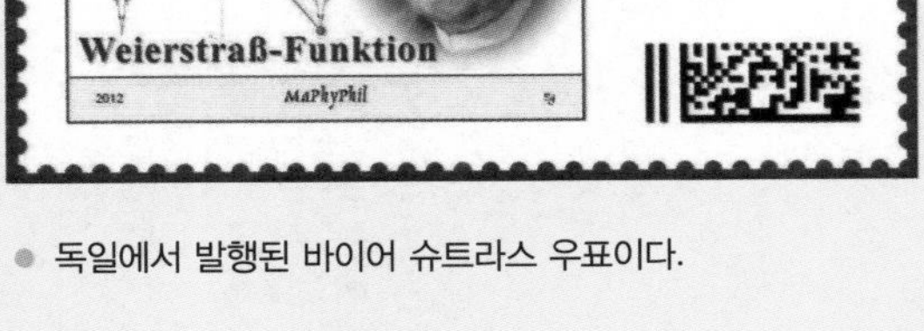

● 독일에서 발행된 바이어 슈트라스 우표이다.

따지는데 필요한 것이 수학이 아니냐 하겠지만 이것은 오해이다. 이런 오해를 가중시킨 것에는 수학하는 사람의 책임이 일부 있다고 생각된다.

예컨대 중 · 고등학교 수학 교재 내용이 너무 어렵다든지, 수업 시간에 공식들만을 외우라고 강요한다든지, 수학의 즐거움을 느낄 수 없이 지루하게 수업을 진행한다든지 등이 문제일 수 있다.

사실 수학이란 학문은 의외로 감성적이고 직관적이다. 수학은 자연에서 비롯되었으며 수학의 전개는 상당히 미래 지향적이고 시적인 면이 있다.

시인들과 관련된 몇 가지 에피소드를 소개하면서 수학에 대한 오해를 풀고 나아가 수학에 대한 재미를 느껴 보도록 하자.

먼저 우리에게 김삿갓으로 잘 알려진 김병연(金炳淵)의 시 몇 수를 통하여 그의 천재성과 수의 멋을 감상해 보자.

방랑시인 김삿갓이 어느 날 저녁 노을이 그윽한 산 고갯길에서 자신의 처량한 신세와 야박한 세상 인심을 탓하는 시 한 수를 짓는다.

이십수하삼십객, / 사십가중오십식, / 인간기유칠십사, / 불여귀가삼십식
(二十樹下三十客, / 四十家中五十食, / 人間豈有七十事, / 不如歸家三十食)

이 시의 뜻은 대략 다음과 같다.

"스므나무 아래에 서러운 나그네가 망할 놈의 동네에 들어갔더니 쉰 밥을 주는구나. 어허라. 인간으로서 어찌 이런 일이 있을 건가. 고향집에 돌아가서 설익은 밥을 먹는 것만 못하겠네."

숫자의 나열과 발음을 교묘히 이용하여 세상을 풍자한 명시라 생각한다. 스므나무는 느릅나무과의 한 종류로 대개 산 고갯마루에 자생하며 나그네에게 쉬어갈 그늘을 제공하기도 한다.

또 다른 김삿갓의 낭만적인 시 한 수를 소개한다. 어느 해 가을, 황해

● 김삿갓은 수학적 감성을 지닌 풍자와 해학이 넘치는 시인이었다.

도 구월산(九月山)을 찾은 김삿갓이 그 아름다움에 감탄하여 지은 시이다.

작년구월과구월, / 금년구월과구월, / 년년구월과구월, / 구월산광장구월
(昨年九月過九月, / 今年九月過九月, / 年年九月過九月, / 九月山光長九月)

9라는 수 하나로 이렇게 수학적 운율의 조화를 이룬 명시가 또 어디 있겠는가.

"작년 구월에 구월산을 지났는데 금년 구월에도 구월산을 지나는구나. 해마다 구월에 구월산을 지나도 구월산 빛은 늘 구월 그대로구나."

언젠가 통일이 되면 우리 다같이 구월에 구월산에 가 볼 그날이 오지 않을까. 김삿갓의 수에 관한 시들은 위의 예 말고도 여러 수 있으나 생략한다.

이제 이상(李箱)이라는 시인의 수에 관한 이상하고 난해한 시를 소개하고자 한다.

『조선중앙일보』에 연재하다 문단의 비난으로 중단한 그의 '오감도(烏

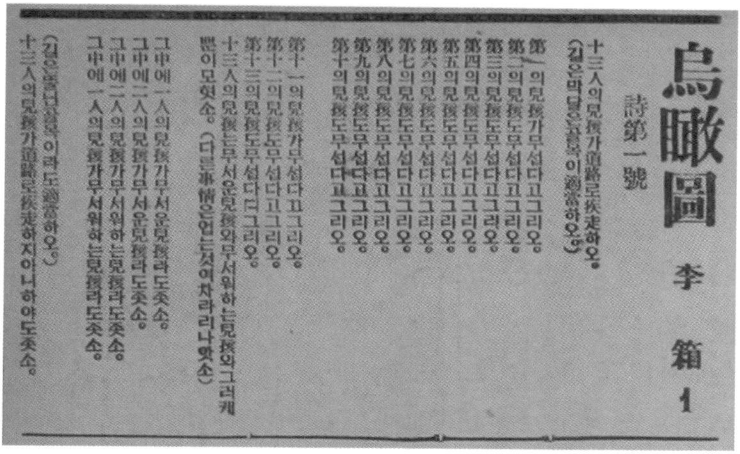

烏瞰圖 李箱 1

詩第一號

十三人의兒孩가道路로疾走하오。
(길은막다른골목이適當하오。)

第一의兒孩가무섭다고그리오。
第二의兒孩도무섭다고그리오。
第三의兒孩도무섭다고그리오。
第四의兒孩도무섭다고그리오。
第五의兒孩도무섭다고그리오。
第六의兒孩도무섭다고그리오。
第七의兒孩도무섭다고그리오。
第八의兒孩도무섭다고그리오。
第九의兒孩도무섭다고그리오。
第十의兒孩도무섭다고그리오。

第十一의兒孩가무섭다고그리오。
第十二의兒孩도무섭다고그리오。
第十三의兒孩도무섭다고그리오。
十三人의兒孩는무서운兒孩와무서워하는兒孩와그러케뿐이모혓소。(다른事情은업는것이차라리나앗소)

그中에一人의兒孩가무서운兒孩라도좃소。
그中에二人의兒孩가무서운兒孩라도좃소。
그中에二人의兒孩가무서워하는兒孩라도좃소。
그中에一人의兒孩가무서워하는兒孩라도좃소。

(길은뚫닌골목이라도適當하오。)
十三人의兒孩가道路로疾走하지아니하야도좃소。

● 이상의 시 오감도.

오감도
시 제 4 호

환자의 용태(容態)에 관한 문제

1 1 1 1 1 1 1 1 1 1 •
2 2 2 2 2 2 2 2 2 • 1
3 3 3 3 3 3 3 3 • 2 2
4 4 4 4 4 4 4 • 3 3 3
5 5 5 5 5 5 • 4 4 4 4
6 6 6 6 6 • 5 5 5 5 5
7 7 7 7 • 6 6 6 6 6 6
8 8 8 • 7 7 7 7 7 7 7
9 9 • 8 8 8 8 8 8 8 8
0 • 9 9 9 9 9 9 9 9 9
• 0 0 0 0 0 0 0 0 0 0

진단 0:1
26.10.1931
이상 책임의사 이상(李箱)

● 오감도 중 수의 배열로 이루어진 시이다.

瞰圖)'라는 시의 시리즈 중에 그 첫 번째인 「13인의 아해가 도로로 질주하오」라는 제목의 시이다.

"제1의 아해가 무섭다고 그리오. 제2의 아해가 무섭다고 그리오. … 제13의 아해가 무섭다고 그리오"라는 시이다.

필자로서는 이 시에 대한 평론은 가당치 않고 수를 1에서 13까지 나열해 가며 무엇인가 이야기하고자 하는 예상을 뛰어넘는 구상이 수학 이상인 듯하다.

그 외에도 이상의 시에는 수와 그림으로 된 시가 몇 편 더 있다.

말이 나온 김에 우리네 명절과 수 이야기도 조금 해보자. 동양에서는 홀수는 양(陽)으로 짝수는 음(陰)으로 구별한다. 음양의 조화도 좋지만 양기가 넘치는 것을 더욱 좋아하다 보니, 명절도 양이 겹치는 중양(重陽)일로 정한 것이 여럿 있다.

1월 1일이 설이요, 3월 3일이 삼짇날이고, 5월 5일은 단오이다. 7월 7일은 칠석이요, 9월 9일은 중양절이다.

하필이면 9월 9일만을 중양절이라 함은 잘못된 것이나, 햇곡식이 나고 날씨 좋은 때이니, 유독 중양절이라 한들 무슨 큰 탈이 있겠는가?

매월 음력 보름날도 떠오르는 달이 만월이어서 좋은 날이지만 15라는 숫자가 양이 겹쳐서 더욱 좋은 날이었던 것이다.

19 기하학이란?

인류는 수렵시대부터 강이나 호수 주변에 생활 터전을 잡고 살아왔다. 세계 4대문명이 큰 강을 중심으로 발달했다는 것도 널리 알려진 사실이다. 강 주변의 땅들은 비옥하고 농사짓기에 유리하지만 홍수로 물이 범람하면 피해가 컸다.

따라서 당시의 지도자들은 땅과 물을 다스려 재해를 막는 치산치수(治山治水)를 국가경영의 으뜸으로 삼았다. 땅과 물을 어떻게 다스리고 관리하느냐는 곧 성군의 여부와 직결된 문제였다. 이런 면에서 본질적으로 기하학은 인간의 생존과 번영의 문제로 발전해 왔다.

기하학(geometry)의 어원은 그리스어인 Geometer인데 Geo는 '땅', meter는 '잰다'는 뜻을 지녔기에 아마도 초기에는 땅을 측량하는 술법을 익히는 것을 기하학이라 한 듯하다.

그런데 우리말로 기하(幾何)란 말의 뜻이 '몇 기', '어찌 하'이니 그럴듯한 뜻을 지녔고 더욱이 중국 사람들은 '지허'라 발음하니 Geo와도 일맥상통한다는 점에서 흥미롭다.

기하학의 역사를 이야기하자면 유클리드라는 인물을 이야기하지 않을 수 없다.

● 수학의 경전이라고 할 수 있는 유클리드의 『기하학 원론』의 표지이다.

BC 3세기경 마케도니아 출신의 알렉산더는 정복지마다 자신의 이름을 딴 도시를 세웠다. 그 대표적인 도시가 이집트의 지중해 연안에 있는 알렉산드리아란 도시다. 이 도시에 세계 최초의 대학이 세워졌는데, 그 알렉산드리아 대학에 플라톤의 제자로 알려진 유클리드(BC 330?~BC 275?)라는 사람이 초빙되어 강의를 했다.

그의 저서 『기하학 원론』은 역사상 가장 많이 출판된 책 중의 하나가 되었으며 수학사에 길이 빛나고 있다.

당시 프톨레마이오스란 왕이 유클리드에게 기하학를 배우면서 너무 골치 아픈 나머지 조금 쉽게 배우는 방법이 없을까 질문하니, 유클리드는 "기하학에는 왕도가 없다"라고 대답했는데 그 말은 그 후 "학문에는 왕도가 없다"는 격언으로 변해 오늘까지 전해지고 있다.

같은 시기 동양에서는 장자(BC 369~BC 289?)가 '무위자연(無爲自然)'을 설파하고 있었다.

초기에는 땅의 측량이나 면적을 구하기 위해 삼각법을 중심으로 한 평면기하학이 발전했고, 중세 이후 항해술이 발전하면서 육지가 보이지 않는 망망대해에서 배의 위치 파악을 위한 항법 작도와 그때 기준이 될 수 있는 항성(恒星)에 대한 연구, 즉 천문학의 발달에 기하학이 공헌하며 또 발전해 나갔다.

인류사 측면에서 보면 인간은 동굴을 중심으로 점(0차원)의 생활에서 좀 더 멀리 오고가는 선(1차원)의 생활을 거쳐 넓은 땅을 지배하는 면(2차원)의 생활로 발전해 왔고 드디어 오늘날은 3차원 공간을 지배하는 우주시대에 이르렀다.

아직 인류가 비행기를 개발하기 전이었지만 르네상스 시대에 접어들어 미술에서 공간의 원근을 2차원 평면에 도입하기도 하고, 건축가가 공간 건축을 2차원 평면에 옮겨 도면을 그리는 사영기하학이 발전하게 되었다.

그런 노력을 한 사람으로 레오나르도 다빈치가 대표적인 사람이다. 그 후 기하학의 새로운 접근 방법이 데카르트(1596~1650)에 의해 제시되었다. 현재 우리가 사용하고 있는 직교좌표계가 그가 제안한 것이어서 그 좌표 평면을 데카르트 평면이라고 부르기도 한다.

한편 많은 기하학적 도형을 수식으로 표현하려는 노력도 함께 이루어졌는데 이런 수식을 평면좌표 위에 그림이나 해석적 방법으로 연구하려

● BC 3000~BC 2000년경에 이집트 나일강 유역에 축조된 피라미드와 스핑크스는 당시에도 기하학이 상당한 수준이었음을 보여준다.

는 해석기하학이 탄생하게 된다. 이를 바탕으로 미적분학이라는 학문도 탄생했다.

데카르트에 대해 잠깐 소개하면 인간의 사고와 과학의 방법론을 제시한 그의 명저 『방법서설』은 이 책을 읽는 독자들은 꼭 한번쯤 읽어 볼 만한 책이라 생각한다. 그가 한 유명한 말 "나는 생각한다. 고로 존재한다"는 인간의 이성을 강조한 명언이다.

또한 해석기하학과 미적분학이 접목되어 곡면을 관찰하는 곡면기하학이 탄생되었다. 그런데 19세기에 접어들면서 평면기하학의 공준들이 공간에서는 조금 문제가 있다는 사실을 알게 되었다.

예를 들어 지구에서 중심 위도인 적도를 중심으로 한 가로축과 경도를 생각해 보자.

평면직교 좌표계에서 적도는 마치 x축과 같고, 경도 중 하나는 y축과 같으며 또 다른 경도는 y축과 평행한 듯하나 결국 두 경도는 북극에서도 남극에서도 서로 만나게 된다.

유클리드는 '평면 위에서 평행한 두 직선은 만나지 않는다'는 공준을 내세웠었는데 이게 웬일인가? 당시에는 지구를 평면으로 생각했고 사고의 영역이 유한했던 것이다. 지금도 유한한 평면에서는 이 공준에 문제가 없다.

그러나 지구는 둥글고 사고의 영역은 무한으로 확장된 시대가 도래해 드디어 '비유클리드 기하학'이라는 것이 탄생했다.

지금은 모든 기하학을 거의 포괄하는 위상기하학이라는 것이 대표적인 현대기하학이 되었다.

20 / 삼각형 내각의 합은 어느 경우에나 180°인가?

지구가 둥글다는 사실은 지금은 상식이지만, 이 사실이 상식이 되기까지는 긴 시간 많은 우여곡절이 있었다. 수평선 위에서 해가 뜨고 수평선 너머로 해가 지는 평면의 세계관에서 벗어나는 과정이 그리 쉬운 일은 아니었다.

최초로 지구가 둥글다고 말한 사람은 그리스의 에라토스테네스(BC 273~BC 192?)로 알려져 있다. 그는 수론에서 소수를 찾아내는 방법으로 에라토스테네스 체를 고안한 인물로도 유명하다.

에라토스테네스는 1년 중 낮의 길이가 가장 긴 하지 날 정오에 땅에 꽂아놓은 같은 길이의 막대기 그림자 길이가 지역에 따라 다르다는 것을 알게 되었다. 즉 같은 시각인 정오에 시에나에서는 그림자가 없어지고, 알렉산드리아에서는 비스듬히 기울어진 그림자가 생긴다는 사실을 발견한 것이다.

그는 지구가 평면이라면 이런 일이 발생할 수 없다고 생각했다. 지구가 둥글 것이라는 그의 가설에 따른 지구 둘레 계산에 대한 이야기는 여기서는 생략한다. 하지만 당시의 계산법에 의해 계산된 지구 둘레의 길이는 지금과 큰 차이가 없다. 그럼에도 불구하고 16세기에 와서야 지구

● 에라토스테네스는 해시계를 통해 지구 둘레의 길이를 처음으로 계산하였다.

는 둥글다는 사실이 진리로 인정되었다.

실로 오랜 시간이 걸린 셈이다. 이는 중세시대의 종교에 의해서이기도 했지만 학문은 비약적으로 발전하는 것이 아니라 진리에 진리가 쌓이며 차곡차곡 발전하기 때문이다.

지구가 둥글다는 사실이 학문적으로 진리로 인정되면서 평면기하학은 위기를 맞이했다. 유한한 평면기하학에서는 참이었던 공리가 구면기하학이나 무한공간에서는 거짓이 되는 경우가 있기 때문이다.

'삼각형 내각의 합은 어느 경우에나 180°인가?'라는 질문도 바로 그런 경우인데, 이 질문에 대한 답을 찾기 위해서는 먼저 유클리드가 제시한 '평면기하학의 공리 5개와 공준 5가지'를 살펴볼 필요가 있다. 특히 공준 5번에 주목해 보자.

이 공준은 '한 평면 위의 한 직선이 그 평면 위의 다른 두 직선과 만날 때, 동측내각의 합이 180°보다 작으면 이 두 직선은 그 쪽에서 만난다.'

이다. 후에 평행선 공리로 불리게 되는 이 공준은 '두 평행선은 어디서나 같은 거리를 유지한다'라고 표현하기도 한다.

평행선 공리는 유한한 평면기하학에서는 참이다. 그러나 구면기하학이나 무한공간에서는 수정이 불가피하다. 평행선 공준은 '두 직선이 무한 원점에서 만날 때, 그 두 직선은 평행하다'로 수정되어야 한다.

수정된 이 공준은 매우 합리적이다. 이 공준 아래 유한한 평면공간에서의 평행선 공준은 당연히 성립한다. 이제 평면공간과 구면공간에서의 삼각형 내각의 합이 어떤지 알아보자.

'삼각형 내각의 합은 180°이다'라는 명제는 중학교 2학년 수학에 나오는 익숙한 내용이다. 파스칼은 12살의 어린 나이에 유클리드의 '한 직선 ℓ 밖의 한 점 P를 지나며, 직선 ℓ과 평행한 직선은 한 개밖에 없다'는 유클리드의 평행선 공준으로부터 삼각형 내각의 합이 180°라는 것을 증명한 바 있다.

독자 여러분도 다음 그림을 참조하여 삼각형 내각의 합을 한번 증명해 보자.

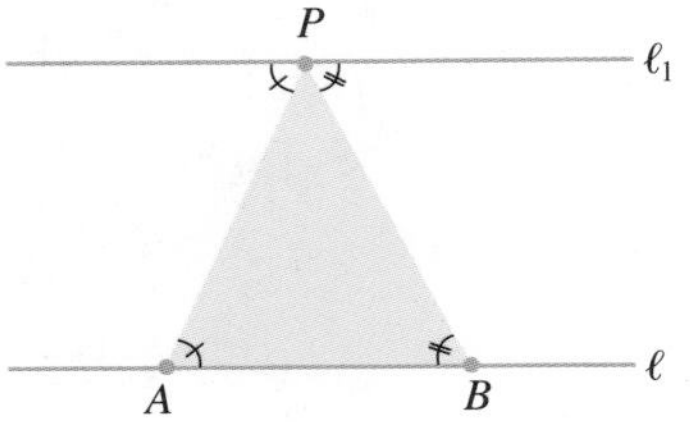

그러나 변 AB의 연장선 ℓ 밖의 한 점 P에서 ℓ에 평행한 직선이 유일하지 않고 또 다른 직선이 있다면 사정은 달라진다. 즉 $\ell_1 /\!/ \ell$이고 ℓ_2가 아래쪽으로 기울어져 있으며 $\ell_2 /\!/ \ell$이라면 이때 삼각형의 내각의 합은 180°보다 작아진다.

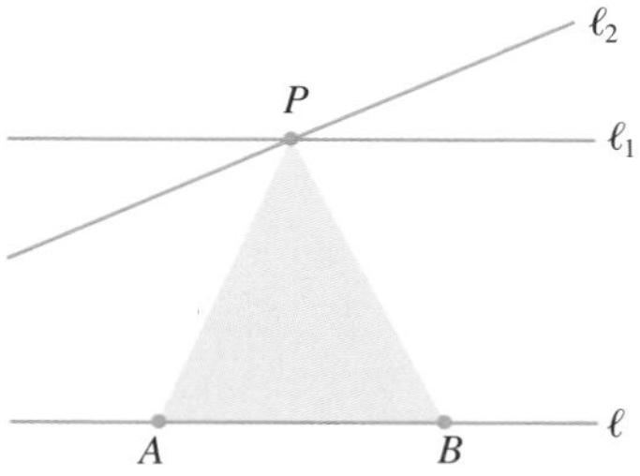

그런 일이 발생할 수 있을까?

바로 구면에서는 실제로 그런 직선이 존재한다. 지구의 경우 북극점 P와 남극점 Q를 지나는 대원(great circle), 즉 경도는 수없이 많다. 예를 들면 우리나라 주변의 경도 124°에 대해 125°와 126°를 생각해 보면 알 것이다. 이들 경도는 모두 북극점 P와 남극점 Q에서 만난다.

즉 평행한 서로 다른 세 직선이 한 점 P나 Q에서 만나는 것이다. 유클리드 평행선 공준으로는 매우 당혹스러운 일이다. 이런 이유로 평행선 공준은 새로운 대안을 맞이한다.

앞서 말했던 '두 직선 ℓ_1과 ℓ_2가 무한 원점에서 만날 때, 두 직선은 평행하다'로 평행선 공준은 수정된다. 이렇게 수정해 놓고 보니, 유한 평면 기하학에서 말한 평행선 공준도 참이 된다.

이제 구면에서의 삼각형 내각의 합은 얼마일까 알아보자.

예를 들면 적도 위의 두 점 A, B와 북반부의 한 점 P를 지나는 대원인 두 경도는 북반부에서 한 삼각형을 이룬다. 이때 구면삼각형의 내각의 합은 $90° \times 3 = 270°$이다. 일반적으로 구면에서 삼각형의 내각의 합은 180°와 360° 사이의 각을 갖게 된다.

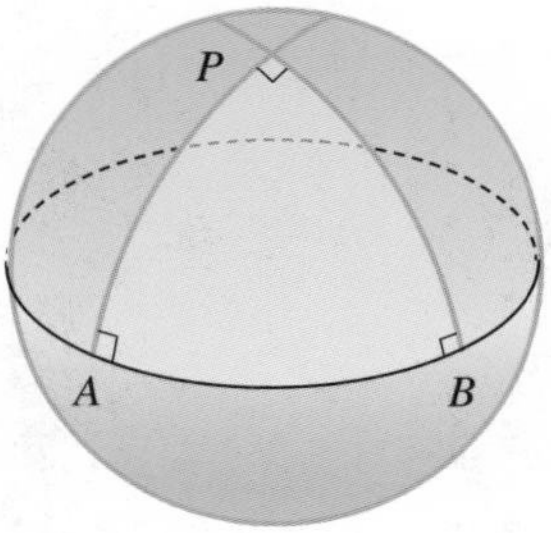

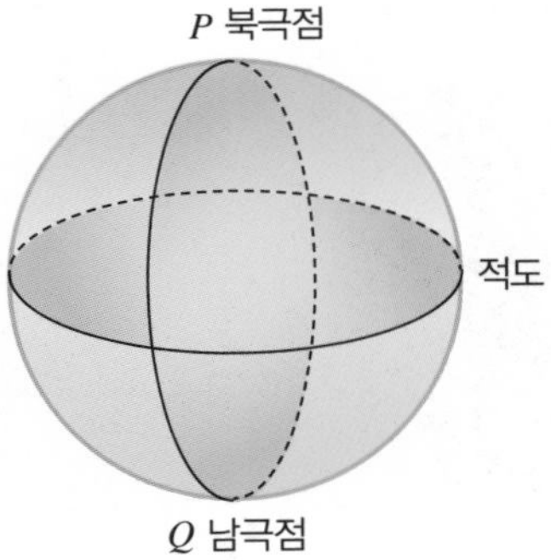

이렇듯 '삼각형 내각의 합은 180°이다'라는 명제는 평면이냐 구면이냐에 따라서 참일 수도 있고, 거짓일 수도 있다는 점에서 수학이 우리의 세계관과도 밀접한 연관이 있다는 사실을 알게 한다.

21 세상은 곡선이다

엄격한 직선은 수학자들의 머릿속에나 존재할 뿐 실제로는 존재하지 않는다. 그래서 '세상에 직선은 없나니 모두가 곡선뿐이로다'라는 말도 있는 것이다. 곡선의 아름다움을 표현하는 일은 아무래도 예술가들의 몫이겠지만 필자도 몇 마디 거들어 보려 한다.

바람에 한들거리는 여인의 긴 머리카락은 직선인 듯하지만 곡선이다. 한가로이 걷기 좋은 제주도 올레길은 완만한 곡선이며, 바닷가 조약돌과 조개껍질도 곡선이다. 우주 공간의 모든 별들은 둥글고 행성의 궤적 또한 둥글다.

그렇다면 수학적 의미를 지닌 곡선들은 어떤 것이 있을까?

바닷가에서 볼 수 있는 소라 껍데기의 꼬인 형태는 나선형의 대표적인 예이다. 기록에 의하면 나선형을 연구한 최초의 수학자는 고대 그리스의 수학자 아르키메데스(BC 287?~BC 212)로 알려져 있다.

아르키메데스는 두꺼운 종이 원판을 만들어 그 중심을 뾰족한 핀 위에 올려놓고 회전시켰다. 여기에 벌레 한 마리가 중심에서 같은 속도로 일정 방향으로 기어갈 때, 이 벌레의 기어가는 궤적은 기하학적 미를 지닌 나선형이 된다는 것을 알았다. 그래서 이 궤적을 '아르키메데스 나선

● 아르키메데스는 실생활의 문제해결에 수학을 연결시켜 그리스의 수학을 진전시켰다.

형'이라 부른다.

아르키메데스의 나선형은 다음 그림과 같이 중심으로부터의 거리가 $\sqrt{2}$, $\sqrt{3}$, $\sqrt{4}$, $\sqrt{5}$, …와 같이 되어 있다. 달팽이의 껍질도 이 아르키메데스의 나선과 매우 유사하다. 흐름의 역순으로 중심에 가까우면 소용돌이처럼 파고든다.

평면에서의 나선형을 스파이럴(spiral)이라 하고 공간에서의 나선형을 헬릭스(helix)라 한다. 스파이럴에도 여러 종류가 있다. 그중 대표적인 것이 앞에서 소개한 아르키메데스 나선이며, 그밖에도 등각나선, 클로소이드(clothoid) 등이 있다.

등각나선은 나선 위의 각 점에서 접선과 반지름 OA, OB, …이 이루는 각이 항상 일정한 나선으로 중심으로부터의 거리 또는 반지름이 등비급수로 변한다.

클로소이드 나선형은 호박줄덩굴손처럼 생긴 모습이다. 수학적으로는

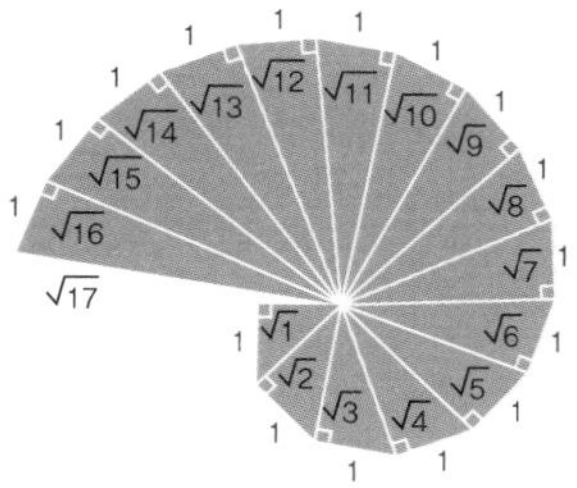

● 아르키메데스의 나선

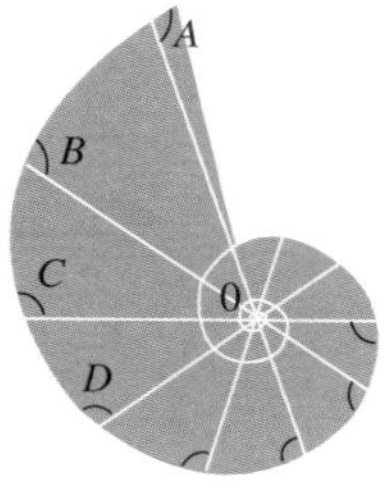

● 등각나선

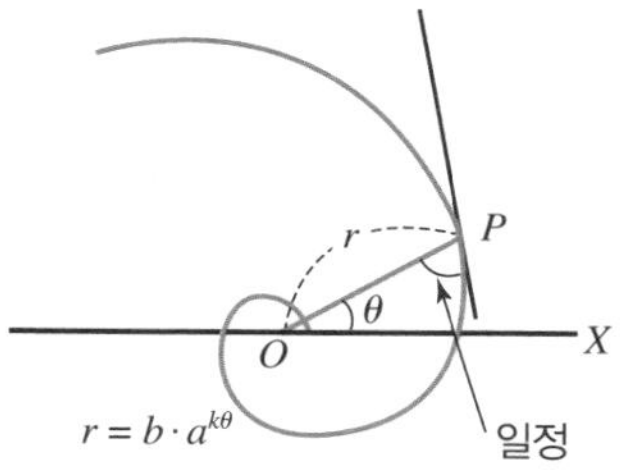

● 클로소이드(단, a, b, k는 상수)

복소수 함수론에서 나타나며 극좌표에 의해 표현된다. 예를 들면 $r = ba^{k\theta}$(단, a, b, k는 상수)가 그려주는 궤적이다. r은 극(pole)으로부터 한 점 P까지의 거리고, θ는 기선 OX와 OP가 이루는 각이다. 등각나선형이기 때문에 여기서 θ는 일정하다.

나선형곡선의 예는 매우 많다. 3차원 공간에서의 나선의 예는 나뭇잎이나 꽃, 열매, 나팔꽃 줄기 등이 있다. 거미줄도 일종의 나선형곡선임을 알 수 있다. 중심에서부터 나오는 방사선형과 횡단선은 일종의 등각나선곡선을 이루고 있다. 사람의 탯줄도, DNA 배열도 나선형이라니 인간 본연의 모습이 나선형에서 출발했는지도 모르겠다.

22 / 사랑과 이별의 원추곡선

원추곡선(원뿔곡선)은 세계 최초의 여성 수학자 히파티아(Hypatia)가 『아폴로니우스의 원추곡선에 관하여』라는 책을 통해 널리 알렸다.

두 개의 원뿔이 기본 축을 끼고 뾰족 끝을 맞대고 있을 때, 이 입체를 여러 방향에서 평면으로 잘라내면 생기는 곡선이 원추곡선(conic section)이다. 원뿔의 축에 대하여 잘라내는 평면의 기울기가 모선의 기울기에 비하여 큰가 작은가 같은가에 따라서 각각 쌍곡선, 타원, 포물선이 된다.

기하학적 접근으로 원추곡선을 살펴보면 다음과 같다.

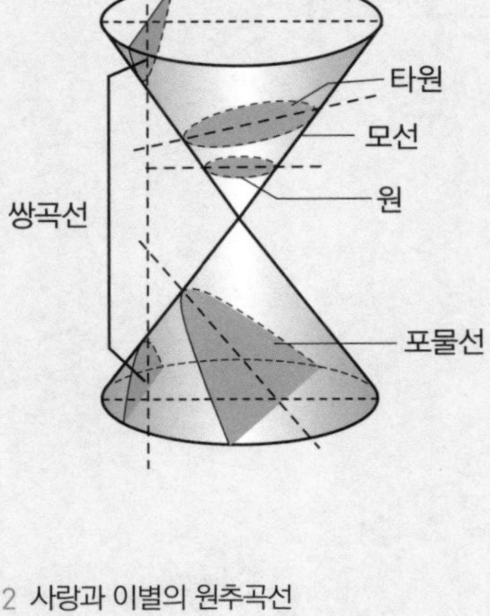

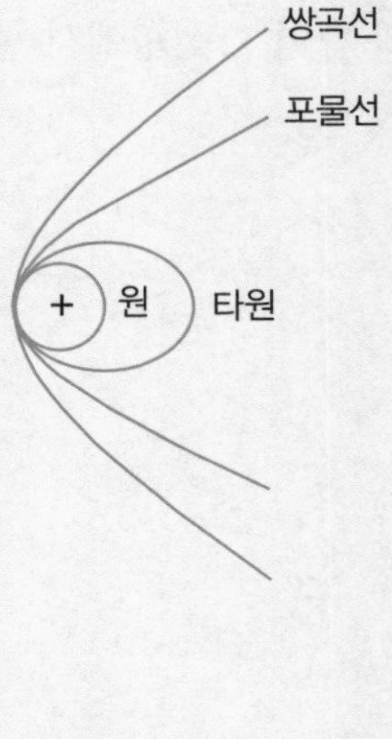

- 축에 사선으로 잘라내면 타원(ellipse)이 된다.
- 한 원뿔에 대해 모선에 평행하게 잘라내면 포물선(parabola)이 된다.
- 두 원뿔에 대해 축에 평행하게 잘라내면 쌍곡선(hyperbola)이 된다.
- 축에 수직으로 잘라내면 원(circle)이 된다.

대수학적 접근에서도 매우 명쾌한 방정식으로부터 원추곡선의 궤적이 나온다.

- $x^2 + y^2 = r^2$은 원의 식이다.
- $\frac{x^2}{\alpha^2} + \frac{y^2}{\beta^2} = 1$은 타원의 식이다.
- $\frac{x^2}{\alpha^2} - \frac{y^2}{\beta^2} = 1$ 또는 $\frac{y^2}{\alpha^2} - \frac{x^2}{\beta^2} = 1$은 쌍곡선의 식이다.
- $x^2 = \alpha y$ 또는 $y^2 = \alpha x$은 포물선의 식이다.

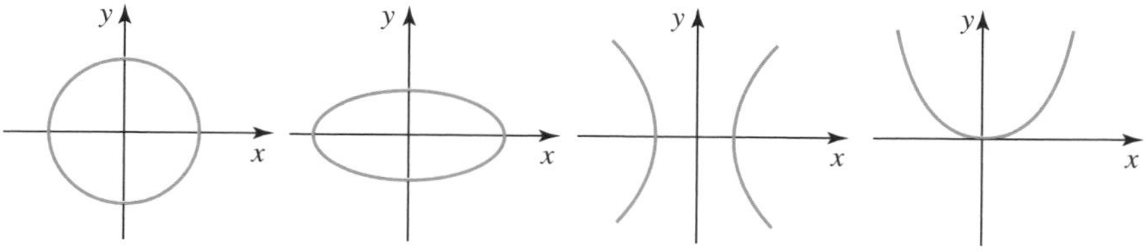

$x^2 + y^2 = r^2$ $\frac{x^2}{\alpha^2} + \frac{y^2}{\beta^2} = 1$ $\frac{x^2}{\alpha^2} - \frac{y^2}{\beta^2} = 1$ $x^2 = \alpha y$

좀 더 특별한 대수적 사랑의 방정식을 하나 소개한다. $17x^2 - 16|x|y + 17y^2 = 225$의 그래프를 그려 보면 하트 모양이 된다. 사람들은 이 방정식을 사랑의 방정식이라고 한다. 메말라 보이는 수학이지만 때론 이렇듯 뜻밖의 사랑스러움도 존재하기에 즐겁다.

그런데 꼭 하트 모양만이 사랑의 곡선일까? 우리가 사랑하는 사람들의 얼굴을 한번 떠올려 보자. 동글동글한 원형에 가까운 얼굴도 있을 것

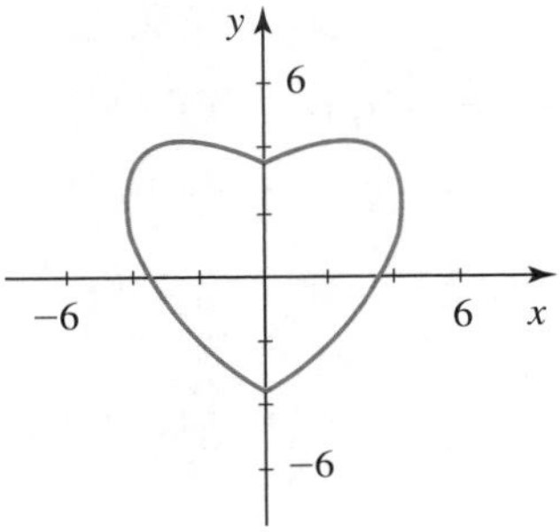

$17x^2 - 16|x|y + 17y^2 = 225$

이고, 갸름한 달걀형도 있을 것이다. 세상 사람들의 얼굴형은 각각 다르니 세상에는 다양한 사랑의 곡선이 있는 셈이다.

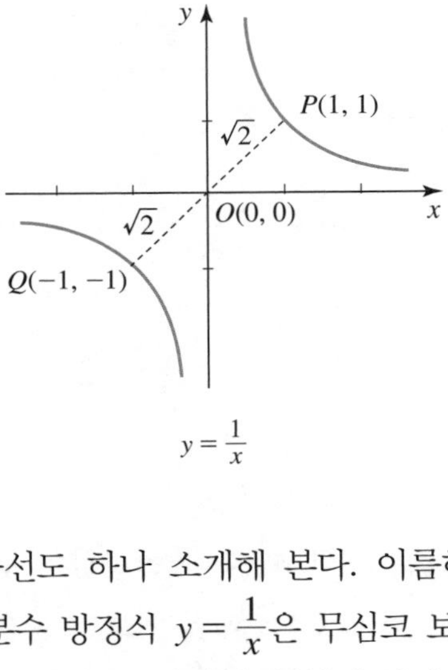

$y = \frac{1}{x}$

이번에는 슬픈 곡선도 하나 소개해 본다. 이름하여 이별의 '쌍곡선' 쯤 되겠다. 간단한 분수 방정식 $y = \dfrac{1}{x}$은 무심코 보면 평범한 원점 대칭인 식이다. 그러나 이 식의 두 곡선이 영원히 만날 수 없으니 이별의 쌍곡선이라 부를 수 있지 않을까? 두 곡선은 원점을 중심으로 가장 가까운 거리가 $2\sqrt{2}$이다. 좌우상하로 원점에서 멀어질수록 두 곡선은 서로 멀어진다.

아, 슬프다! 가장 가까운 점 $P(1, 1)$과 $Q(1, 1)$을 오작교 다리로 잇거나 서로 조금씩 양보하여 원점으로 다가가면 손이라도 잡을 수 있을 텐데….

23 / 인천공항에서 LA공항까지 최단거리는?

우리는 이제 비행기로 해외여행을 떠나는 일이 일상이 된 시대를 살고 있다. 사람들은 여행을 준비하는 과정에서, 목적지까지의 거리는 얼마며 비행시간은 얼마나 걸리는지를 궁금해 하며 지도책을 꺼내 놓고 비행 항로를 찾아보게 된다.

그러면 이 비행 항로는 직선일까 곡선일까?

지구가 오랫동안 평면이라고 생각하던 시절이 있었음은 다 아는 사실이다. 중세까지도 그랬으니 말이다. 갈릴레오 갈릴레이(1564~1642)가 생전에 교황청의 '이단 심판 재판'을 받고 집에 돌아오는 길에 "그래도 지구는 돈다"고 했던 말은 유명하다.

둥근 지구를 2차원 평면인 종이 위에 그려 놓은 지도는 편의상의 문제다. 구로 된 표면에서 인천 공항과 미국 LA공항 간의 거리를 평면 지도를 보고 태평양을 지나는 직선이라고 생각하는 사람은 없을 것이다.

독자 여러분은 학창시절 지겹도록 수학에 시달렸을지도 모르겠지만 몇 가지 수학 용어는 기억할 것이다. 직선이 어떻고, 곡선이 어떻고, 1차원이, 2차원이, 3차원이 어떻고, 유클리드의 기하학 공리가 어떻고 하는…… 생각만 해도 머리가 지끈거릴 수도 있겠다.

그러나 머리도 식힐 겸 잠시 호흡을 가다듬고 몇 가지만 다시 공부해 보자. 이 세상에는 엄격한 공리를 떠나 일반적인 기하학적 도형에서의 직선은 거의 없고 대부분이 곡선으로 이루어져 있다. 둥근 지구를 반 바퀴 돌아 LA공항으로 가는 비행 항로는 구체적으로 어떤 궤적을 이룰까?

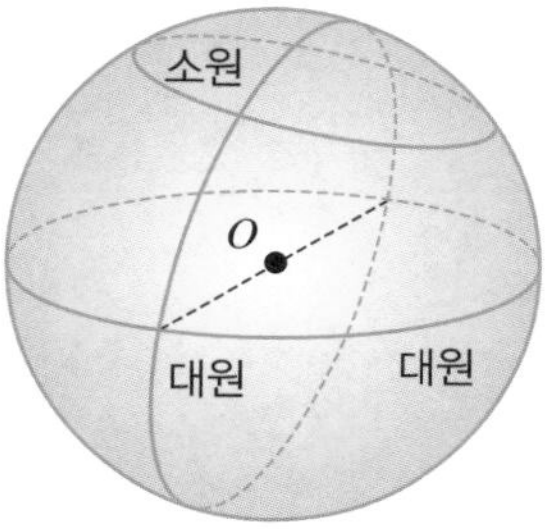

● 대원과 소원을 나타낸 그림이다.

이를 설명하기 위해서 먼저 구에서 대원(大圓, great circle)이라는 수학 용어를 소개한다. 대원이란 구의 중심을 지나는 평면과 구 곡면의 교선인 구 위의 원을 말한다. 구면기하학에서 중심을 지나는 면은 유클리드 기하학(평면기하학)에서의 직선과 같은 역할을 한다.

구의 중심을 지나지 않는 평면과 구 곡면의 교점들은 소원(小圓)이라고 한다. 지구에서의 대원은 양극을 지나는 원과 위도 0°를 지나는 적도의 원주를 예로 들 수 있다.

이와 같이 구면에서 두 점을 지나는 대원을 직선으로 간주하는 기하학을 '구면기하학'이라고 부른다. 둥근 지구 위에서 배의 항적이나 비행기의 항적은 유클리드 기하학에서의 직선은 아니다. 지구 표면의 두 점을 지나는 어떤 호(弧, arc)에 해당한다.

따라서 지구본 위에서의 LA행 비행기 항적은 북반구의 위쪽으로 활처럼 휘어져 있다. 이 사실을 조금 더 실감나게 경험해 보기 위해 커다란 수박 하나를 지구라 생각해 보자.

그 표면에 두 점 A, B를 정하고 이 두 점 사이의 가장 가까운 거리를 측정해 보자. 그러기 위해서 A와 B의 위치에 핀을 꽂고 그 사이를 실로 팽팽하게 잇는다. 이때 실의 길이가 A, B 사이의 최단 거리가 된다.

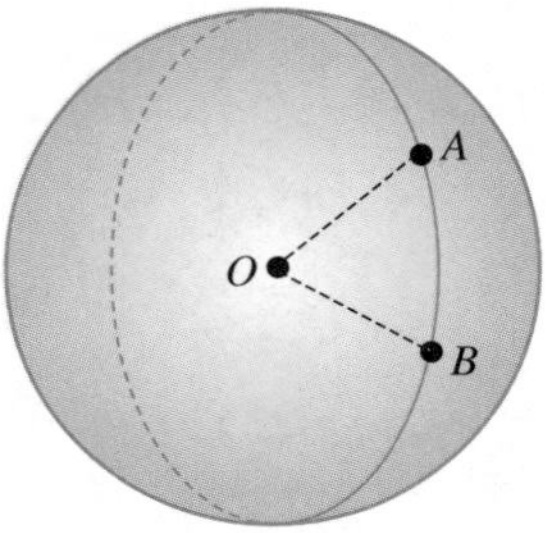

● 수박 표면에 두 점 사이의 거리를 나타내었다.

A, B를 잇는 이 실이 나타내는 선은 A, B를 지나 수박을 이등분하였을 때 잘린 부분의 둘레 위에 있는 호(弧)다. 물론 이때 잘린 부분의 면은 수박의 중심을 지나는 원판이 된다. 수박을 지구로 보았을 때, 이 절단 부분의 둘레가 대원이다.

대원에서 두 점 사이의 최단 거리를 구하려면 유클리드 기하학의 제5 공준, 즉 '평행선 공준'에서부터 출발해야 한다. 평면기하학의 공리는 구면에서는 적용되지 않는다.

그렇다면 비유클리드 기하학에서 유클리드 기하학은 틀린 것일까. 절대 그렇지 않다. 유클리드의 평행선공준을 '무한원점에서 만나는 두 직선은 평행하다'로 바꾸면 구면기하학의 세계가 열린다. 이러면 유한한 평면기하학에서의 '만나지 않는 평행한 두 직선'의 문제는 자연스럽게 해결할 수 있다. 즉 '두 점 사이의 최단 거리'라는 특징만을 가지고 직선을 다루면 직선의 선분 문제는 해결되는 것이다.

이제 다시 주제로 돌아가 보자.

인천공항에서 미국 LA공항까지의 최단 거리는 얼마일까? 기류나 국제적 긴장관계 등 특수조건을 무시한다면 그 답은 인천공항과 LA공항 두 점을 연결하는 지구 대원에서의 두 지점을 연결하는 호의 길이다.

24 / 통계(학)의 허실

"천둥이 잦으면 비가 올 가능성이 있다"라든지 "방귀가 잦으면 변이 나올 가능성이 있다"라는 우리네 속담이 있다.

필자는 수학공부를 하면서 '야! 이렇게 통계학에 대한 멋진 설명이 어디에 또 있을까? 이것이야말로 삶의 경험 속에서 터득한 추측통계학 내지 확률론의 이론이 아니겠는가'하는 생각을 하곤 했다.

학문은 때에 따라서는 가끔 과장으로 덧칠해지면서 실제 현실을 가려버리기도 한다. 통계학도 그런 면이 없지 않다. 다른 학문에도 허실이 있듯이 통계학도 예외일 수 없다.

역사적으로 통계학이 비약한 과정이 있었다. 그건 바로 독일의 히틀러가 정권을 잡은 후 게르만 민족을 중심으로 한 유럽 통일 장악의 야망을 실현하기 위해 당시 수학자들을 총동원하여 독일 내의 모든 국가 통계를 정리하도록 하고, 여타 주변 국가의 상황도 정보수집의 차원에서 통계조사를 명령한 일이었다.

이렇게 해서 형성된 통계학을 이른바 '국가통계학'이라 한다. 어쨌든 이 과정에서 통계학은 상당한 발전의 계기를 얻는다. 학문이란 이렇듯 국가의 필요에 의해 장기적인 혹은 단기적인 관점에서 물적, 인적 자원

● 통계는 그래프를 통해 표현되기도 한다.

이 투자되기도 하는 것이다.

통계학에서는 데이터(자료) 집합 속에 속한 원소는 다 동일한 대상이 되기 마련이다.

무슨 말인가 하면 인적 자원 중 몇 가지 조건 아래서 전쟁에 동원 가능한 젊은이는 모두 동일한 한 집합의 원소로서 구성원일 뿐이다. 즉 개개인의 개성이나 인권은 무시된 채 일개 사단을 충원하는 구성원에 불과하다. 그들을 어떻게 교육시키고 다시 어디에 배치하느냐는 또 다른 문제인 것이다.

경제통계에서도 국민을 고소득층이니, 중산층이니, 저소득층이니 하면서 제법 섬세하게 분류하여 얻은 통계로 소득문제를 논의한다. 각 계층의 평균 소득을 기준으로 하여 잘 산다거나 못 산다거나 하는 식의 평가를 하게 되는 것이다.

그러나 여기에 얼마나 깊은 함정이 있는지 우리는 알아야 한다.

예를 들어, 김갑동 씨의 월 소득이 1억 원이라 하고, 지하철역 한 구석에 신문지를 덮고 누워 있는 노숙자 수입은 0원이라 하자. 이른바 통계학에서 평균이라는 계산법에 의하면 그 실업자도 월수입이 5천만 원이 되고 만다. 지나친 비약이 아니냐고 지적할지 모르지만 분명히 통계적

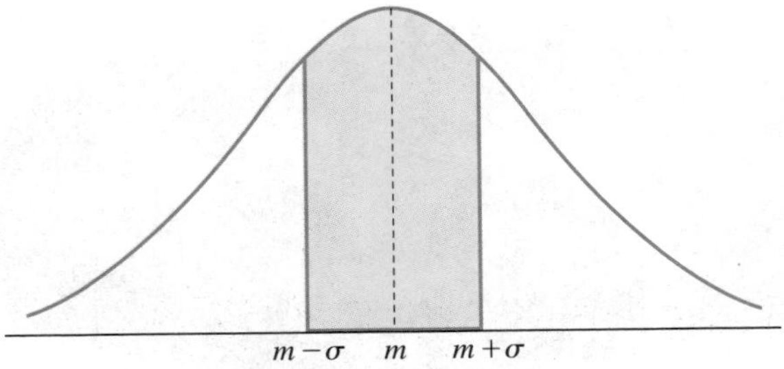

● 정규 분포 곡선, 즉 가우스 함수로 나타낸 그래프이다. 동양의 중용 사상을 수학화한 것이라 해도 되겠다.

평균은 그럴 수밖에 없는 함정을 지니고 있다.

인간의 개성이나 특성들을 모두 고려할 수 없는 것이 통계학인 것이다. 그러므로 평균은 가상의 수 내지 환상이라는 것을 잊어서는 안 된다. 제시된 통계수치가 가상의 수일 수밖에 없다면, 어떤 통계도 참고자료에 불과할 뿐 절대적일 수는 없다.

정부나 언론계에서 이른바 여론 조사란 것을 많이 한다. 여론 조사라고는 하지만 통계학을 빙자하여 우문현답이 아닌 현문우답을 유도한 작위적 통계를 내세워, 여론 정치라 하는 통치 수단의 근거로 삼고 있는 것이다. 이를 간파하고 허탈한 기분에 젖는 사람들이 어디 한두 명이겠는가.

그럼에도 불구하고 통계학은 가치있는 학문이다. 통계는 이전의 상황을 분석하고 향후를 모색하는 데 어느 정도 참고 자료를 제공해 주는 역할을 하고 있다. 사회 발전은 보편성을 전제로 하고 있기 때문이다.

대표적인 통계 분포 중에 정규 분포란 것이 있다. 자연현상이나 사회현상의 분포를 곡선으로 나타낼 때 중앙이 높고 좌우가 낮으면서도 대칭을 이루는 현상을 나타낸 곡선을 말한다.

이 분포 곡선을 수학적으로 공식화하여 나타낸 함수를 가우스 함수라 하는데 유명한 수학자인 가우스가 만들어 많은 통계적 처리의 기준함수로 삼고 있다.

동양의 중용사상을 수학화한 것이 이 정규 분포 함수가 아닌가 생각해 본다.

25 지구는 둥글고 할 이야기는 많다

지구는 넓은 평면이고 그 끝은 끝없는 절벽으로 이루어졌다는 생각은 중세까지 이어졌다.

눈에 보이는 것만으로 반구인 천구가 지구를 덮고 있으며 태양과 달은 신의 섭리로 동쪽에서 떠올라 우리들을 비춰준 후 다시 서쪽으로 떨어졌다가 다음 날 다시 떠오른다고 생각했던 것이다.

중국이 자칭 중화(中華)라 하는 것도 평면인 세상에 중국이 그 중심에 자리잡고 있다는 어처구니 없는 사상에 근거한 것이다. 오늘날은 '중화'를 자신들의 정체성을 나타내는 국호로 삼고 있다.

이런 무지와 막무가내식 신념은 과학자들의 노력과 자연법칙에 대한 새로운 발견에 의해 무너지기 시작했다. 이런 발견들은 보수적인 기존관념에 부딪히며 끈질긴 저항과 많은 수난을 만나기 마련이었다. 그러나 과학과 수학의 이론은 어려움 속에서도 체계화되고 발전해왔다.

오늘날의 민주주의가 의외로 자연과학과 수학의 발전에 크게 빚을 지고 있다는 것은 중요한 사실이다.

지구가 둥글다는 가설과 지구가 태양의 둘레를 돈다는 가설은 어느 쪽이 먼저 나타났을까? 의외로 지구가 태양의 둘레를 돌고 있다는 가설이

● 갈릴레이는 최초로 망원경으로 달과 목성 등을 관찰하였고, 역학 연구를 통해 근대물리학의 기초를 닦은 물리학자로 평가받고 있다.

훨씬 앞섰다.

일찍이 그리스 시대부터 지동설은 주장되어 왔었는데, 그럼에도 두 가설 중 먼저 증명된 것은 지구가 둥글다는 것이었다.

1492년 이탈리아인 콜럼버스는 지구가 둥글다는 확신 아래 동방에 위치한 인도에 가기 위해서는 서쪽으로도 갈 수 있다고 생각했다. 그가 스페인의 이사벨 여왕의 도움으로 대서양을 건너는 항해를 시작하여 인도 대신 아메리카 대륙을 발견하게 되었다는 이야기는 널리 알려져 있다.

그 사건 후 50여 년이 지난 1543년 폴란드의 천문학자인 코페르니쿠스는 지구가 자전을 하면서 또 태양의 주위를 공전한다는 지동설을 주장하여 천동설 우주관에 젖은 로마 가톨릭에 큰 충격을 주었다.

이어 역시 지동설을 주장했던 갈릴레오 갈릴레이(1564~1642)는 종교재판에서 생명을 부지하기 위해 지동설을 부정하고 겨우 풀려 나오면서 "그래도 지구는 돈다"라고 중얼거렸다는데 그 때 누가 옆에서 그 말을 듣고 전했는지 궁금하다.

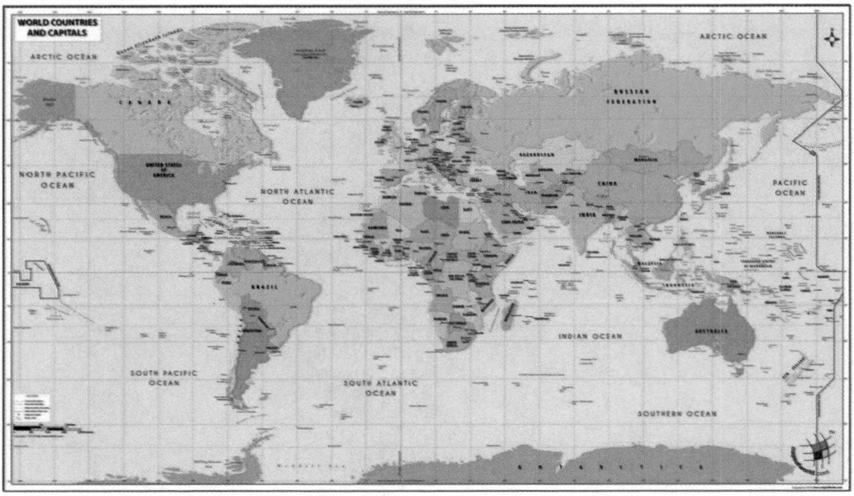

● 영국을 중심으로 한 세계지도이다. 물론 우리는 우리 나라를 중심으로 한 지도를 활용한다. 영국의 그리니치 천문대를 0°로 하여 동경 126°쯤에 우리 나라가 위치한다.

16세기에 들어서면서 세계일주 항해는 평범한 일이 되었다.

일찍이 일본에 와 있던 네덜란드 사람들로부터 전수받은 총포술로 소총을 앞세운 왜군이 1592년 임진년에 우리나라를 침범해 왔을 때, 우리네는 그것을 새총(鳥銃)이라며 무시하고 있었으니 기가 막힐 일이다.

한편 18세기 영국은 강력한 산업화와 해양술에 힘입어 세계 전역에 걸쳐 식민지 제국을 건설하고 있는 상황이었다. 이 시기 세계지도가 작성되는데 지구 위에서의 위치 표현을 데카르트의 좌표평면에 근거하여 위도와 경도로 나타내게 되었다.

지구는 남북을 연결하는 약간 기울어진 팽이축에 의존하여 태양을 보고 회전하니 그 남북의 중간선에 위치한 위도상의 적도(赤道), 즉 0°를 중심으로 북반구를 위도(緯度) 90°로, 남반구를 위도 90°로 쪼개어 구분하는 것은 자연스런 일이었다.

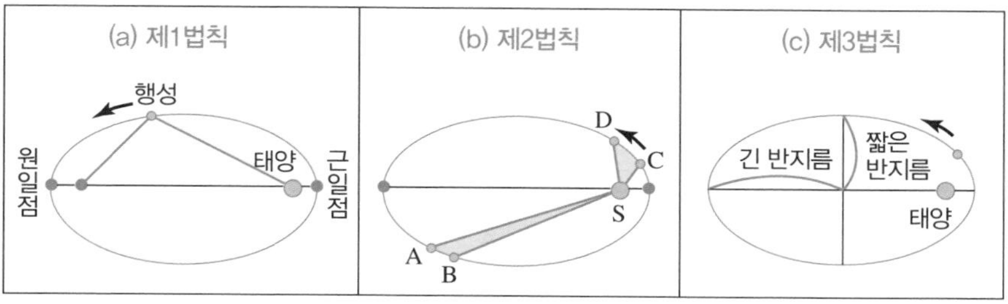

● 지동설을 주장했던 천문학자 케플러는 태양을 중심으로 한 지구의 타원형 공전 궤도에 대한 세 가지 법칙을 밝혔다.

그러면 왜 우리나라와 일본을 극동(極東)이라 부르며 우리 나라가 속한 경도(經度)를 동경 126°쯤에 위치한다고 이야기하고 있는가? 이 사실은 순전히 영국이 제국주의 시절에 강력한 영향력을 행사한 것에 근거하고 있다.

즉 영국의 주도 아래 런던의 그리니치천문대를 지나는 자오선을 경도 0°로 정하고 동쪽으로 180°, 서쪽으로 180°를 나누어 쪼개 놓으니 그 끝이 러시아의 캄차카 반도 부근이다. 이것을 날짜 변경선이라 부르며 동쪽 끝인 동시에 서쪽 끝인 곳이다.

그러니 영국을 중심으로 평면지도를 그리면 영국이 중화는 아니더라도 스스로를 중심으로 하여 좌측(서쪽)으로는 대서양과 아메리카대륙이 있고 우측(동쪽)으로는 유라시아대륙과 그 끝 지역에는 이른바 극동이라 하는 우리나라와 일본이 자리하고 있는 것이다.

사실 지구가 둥근데 동서가 어디 따로 있겠는가? 해 뜨는 쪽이 동쪽이지…. 우리나라가 동쪽이 시작하는 곳에 있다는 것은 기분 좋은 일이긴 하지만 영국 중심의 사고에 의한 표현이라 씁쓸하다.

26 전칭명제와 존재명제

대통령선거부터 지방선거까지 선거철이 되면 유권자들을 괴롭히는 정치 후보들의 흑색선전은 늘 있어왔다. 그들의 흑색선전을 들어보면 사용하는 단어에서부터 문장의 논리성까지 형편없는 것들 투성이다.

언어생활이 세련된 사람들을 보면 주장하고 진술하는 내용에 자기 모순 없이 보편 타당한 논리를 전개하며, 반대로 반박할 때는 상대의 논리 모순을 찾아내 적절히 지적하면서도 기분 나쁘지 않은 부드러운 언어를 구사한다.

수학의 논리가 언어 생활의 모든 대화법을 제시해 줄 수는 없다고 하더라도 타산지석이 될 만한 수리논리에 의한 어법이 있어 소개한다. 대표적인 예로 한정 언어인 '모든'을 사용하여 진술한 '전칭명제(傳稱命題)'와 '어떤'을 사용한 '존재명제(存在命題)'라는 것이 있다.

먼저 전칭명제는 '논의하고 있는 모든 대상에 대하여 그 진술이 참임을 주장하는 명제'이다. 여기서 한정어인 '모든'이라는 것에 유의해야 하겠다. 대상 중 단 하나라도 그 진술에 어긋나면 그 명제는 거짓이 되고 만다.

최근 이자수익에 눈 먼 은행들이 대출 가산 금리를 조작하는 꼼수를

● 가능한 전칭명제보다는 존재명제로 얘기하는 언어습관을 들이는 것이 좋겠다.

부리다가 발각되어 국민들의 공분을 사고 있다. '은행은 모두 도둑놈들이다'라는 말까지 나올 정도로 국민들의 배신감은 크다. 이런 경우 모든 은행은 다 도둑놈이라는 표현이 맞는 것일까.

또 이런 예도 있다. 선거 유세 중 어느 후보가 상대당의 후보를 비방하기 위해 '당신들 당에는 모두 위선자들만 있다'라고 했다고 가정해 보자.

위의 두 진술은 모두 유사한 전칭명제들이다. 이 경우 모두가 부정한 사람들로 이루어졌을 때만이 이 주장은 참이다.

설령 대다수가 그 주장을 벗어나지 못한다 하더라도, 만약에 단 한 은행이라도 금리 조작을 하지 않은 은행, 단 한 사람이라도 위선자 아닌 사람이 있으면 이 주장은 분명히 거짓이다.

이런 전칭명제에 자주 사용되는 어휘가 있는데 모두, 절대로, 단연코, 맹세코, 확실히, … 등이다. 자기 주장을 강조하기 위해 많이들 사용하는 듯하나 실제로는 매우 위험한 어휘들이다.

성경에도 "하늘에다 대고 맹세하지 말라. 그곳은 하느님 보좌가 있는 곳이요. 땅에다 대고도 맹세하지 말라. 그곳에는 하느님 발등상이 있는 곳이니라"라고 했다. 이 말은 전칭명제로 이야기하는 것을 삼가하라는 메시지인 듯하다.

또 "이 샘물 안 먹겠다고 침 뱉고 가더니 돌아오는 길에 다시 먹더라" 하는 우리네 옛 속담도 있다. 침이나 뱉지 말고 갈 것이지…. 우리네 옛 어른들의 겸양 어린 충고인 듯하여 자못 머리가 숙여진다.

유난히도 확실히, 절대로 등의 어휘를 많이 사용했던 고(故) 김영삼 전 대통령이 취임 전에 이른바 우루과이라운드에 의한 쌀 시장 개방문제에 대해 "결단코 쌀 개방은 안 하겠다"라고 말했으나 취임 후 개방하고 말았으니 이런 넌센스가 어디 있는가? '쌀 시장 개방 저지에 최선을 다하겠다'는 정도의 표현만 했어도 족했을 텐데 하는 생각이 들었던 기억이 난다.

이제 '존재명제'의 표현과 내용을 살펴보자. 존재명제는 '논의하는 대상들에 대해 주장하고 있는 내용을 만족하는 어떤 것들이 있다'는 표현의 명제이다. 여기서는 한정어인 '어떤'에 관심을 가져야 되겠다. 간단히 표현하자면 '그럴 경우도 있다'는 문장으로 대신할 수 있는 명제이다. 앞의 전칭명제에서 들었던 예를 다시 상기해 보자.

어느 후보가 상대당의 후보를 비난하기 위해 '당신들 당에는 어떤 위선자들이 있다'라고 말했다면 이때는 단 한 명의 위선자만 있어도 이 명제는 참이 된다. 물론 모두가 부정한 사람일 수도 있다는 뜻도 내재되어 있으니 얼마나 유연하고도 쓸 만한 어법인가.

서양사람들은 대화 중 'Yes'나 'No'를 요구하는 질문을 받았을 때 그 대답으로 'One of them'이란 말을 많이 사용한다.

예 또는 아니오 같은 단정적인 언어로 대답해 실수하기보다는 '그래요, 그들 중 하나예요' 하는 완곡한 화법인데 위에서 말한 존재명제 화

● 나는 옳고 너는 그르다고 삿대질하는 사람들아, 역지사지(易之思之) 하여 보세.

법의 변형이라 할 수 있겠다.

수학의 명제는 때론 이렇게 우리의 현명한 언어습관에 도움을 주기도 하는 것이다.

27 피라미드계의 문제점

피라미드 사기, 즉 다단계 사기는 불특정 다수를 상대로 벌이는 사기 행각이기에 거래 수법도 교묘하고 액수도 거액인 경우가 많다. 이런 사기꾼들은 꽤나 수학적으로 사기를 구상하며 최신 경영기법을 도입해 운영하는 데다 결정적으로 성과급이라는 매력적인 미끼로 사람들을 현혹한다.

경찰 추산 4조 원의 피해액에 달하는 건국 이래 최대의 피라미드 사기인 조희팔 사건은 자살자만 30여 명이 발생하며 큰 사회적 물의를 일으킨 피라미드 사기 사건이다.

이 피라미드 사기의 수학적 의미와 속성을 설명하기 위해 간단한 수학 내용을 하나 소개하고자 한다.

수학 내용 중 수열(數列)이라는 것이 있다. 소박하게는 수들이 일정한 법칙에 따라 일렬로 서 있다는 개념인데, 조금 엄격하게 정의하면 자연수에서 실수로 대응되는 함수를 말한다. 보통 a_1, a_2, a_3 …로 나타낸다.

그런데 이 수열이 나열된 법칙 중에 앞의 항에 일정한 값을 더해서 뒤의 항이 만들어지는 수열을 '등차수열(等差數列)'이라 하며, 앞의 항에 일정한 값을 곱하여 뒤의 항이 탄생하는 수열을 '등비수열(等比數列)'이라 한다.

한편 주어진 수열의 항들을 차례로 합한 것을 급수(級數)라 하는데, 특히 등비급수를 사회학에서는 '기하급수(幾何級數)'라 하기도 한다. 공비가 소수가 아닌 경우 확실히 등차수열보다 등비수열이 급진적으로 늘어나기 때문에 무엇인가 빨리 그리고 많이 확산되는 경우에 기하급수로 늘어난다고 말하고 있다.

이제 피라미드 사기의 수법이 어떻게 형성돼 있는가를 알아보자.

다양한 피라미드 사기가 있겠지만 그 원리 이해를 돕기 위해 간단히 공비가 2인 기하급수의 수학적 모델을 하나 만들고 먼저 가상의 약관을 하나 만들어 보자.

"만약 당신이 우리 피라미드에 20만 원을 주고 가입한 후, 당신의 후계자로 두 명을 역시 가입비 20만 원씩 내고 가입시키면, 그때 당신에게 원금 20만 원과 더불어 그 성과급으로 10만 원을 합하여 30만 원을 환급한다. 물론 당신 후계자들에게도 당신과 같은 약관이 준수된다"는 내용의 약관이 있다 하자.

편의상 독자인 당신이 이 피라미드의 첫 번째 가입자라 가정하면 이 피라미드의 속성을 더욱 실감나게 이해할 것으로 생각된다. 이 피라미드의 약관에 동의하여 당신이 가입했고 그리고 후계자 2명을 가입시킨 현재의 단계에서 어떤 계산 결과가 나오는가 대차 결산을 해 보자.

이 피라미드의 주체가 김선달이란 사람이라고 가정했을 때, 선달에게는 전체 60만 원이 들어 왔고 당신에게 30만 원을 환급했으니 30만 원의 예치금(차익)이 발생했다. 즉 당신은 본래의 가입비 20만 원 환급과 후계자 2명을 가입시킨 대가로 10만 원의 성과급을 받았으니 이익을 본 셈이다.

이제 당신의 후계자 2명이 역시 10만 원의 수익을 올리기 위해 위의 약관의 조건대로 각각 2명씩의 후계자를 가입시키면 이제 또 다른 4명의

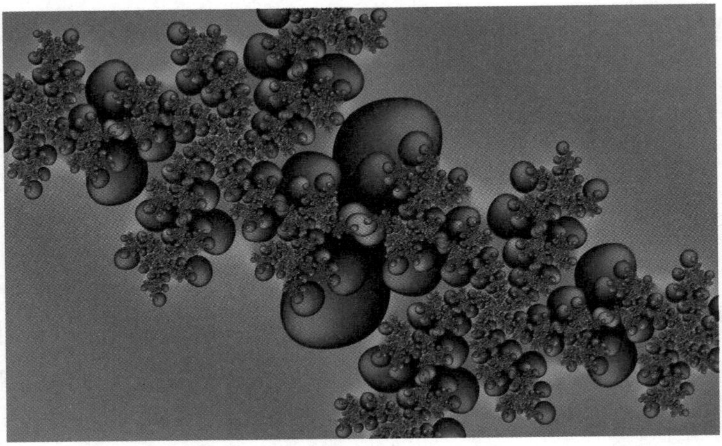

● 자기닮음의 반복적 확산에 의한 프랙탈의 한 예이다. 2분법 세포분열과 다단계 판매 조직확산은 유사하다고 생각된다.

가입자가 탄생할 것이다.

이 과정에서 선달에게 새로이 80만 원의 입금이 발생하고 당신 후계자 2명에게 각기 입회금과 성과급 합계 30만 원씩 60만 원이 환급되어 선달에게는 20만 원의 예치금(차익)이 발생했다. 이런 과정이 진행되면 다음에는 8명, 다음에는 16명, … 이렇게 확산되어 간다. 정리하면 현재까지 진행과정에서 최종 가입자를 제외한 이전의 모든 가입자에게 입회금 20만 원이 환급됐고 또 성과급 10만 원씩도 배당되었으니 약관을 어긴 바 없고 주체인 김선달은 앉아서 차익금을 항아리에 담고 있다.

이렇게 누이 좋고 매부 좋은 피라미드에 무슨 문제가 있단 말인가? 그러나 이 피라미드의 운영은 아랫돌 빼서 윗돌 메꾸기인 것이다. 이 세상의 인구가 무한이고 이 계가 잘만 운영되면 파탄은 면할 수도 있다.

그러나 현혹되지 말기 바란다. 설령 이 다단계가 무난히 진행된다 하더라도 위의 과정이 계속되면 가입자는 그야말로 기하급수적으로 늘어

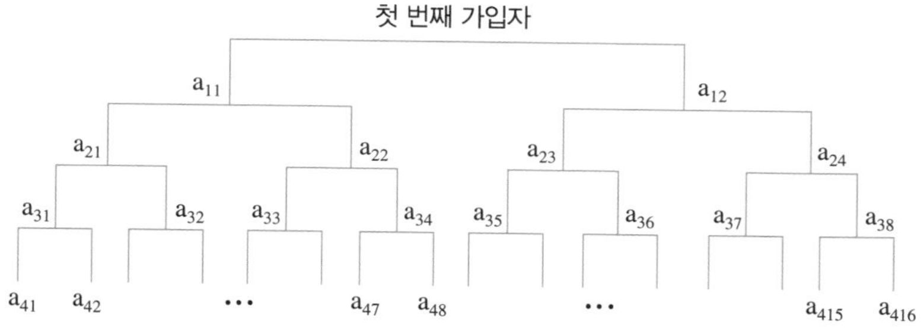

● 피라미드 사기에서 한 명이 후계자로 두 명씩 가입시켰을 때의 확산되는 구성도이다.

나게 돼 있다.

그러니 60억 정도로 유한한 지구상의 인구에서 마지막 가입자들은 누구를 가입시키고 본전과 성과급을 얻어 낼 수 있겠는가? 더욱이 인구 5천만인 좁은 이 나라에서야 어떤 피라미드도 당연히 거덜나게 되어 있다.

28 귀류법

철학이나 수학에서 어떤 논리에 대해 그것이 사실이라고 증명하는 방법론은 크게 두 가지가 있다.

그 하나는 귀납법(歸納法)이고 다른 하나는 연역법(演繹法)이다.

전자는 경험이나 관찰에 의해 어떤 일반적인 성질이나 규칙을 증명하는 방법론이며 후자는 이미 사실이라 알려진 일반적인 원리에서 출발하여 특수한 성질을 논증하는 것이다.

먼저 전자의 예를 들면 '모든 삼각형의 내각의 합은 180°이다'라는 명제의 사실 증명을 위해 몇 개의 삼각형들의 내각을 측정하여 그들 내각의 합이 180°라는 것을 확인한 후 이 사실로 미루어 '모든 삼각형의 내각의 합은 180°이다'라고 주장하는 것이다.

이 과정에 의한 추론이 설령 사실이라 하더라도 어쩐지 찜찜한 면이 없지 않다. 왜냐하면 그렇지 않은 또 다른 녀석이 어딘가 있을지도 모르기 때문이다. 이것이 귀납법의 약점 중 하나이다. 그럼에도 논의하는 대상이 많지 않을 때는 상당히 쓸모 있는 증명 방법인 것은 사실이다.

앞의 예를 연역적 방법 중 한 가지로 증명하면 '두 평행선과 제3의 직선이 만나 이루어지는 엇각은 서로 같고, 동위각도 서로 같다'라는 이미 알려진 사실을 이용하여 추론을 거쳐 삼각형의 내각의 합은 180°라는 것을 증명할 수 있다.

사실 수학의 많은 성질이나 법칙들이 연역법에 의해서 증명되고 있으며, 연역하는 방법에는 여러 가지가 있다. 그중에 상당히 쓸모 있는 방법으로 귀류법(歸謬法)이라는 것이 있는데 구체적으로 알아보자.

어떤 조건 명제 'P이면 Q이다'가 있을 때 결론 Q를 부정한 것을 조건으로 하고, 조건 P를 부정한 것을 결론으로 한 새로운 명제 'Q가 아니면 P가 아니다'를 본 명제에 대해 대우(對偶)라 한다.

예를 들면 '사람은 동물이다'에 대해 '동물이 아니면 사람이 아니다'가 상호 대우 관계이며 그들의 진리값은 서로 같다. 이 대우법의 변형으로 결론만 부정하여 논증을 진행해 가는 것을 이른바 귀류법이라 한다.

이것을 좀 더 구체적으로 설명하면 주어진 명제가 참인데도, 즉 결론이 참인데도 상대가 동의하지 않을 때 "만약 당신이 결론을 받아들일 수 없다면(결론이 거짓이라고 한다면) 당신은 어떻게 생각하는가?"라는 질문을 던져 상대의 진술로부터 본래의 조건에서 벗어나는 자기 모순을 유발시켜 참인 결론을 부정한 것이 잘못이라는 것을 인식하도록 하는 증명방법이다.

이 귀류법의 역사는 그리스 철학자 소크라테스(BC 470~399)의 대화법

P	Q	P → Q	~Q	~P	~Q → ~P
T	T	T	F	F	T
T	F	F	T	F	F
F	T	T	F	T	T
F	F	T	T	T	T

● 조건명제와 그 대우는 서로 진리값이 같다.

● "네 자신을 알라!"고 말했던 소크라테스는 소요학파 중 한 명이다.

(對話法) 혹은 산파법(産婆法)이라 부르는 방법론까지 거슬러 올라간다. 산파법이란 명칭은 그의 모친이 산파(産婆)였다는 데서 영향을 받은 듯하다.

그는 자신이 알고 있는 진리를 일방적인 강연으로써 전달하는 것을 피하고 논제의 조건과 결론을 제시한 후 학생으로 하여금 자기 의견을 말하도록 하는 대화를 중심으로 한 진리 터득의 방법론, 즉 대화법이라는 것을 애용했다.

이때 소크라테스의 주된 방식은 "만약 결론이 참이 아니라면 너는 어떻게 생각하느냐?"라는 질문을 지속적으로 던져 제자로 하여금 자신이 모순에 빠져있음을 알게 하여 진리를 터득하도록 유도하는 것이었다.

이 방법을 산파법이라고 했던 이유는 '아기를 출산할 때 아기를 낳는 주체는 산모이고 산파는 무사히 출산할 수 있도록 도와주는 조산원일 뿐이다'라는 사고에서 진리 터득의 주체는 제자이고 자신은 마치 산파처럼 도움을 줄 뿐이라고 생각하였기 때문이다.

최근엔 학생을 중심으로 한 이른바 고객 위주 교육 방법론이 강조되고

● '장자'의 내편(內篇) 첫 번째가 소요유편인 것을 보면 장자 역시 소요학파이다.

있다. 그런 면에서 소크라테스 대화법은 수학의 증명 방법론으로서만이 아니라 진정 살아있는 교육 방법론이라 생각된다.

한 가지 덧붙이자면, 당시 교육방법은 강의실에서보다는 숲속이나 강가를 산보하면서, 즉 소요(逍遙)하면서 대화와 토론에 의한 교육이 이루어진 경우가 많았던 듯하다. 그래서 그 시절 철학자들을 소요학파(逍遙學派)라 부르기도 하였다.

그런데 같은 시대에 중국의 장자(莊子)의 사상을 정리한 책『장자』내편(內篇) 맨 처음 부분이 소요유편(逍遙遊編)이다. 아마도 거닐며 놀며 유유자적하면서 생각했던 사상을 정리한 것들이라 생각된다.

동서를 떠나 철학을 사유하는 어떤 방법론의 유사성에 정말 감탄할 따름이다.

29 1+1=?

에디슨(1847~1931)의 초등학교 시절 산수 시간의 일화 하나를 소개한다.

선생님이 "1+1은 얼마인가?"라고 묻자, 다들 "2입니다"라고 대답하는데 유독 에디슨만은 1이라고 하여 선생님을 당혹스럽게 했다는 이야기이다.

그의 답은 옳은가 그른가? 이것에 대한 논평은 뒷부분으로 미루어 두자.

그런데 훗날 에디슨이 유명한 발명가가 되어 그 명성이 자자해지자 사람들은 저 어린 시절의 일화에서 에디슨을 두둔하여 오히려 그 시간의 선생님을 바보로 전락시키기까지 하니 우스운 일이다.

그들은 "물 한 방울과 또 한 방울을 합해 보라. 그 결과는 역시 물 한 방울이 되지 않느냐! 그러니 1+1=1이라 해서 잘못된 것 없지 않은가?"라고 주장한다.

천만의 말씀이다. 굳이 에디슨을 치켜 세우려면 에디슨이 영악해서 선생님을 골탕 먹이려고 장난삼아 한 대답이라 해 두는 것이 더 멋진 변명이 될 듯하다.

수학은 엄격성이 그 본질이라 해도 과언이 아니다.

첫째, 용어가 분명하게 정의되어 있어야 하고 둘째, 기호는 만인이 그

● 에디슨은 1,000종이 넘는 많은 발명을 하였고, 특히 백열전구를
개선 · 발전시키는 생산법을 발명하여 인류발전에 큰 공헌을 하였다.

의미를 공유하도록 약속되어 있어야 하며, 세 번째로 논의하는 대상의 범위, 즉 집합이 분명해야 된다. 마지막으로 어떤 조건 아래에서 수학적 작업을 하고 있느냐가 명백해야 된다.

특히 끝에 말한 '조건'이란 대단히 중요하다. 그래서 수학을 조건의 학문이라 하기도 한다. 혹자는 수학의 명쾌성 때문에 수학의 내용들이 만고불변의 진리나 되는 양 이야기하기도 하지만 이것 또한 위험하다. 왜냐하면 조건의 변화에 따라 진리도 비진리도 될 수 있다.

우리나라에는 토론의 문화가 없다고들 한다. 만나면 큰소리에 삿대질이 앞서고, 상대의 이야기를 경청하려 하지 않고 일방적으로 자기 주장만 한다든지, 도무지 정리가 안 된 궤변만을 늘어놓는 토론의 뒤끝은 당연히 씁쓸할 수밖에 없다.

만약 위에서 말한 수학 논의의 바탕인 용어의 정확성, 논의하는 대상 범주의 명백성과 주어진 조건과 상황에 먼저 서로 동의한 후 토론을 전개한다면, 좀더 유연한 토론이 이루어질 것이라 생각된다.

오늘날 우리가 상용하는 수학의 여러 연산 기호나 수식들의 표현이 오랫동안 고난의 역사를 거치며 오늘에 이르렀음은 다 아는 바이다. 아직도 통일되지 않은 기호들도 있지만, 대부분의 수학 기호는 만국 공용의 기호로 정착되어 있다.

이러한 수학 기호 중 '+(더하기)' 연산 기호가 어떤 의미를 지녔는가 알아보자.

통상적인 수 집합에서 수학적 약속은 상식 그대로이다. 그러니 '1+1=2'임이 분명하다.

그런가 하면 정수에서 2를 법(法, modulo)으로 하는 계산에서는 '1 + 1 = 0'이 되기도 한다.

화학 시간에는 수소 분자 2개에 산소 분자 1개를 합하면 물의 분자 H_2O가 된다는 화학식을 '$H_2 + O = H_2O$'라 표기한다.

또 어떤 노래 가사에는 "인생은 더하기, 빼기, 곱하기, 나누기다. 그러나 빼기와 나누기는 싫다. 더하고 곱하면서 살자!"라 한다.

이처럼 '+'라는 기호는 다양한 맥락에서 여러 의미로 쓰이고 있다. 어

$$\triangledown x F(x)$$
$$\ni x F(x)$$
$$A \wedge B$$
$$A \vee B$$
$$\neg A$$
$$A \to B$$
$$A \Leftrightarrow B$$

$$A \cup B,\ \cup A$$
$$A \cap B,\ A \cap B$$
$$A^C, C(A)$$
$$A - B$$
$$A \times B$$

● 집합 연산의 기호들이다. 여기서도 '×'가 있지만 수에서의 '×'와는 다른 개념이다.

떤 기호나 상징에 대해 각자 나름대로 원용하여 사용하는 것까지야 뭐라 하겠는가?

그러나 너와 나 사이에 약속된 어떤 사항이라면 서로가 그 약속에 충실해야지 비약한다든지 자신만의 논리를 강요한다면, 학문을 논하기는 커녕 짧은 대화도 단절되고 말 것이다.

이제 다시 에디슨의 초등학교 산수 시간으로 돌아가 보자.

선생님이 "물방울 두 개를 합하면 몇 개가 되느냐?"라고 질문하지는 않았다. 자연수를 대상으로 하여 1+1이 얼마냐고 물었을 뿐이다. 에디슨은 적어도 그 시간만큼은 문제아였음이 분명하다.

얼마 전 어느 기업 광고에서 다들 '예!' 할 때 '아니오!' 하는 사람이 필요하다고 광고하기도 했지만 정말로 그런 사람을 좋아하는지 궁금하기도 하다. 분명한 것은 약속된 상황에서 '예!'라고 해야 할 때 '아니오!' 하는 사람은 무언가 잘못된 사람인 것이다.

30 독특한 수 배열과 1에 대한 이야기

수를 논할 때 아무리 엄격한 공리에 의해 정의한다 해도 수 그 자체만으로는 별 의미가 없다. 수 집합을 이루는 숫자들의 순서쌍에 어떤 관계(relation) R이 정의되어 있어야 비로소 그 집합은 주어진 관계 R과 더불어 하나의 체계(system)로 유기체적(organic) 생명력을 지닌 집단이 된다. 따라서 단순히 '수'란 말과 '수체계'란 말은 구분된다.

약속된 관계를 특별한 경우 연산(operation) *로 사용할 수도 있다. 예를 들면 자연수 세계에서 덧셈(+)이나 곱셈(×) 등이 주어져 있을 때다. 이를 더 확장해서, 정수 세계로 가기 위해서는 자연수 1과 덧셈의 항등원 0(zero)이 필요하다.

그러면 덧셈이라는 연산 아래 1의 역원(inverse element)으로 −1이 탄생한다. 더 나아가 1과 −1은 덧셈이라는 연산과 더불어 모든 정수를 탄생시킨다.

이런 면에서 ({1, −1}, +)를 정수의 생성자(generator)라 부르기도 한다.

특별히 1은 정수 세계에서의 주인공이라고 할 수 있다. 이제 이런 1이라는 수가 반복된 배열과 연산 속에서 보여주는 특이한 성질 몇 가지와 독특한 삼각뿔 몇 가지를 소개한다.

1로만 이루어진 정수의 특징 몇 가지를 보자.

먼저 11, 111, 1111, 11111, …의 수 형태에서 자리수가 짝수인 것들은 항상 11을 약수로 갖는다.

$$11=11 \times 1$$
$$1111=11 \times 101$$
$$111111= 11 \times 10101$$
$$11111111=11 \times 1010101$$

다음으로는 1의 배열이 3의 배수 자릿수를 지닌 수들은 3과 37을 약수로 갖는다.

$$111=3 \times 37$$
$$111111=3 \times 37 \times 101$$
$$111111111=3 \times 37 \times 100100$$

또 하나, 1의 배열의 자릿수가 2와 3보다 큰 소수, 즉 자릿수가 5, 7, 11, 13, 17, …일 때와 이런 자릿수들의 곱의 자릿수일 때도 몇 가지 경우 '소인수'분해가 되는 예도 있다(항시 그런 것은 아니다).

$$11111=41 \times 271$$
$$1111111=239 \times 4649$$
$$11111111111=21649 \times 513239$$
$$11111111111111111=2071723 \times 5363222357$$

그 외에도 1의 배열이 19자릿수와 28자릿수일 때는 소수로 밝혀졌다. 47자릿수는 아직까지 소수인지 아닌지 밝혀지지 않았다. 이 글을 읽는 독자 여러분이 한번 도전해 보면 어떨까.

아름다운 삼각 디자인을 이루는 독특한 수의 표를 잠시 감상해 보자.

1×1	1
11×11	121
111×111	12321
1111×1111	1234321
11111×11111	123454321
111111×111111	12345654321
1111111×1111111	1234567654321
11111111×11111111	123456787654321
$111111111 \times 111111111$	12345678987654321
$1111111111 \times 1111111111$	

$0 \times 9 + 1 = 11$	
$1 \times 9 + 2 = 11$	$9 \times 9 + 7 = 88$
$12 \times 9 + 3 = 111$	$98 \times 9 + 6 = 888$
$123 \times 9 + 4 = 1111$	$987 \times 9 + 5 = 8888$
$1234 \times 9 + 5 = 11111$	$9876 \times 9 + 4 = 88888$
$12345 \times 9 + 6 = 111111$	$98765 \times 9 + 3 = 888888$
$123456 \times 9 + 7 = 1111111$	$987654 \times 9 + 2 = 8888888$
$1234567 \times 9 + 8 = 11111111$	$9876543 \times 9 + 1 = 88888888$
$12345678 \times 9 + 9 = 111111111$	$98765432 \times 9 + 0 = 888888888$
$123456789 \times 9 + 10 = 1111111111$	

● 아름다운 삼각 디자인을 이루는 독특한 수의 연산표이다.

31 대칭수와 회문

정수가 뭐지? 그래, 우리 수학선생님이 "양의 자연수와 음의 자연수와 0(zero)의 합집합이랬어!" 상당히 세련된 답인 듯하다.

그런데 양의 자연수, 음의 자연수, 0은 뭐지? 바로 이런 의문을 지닌 이들이 있기에 수학은 발전한다.

수학, 특별히 대수학을 전공한 필자도 중 · 고등학교 때 이런 궁금증을 풀어 보려다 수학의 길로 들어서게 되었다. 사실 수학을 좀 더 공부한 후에야 엄격한 공리에 의해서 자연수나 정수에 대해 명백한 개념의 답을 얻을 수 있었다.

이른바 군(group)의 이론과 응용을 공부하면서 환(ring)이란 수학 구조에서 해답을 찾은 것이다. 환이란 사칙연산 중에서 나눗셈을 제외한 덧셈, 뺄셈, 곱셈이 자유로운 집합을 말한다.

'정수'나 '자연수'의 수학적 정의는 이 글을 읽는 독자들에게는 약간 따분한 내용일지도 모르겠다. 우선 여기서는 알고 있는 그대로의 '자연수', '정수'로 받아들이기 바란다.

맨 처음 자연수를 이론화한 사람은 이탈리아 수학자 페아노(1858~1932)이며 그가 만든 '페아노의 공리계'에 의해 자연수의 개념이 확립되었다. 수의 구조적 측면에서 일반화된 이론이 '환에서의 정수' 개념이다.

정수론에서는 소수(素數, prime number)와 관련한 내용이 우리들에게 흥밋거리다. 이를 공부하기 위해 가장 기초적인 용어의 정의가 필요하다. 먼저 약수(divisor)와 배수(multiple)라는 용어를 정의한다.

세 정수 a, b, c에 대해 그들 사이에 $c = a \cdot b$라는 등식이 성립할 때, c는 a와 b의 배수라 하고, a와 b는 c의 약수라 한다.

이제 정수 P가 소수란 말의 의미를 살펴보자. P가 1과 자기 자신 이외의 약수를 갖지 않을 때, 그 수 p를 '소수'라 한다. 그 외의 정수를 합성수(composite number)라 한다. 이때 1은 소수도 합성수도 아니며, 0은 모든 수의 배수가 된다.

이제 몇 가지 재미있는 수 이야기를 해보자. 거꾸로 읽어도 바로 읽는 수와 같은 수를 대칭수라 말한다. 가장 흔한 예로 11, 101, 1001, 111, …이다.

대칭수를 구하는 일반화된 추론은 없다. 단지 경험과 반복 작업에 의해서만 구할 수 있기 때문에 일종의 특수한 결과물인 것이다. 사실 수학이란 확실한 증명에 의해 일반화된 결과만이 의미가 있다.

그런데 1984년 미국의 그루엔버거(F. Gruenberger)라는 컴퓨터 학자가 한 과학잡지에 대칭수를 만드는 알고리즘을 공개하여 관심을 끌었다. 그 알고리즘은 다음과 같이 3단계로 되어 있다.

Step Ⅰ: 숫자를 아무거나 선택한다.

Step Ⅱ: 그 수를 거꾸로 뒤집어 원래수와 합한다.

Step Ⅲ: 더한 결과가 대칭수가 아닐 경우 Step Ⅱ를 반복한다. 대칭수가 나오면 알고리즘을 중단한다.

이 방법을 거치면 많은 경우 그 결과가 대칭수가 된다. 대칭수가 되지 않는 첫 번째 수는 196으로 알려져 있다.

위 알고리즘으로 만든 대칭수의 예는 다음과 같다.

10	11	12	33	13	44	14	55	15	66
16	77	17	88	18	99	19	121	20	22
21	33	23	55	24	66	25	77	26	88
27	99	28	121	29	121	38	121	39	363
48	363	49	484	57	363	58	484	59	1111
69	4884	79	44044	89	8813200023188	98	8813200023188	99	79497
166	45354	167	88555588	177	8836886388	187	8813200023188	188	233332
739	5233333325	989	89540004598	1297	8813200023188	1397	88555588	2069	52788725

한편 대칭수에서 한걸음 더 나아간 완전대칭수라는 것도 있다. 이 수는 대칭 꼴로 이루어진 수가 대칭인 소인수를 갖고 있을 경우를 말한다. 예를 들면 $1991=11\times181$로 소인수분해 되는데 그 인수 11, 181도 대칭수다. 그러므로 1991은 완전대칭수다. 단위가 작은 수에서 대칭수를 찾기는 어느 정도 쉽다.

연도에서도 완전대칭수를 찾아볼 수 있다. 1000년 이후로 완전대칭수인 해가 있었을까? 또 앞으로 3000년이 될 때까지 완전대칭수인 해가 몇 번 있을까? 관심 있는 사람들이 노력하여 찾아낸 해를 소개한다.

$1111=11\times101$, $1331=11\times11\times11$, $1441=11\times131$,
$1661=11\times151$, $1991=11\times181$

$2112=2^6\times3\times11$, $2222=2\times11\times101$, $2662=2\times11^3$,
$2772=2^2\times3^2\times7$, $2882=2\times11\times131$

이렇듯 연도에서 완전대칭수를 찾아보고 나면 한 사람의 일생에서 완전대칭수인 해를 맞이한다는 것이 상당히 어려운 일이라는 걸 깨닫게 된다.

대칭수에서처럼 문자에서도 대칭을 이루는 것이 있다. 이런 문자를 회문(回文)이라 하는데, 영어 'palindrome'는 '뛰었다 다시 돌아오는(running back again)'이란 뜻의 그리스어 'palindromos'에서 나온 말이다.

우리말에서 토마토, 이사 간 사이, 다 가져 가다, 다들 잠들다, 해남과 남해, … 등이 그 예다. 영어에서는 I did, did I?, radar, rotator, abba, Madam, level, refer, … 등을 예로 들 수 있다.

앞에서 말했듯이 이런 대칭수나 의미 있는 회문을 찾아내는 어떤 일반적인 방법은 없다. 그러나 컴퓨터 알고리즘을 공부하는 사람들은 단어의 의미가 있든 없든 '회문' 만들기나 찾기의 알고리즘을 오늘도 열심히 연구하고 있다.

32 / 가우스함수는 어디서 왔을까?

확률론에서 가장 기본이 되는 이론도구인 정규분포(normal distribution)가 우리들의 사회생활이나 동물의 생존양식, 식물 분포 등과 밀접한 관련이 있다는 사실은 의외로 모르는 이들이 많다. 사람들은 흔히 다른 이들에 대해서 정상(normal)이라거나 비정상(abnormal)이라는 말을 하는데 좋은 표현은 아니다.

그러나 수학적 입장에서는 의미 있는 표현이다. 왜냐하면 정규분포(normal distribution)라는 입장에서는 다수와 소수가 있고 인간도 동물과 같이 자연현상의 일부로 보기 때문이다.

예를 들면 새 떼와 물고기 떼는 어떻게 순간적으로 마치 하나의 생명체처럼 무리 전체가 떼를 지은 채 동시에 방향전환을 할 수 있을까? 이 문제를 설명하기 위하여 여러 분야의 많은 학자들이 다양한 접근을 시도했다. 그중 가장 설득력 있는 설명은 이는 무리의 고유 속성으로 무리 속에 들어가 생존의 가능성을 높이기 위해 각 생명체가 집단으로 발달한 결과라는 것이다.

이를 심리학에서는 그 분야 연구 학자들은 자기 조직화(self organization)라 한다. 수학자로서의 필자는 이 의견에 상당히 동의한다. 수학적으로는 중심극한의 정리라 할 수 있기 때문이다.

수학자 아브라함 드무아브르(1667~1754)는 시행 횟수가 아주 큰 경우의 이항분포에 의한 중심극한정리를 발표했다. 이것은 나중에 가우스(1777~1855)의 정규분포함수로 발전한다. 이항분포는 어떤 집단이 가지는 이상적인 분포를 말한다.

드무아브르의 이항분포에 따른 중심극한식은 다음과 같다.

$$NC_k p^k q^{n-k} = \frac{1}{\sqrt{2\pi Npq}} e - \frac{(k-Np)^2}{2}, \ (p+q=1)$$

이 식의 k의 값을 바꾸어가며 점을 찍으면 다음 그림과 같은 종 모양의 이산적인 곡선이 된다.

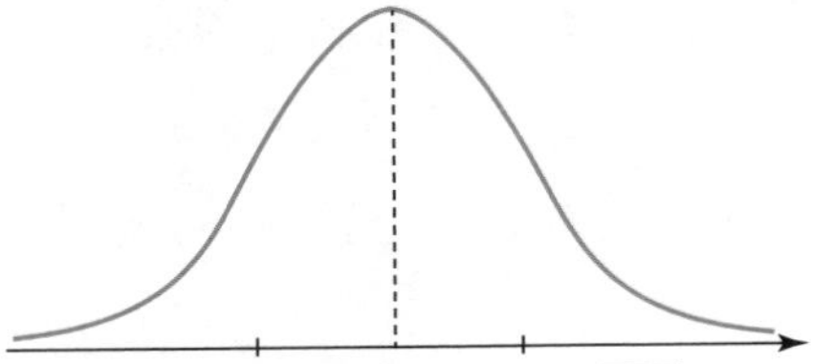

그런데 가우스의 정규분포곡선은 좌표의 윗부분, 즉 양의 영역에서만 나타난다는 사실이 눈에 띈다. 이는 최소제곱법이라는 방법으로 만들어 낸 것인데 대수학의 이차형식론(quadratic form)이라는 분야의 한 형태이다.

어떤 자료를 분석하는 데는 계량의 양수화가 매우 유리할 때가 있다. 다차원 벡터의 내적도 평면이나 공간에서 두 벡터 사이의 각을 구하는 다차원 벡터의 내적도 결국은 양수화 작업이다.

중심극한정리에 따르는 정규분포는 다른 다양한 확률분포 중에서도 특히 관측오차를 설명하는 확률분포로 유용하다. 예를 들어 선거철에 여론조사를 발표할 때, 평균 지지도가 얼마(m)이며 표준오차 범위(σ)가 얼마라고 꼭 밝힌다.

물론 오차범위로 인해 당선 예측이 빗나가는 경우도 얼마든지 있으므로 평균만 믿어서는 안 된다. 그러나 많으면 많을수록 좋다는 것이 기본적인 사회 통념이기에 정규분포의 중심부에 모인 다수에 속해 있다는 것은 특별히 손해 볼 일은 없다는 뜻이기도 할 것이다.

이것이 생활 속 수학의 한 예이다.

종 모양의 곡선을 정리한 가우스 정규분포함수 곡선식은 정말 감탄할 만하다. 가우스가 정규분포함수를 구상할 때, 자연대수 밑수인 e를 사용하여 제곱의 함수를 만들었다는 것은 그의 수학적 탁월함을 증명한다.

복잡한 가우스의 정규분포함수 표현을 단순화하면 다음과 같다.

$$a=\frac{1}{\sqrt{2p\sigma}},\ b=m,\ c=2\sigma^2 \text{ 일 때, } f(x)=ae^{-(x-b)^2/c}\text{이다.}$$

결국 이 함수는 양수화된 단조증가함수인 $y=e^x$가 선조다. 이 식이 $y=e^{-x^2}$로 진화된다. $y=e^{-x^2}$는 y축 대칭함수로 특정 값을 지나면 증가했다 감소하는 종 모양으로 나타나는 함수다.

이 책의 'π, e, i 0, 1' 항목에서 e를 소개하였다. e는 π보다 매우 유리한 수로 알려져 있다. e는 $\lim_{x\to\infty}\left(1+\frac{1}{x}\right)^x$의 극한 값으로 초월수 중의 하나며 그 대강의 값은 $e=2.71828\cdots$이다.

참고로 e를 이용한 기본적인 지수함수 그래프 세 가지를 소개한다.

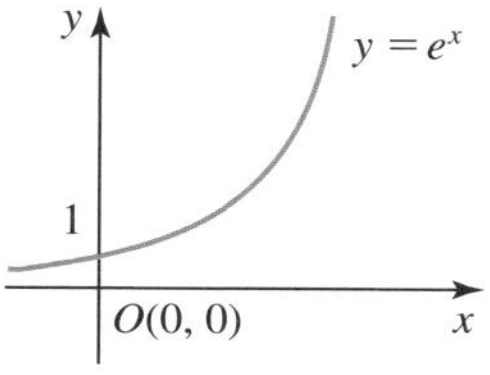

● e를 밑수로 한 지수함수

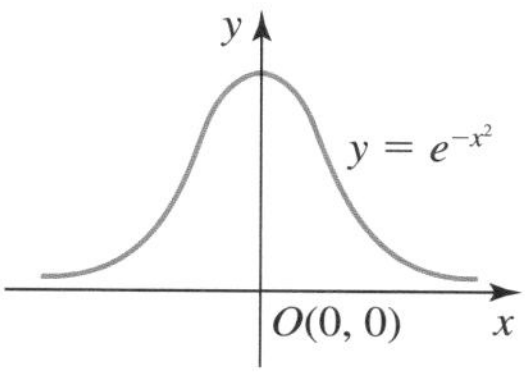

● y축 대칭함수

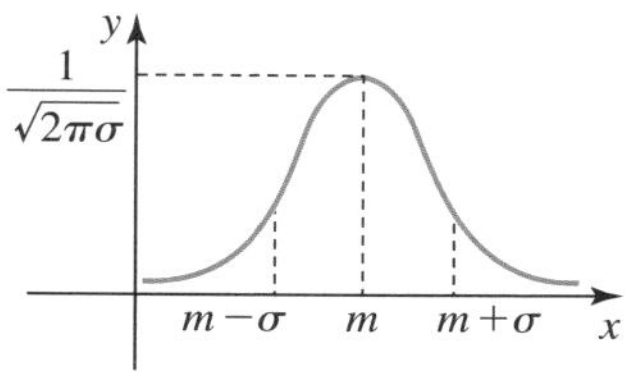

● 가우스함수

33 걸리버의 수학

영국의 작가 스위프트(1667~1745)의 소설『걸리버 여행기』는 어린이들에게는 환상을, 성인들에게는 일종의 풍자를 느끼게 하는 작품이라고 생각한다.

수학에 관심있는 사람들에게는 소인국과 대인국을 넘나드는 이야기 속에서 물체의 크기 변화와 그 비교성에 대해 충분히 호기심을 불러일으킬 만한 이야기들이 많이 나온다.

필자에게는 대인국 인물들에 대한 걸리버의 냉소적인 독백인 "이성은 몸뚱이 부피와 정비례하지 않는다"는 대목이 의미있게 기억된다. 몸만 자랐다고 해서 성숙하는 것은 아니며 물질이 풍요롭다고 해서 정신이 풍요로워지는 것은 아니다. 당연한 이야기다.

『걸리버 여행기』에는 곳곳에 이런 인간사회에 대한 야유와 풍자가 깃들어 있다. 당대의 현실이 부조리하고 숨 막힐 때 작가들은 작품 속에서 풍자나 해학을 곁들여 자신들이 꿈꾸는 이상적인 현실을 표현하기도 한다.『걸리버 여행기』 또한 그러한 대표적인 작품이다.

이런 이상주의 작품의 세계는 대개 현실을 뛰어 넘는 상상의 세계이기 때문에 수학에서 말하는 논증적 체계는 허물어지게 되어 있다. 그럼에도

● 소인국에서 구경거리가 되고 있는 걸리버의 모습이다.

작가들은 현실세계와 연결하여 표현하지 않을 수 없다. 왜냐하면 독자들은 현실세계 사람들이기 때문이다.

이제 『걸리버 여행기』에 나오는 크기와 양에 관련된 이야기 몇 가지를 살펴보자.

먼저 걸리버가 소인국을 여행할 때의 이야기 하나를 소개하면, 소인국에 도착한 걸리버는 소인국 한 사람 식사량의 1,728배의 양을 먹었다는 이야기가 나온다. 왜 하필이면 이 수치의 식사를 했다고 하였을까?

스위프트는 의학과 수학을 공부했다는 기록이 있다. 그리고 당시 영국의 상용 진법 단위가 12진법이었는데 아마도 그가 이런 것들에 영향을 받아 걸리버를 소인국 사람의 12배 크기의 키를 지녔다고 가정하고 소설을 쓴 것으로 추정된다.

넓이는 제곱으로 늘어나고 부피는 세제곱으로 늘어나는 수학적 성질을 이용하여 대강의 수학계산을 해 보면, 소인의 몸 부피를 기준으로 하여 걸리버의 몸 부피는 12의 3제곱으로 늘어나 1,728배가 된다. 그래서 아마 걸리버가 소인 식사량의 1,728인분을 먹었다고 쓴 듯하다.

걸리버는 소인국에서 황제의 칙사 대접을 받으며 거들먹거리기도 하고 교만을 부리기도 하는데 대인국에 가서는 비열한 행동을 하면서 대인국 왕에게 아부를 하기도 한다.

그러면서도 앞에서 말한 대로 "이성은 몸뚱이 부피와 정비례하지 않는다"는 냉소적 독백을 하는 것이다.

더욱이 걸리버는 비참하게도 대인국 사람들로부터 면밀한 치아 검열을 받은 후 육식동물임이 분명하다는 것을 인정받는다. 그럼에도 대인국의 존재들에 대해 여러모로 비아냥거리며 풍자하는 허세를 부린다. 논증을 벗어난 작가의 과장된 상상력이 객관화된 작품내용의 묘사로 나타날 때 수학은 그저 구경만 할 수밖에 없다.

이번에는 걸리버가 대인국에서 거리 구경을 하는 이야기를 예로 들자. "어떤 계집아이의 젖가슴에 종기가 나 있었는데(아마도 젖꼭지인 듯하다) 그 종기는 어마어마하게 부어오르고 사방에 구멍이 뚫어져 있는데 내가 넉넉히 들어가 전신을 감출 수 있었다."

또 다른 구절에는 "… 그중에도 가장 구역질나는 것은 옷에 기어다니는 이였다. 내가 현미경으로 유럽의 이를 보는 것보다 더 똑똑히 내 육안으로 이 해충의 사지와 돼지처럼 뒤지고 다니는 주둥이를 볼 수 있었다."

이런 징글맞은 표현들은 당시 영국 사회의 일면을 풍자한 듯하다. 어쨌든 대인국의 이야기는 수학이나 물리학적으로는 큰 문제가 있는 표현들로 가득 차 있다.

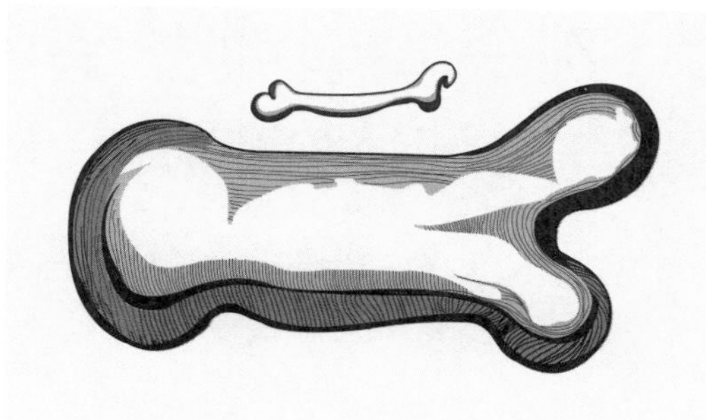

● 작은 뼈의 길이를 3배로 늘렸을 때 새로운 뼈의 입체적 크기를 그려 놓은 그림이다.

예를 들어 현실의 돼지에 대해 키가 12배인 돼지가 있다 하자. 앞에서 계산한 대로 대인국 돼지의 체중은 1,728배로 늘어난다. 이때 다리뼈나 등뼈도 같은 비율로 늘어난다 해도 만약 지지해줄 수 있는 철근 콘크리트의 도움을 받지 못하면 찌그러 들거나 움직이지도 못할 것이기 때문이다.

34 / 제주도 둘레는 얼마인가?

신혼부부가 제주도 '해안도로'를 따라 드라이브 한 후 제주도의 둘레를 이야기할 때와 지리학자가 측량 기술자들의 도움을 얻어 알아낸 254 km 라는 '해안선' 둘레의 길이는 접근 방법이 서로 다르다. 왜냐하면 전자는 '해안도로의 길이'에 의존하고 후자는 '측량 가능한 해안선의 길이'이기 때문이다.

그렇다면 최신 수학의 한 분야인 프랙탈 기하학의 입장에서는 제주도 둘레 길이가 얼마일까? 이 질문에 대해 '유일한 답은 없다. 분명히 말할 수 있는 것은 무한이다'가 답이다.

프랙탈 기하학이란 무엇이며 왜 제주도 둘레가 무한한가 알아 보자.

먼저 차원(次元)이란 개념부터 소개하자. 현재 내가 서 있는 곳의 위치를 알려주는 방법은 여러 가지가 있다.

혹시 독자가 대전역에 서 있다고 하자. 대전역의 위치를 아는 사람에게는 문제가 없겠지만 그렇지 못한 사람에게는 '행정적 주소'에 의존해야 할 것이다.

그러나 망망대해에 있을 때에도 행정주소가 있는가?

이때는 수학적인 좌표가 있어야 위치를 알 수 있다. 기본 직교좌표 평

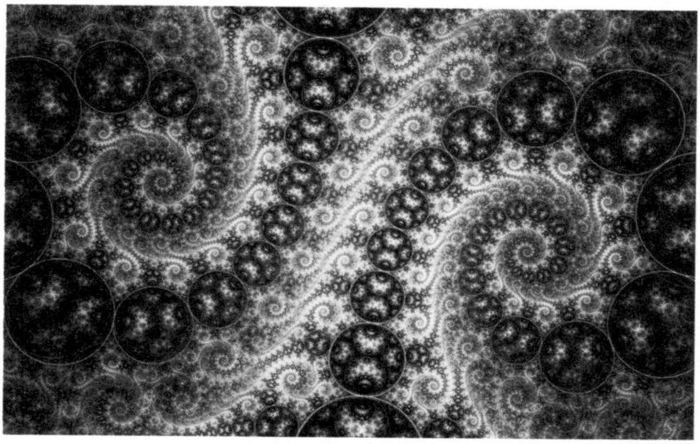

● 프랙탈의 논리에 의해서 반복해서 그려놓은 아름다운 그림이다.

면에서 가로축으로 얼마만큼, 세로축으로 얼마만큼인 곳에 있다고 하면 나의 위치는 단 한 점으로 고정되고, 이제 그 한 점만 찾아가면 될 것이다.

이렇게 평면에서의 위치는 두 가지 정보에 의해 결정된다. 그래서 평면을 2차원이라 한다. 같은 논리로 점을 0차원, 선을 1차원, 공간을 3차원이라 약속했던 전통적인 수학 개념은 상당히 오래 유지되어 왔다.

그런데 이들 차원은 인간이 시각적으로 느낄 수 있는 세상의 영역인데, 이것만으로 만족하지 않는 경우가 발생하게 되었다. 이 시각이라는 관념을 허물어 버리면 다차원이 자연스럽게 논의될 수 있다.

예컨대 날아가고 있는 비행기의 위치는 3차원 즉 가로, 세로, 높이에 의해 결정된다. 그러나 이 비행기의 위치를 결정하는 또 다른 중요한 속성은 어떤 속도로, 어떤 방향으로 가고 있느냐의 두 가지 독립변수이다. 결국 다섯 가지의 요인에 의해 이 비행기의 상황은 설명이 된다. 이런 면에서 비행기는 5차원의 존재라 할 수 있다.

이렇게 다양한 변수들을 묶음으로 하여 이루어진 정수의 다차원은 전통적인 삼차원과 더불어 수학, 물리학에서는 물론이고 사회과학에서도 자연스럽게 사용되어 왔다.

그러던 중 수학자 만델브로가 1975년에 새로운 프랙탈 기하학이란 것을 제안하면서 정수 차원의 기하학은 이제 소수 차원까지 확장되었다.

프랙탈 기하학이 획기적인 것은 구름이나 해안선, 나무껍질이나 번개처럼 반듯한 직선으로만 이루어지지 않은 자연의 모습을 새로운 방식으로 설명하고자 했기 때문이다.

고전적인 기하학에서 반듯한 단일폐곡선으로 이루어진 도형은 넓이나 둘레가 유한하다. 반면 프랙탈곡선으로 이루어진 도형은 넓이는 유한하지만 둘레의 길이는 무한이며 그 차원은 소수차원이 되는 것이다.

다시 제주도 해안선 길이로 돌아가자.

높은 고도의 비행기에서 제주도 주변을 내려다보면 어느 정도 매끄러운 곡선의 해안선을 볼 수 있다. 고도를 이전의 반쯤으로 낮추었을 때는 어떨까? 상당히 심한 굴곡들로 해안선이 이루어져 있음을 볼 수 있을 것이다.

이제 해안선을 따라 거닐면서 살펴보자. 바닷물과 육지의 경계는 아주 심각한 요철(凹凸)을 이루고 있을 것이다.

자, 이제 배율이 큰 돋보기로 들여다보자. 땅끝 모래알들과 바닷물이 경계를 이루고 있음을 관찰할 수 있을 것이다.

이런 과정을 계속하면 아마도 물리학자나 화학자는 원자나 분자의 크기에서 그 경계의 논의를 끝내자고 할 수도 있을 것이다.

그러나 수학자들은 더 미세한 세계, 아니 무한히 작은 세계의 해안선 경계를 논의하려 한다. 이런 과정의 수학 계산을 하면 그 둘레는 무한대가 된다.

한 정삼각형으로부터 차례로 볼록 변을 생성해 가는 예인 코흐의 섬을

(a) (b) (c)

● 코흐의 눈송이, 삼각형 변의 1/3지점에서 볼록 삼각형을 차례로 반복해 만들면 그림 (b), (c)와 같은 도형이 된다. 이 작업을 무한히 계속하면 제주도 둘레의 논리가 나온다.

참고하면 수학자가 아니라 하더라도 이 논리와 계산법을 어느 정도 이해할 수 있을 것이라 생각된다.

이러한 이론을 그래픽에 의해 시각적으로 좀 더 손쉽게 이해할 수 있도록 도와주는 것이 반복작업의 명수인 오늘날의 컴퓨터이다.

35 반복법과 프랙탈

수학 이론의 전개 방법 중 하나인 '반복법'은 여러 면에서 유용하다. 특히 추상성이 강한 무한이나 프랙탈 등에서 중요한 도구로 사용될 수 있다.

우선 자연수 명제에 대해 그 진술이 참이라는 것을 증명하는 데 사용되는 '수학적 귀납법(혹은 재귀 함수)'도 사실상 무한 연쇄 반복법인 것이다.

힐베르트의 호텔로 알려진 이야기에서 9개의 호텔방과 10명의 여행자를 대응시키는 수수께끼도 반복법의 예이다. 이 이야기에서 호텔 지배인이 10번째 여행자에게 빈방이 없다고 말하는 것은 당연한 상식이다.

그러나 약간의 수학적 깨소금을 치면 이 상식이 허물어진다. 이 방법은 여행자에게 잠을 안 재우는 약점이 있지만, 힐베르트 여관에는 방이 무한개가 있다는 것을 모순 없이 논리전개 하는 데 유용하다.

순환 반복 작업을 시행하면 방법은 간단하다.

1번 손님이 2번 방으로 이동하고 2번 손님이 3번 방으로 이동하고 …… 이와 같이 시행할 때 1번 방은 비게 된다. 그러니 마지막 손님을 1번 방으로 모시면 되는 것이다.

굳이 마지막 손님이 10번째일 필요는 없다. 결국 힐베르트 호텔방은 무한히 많은 것이다.

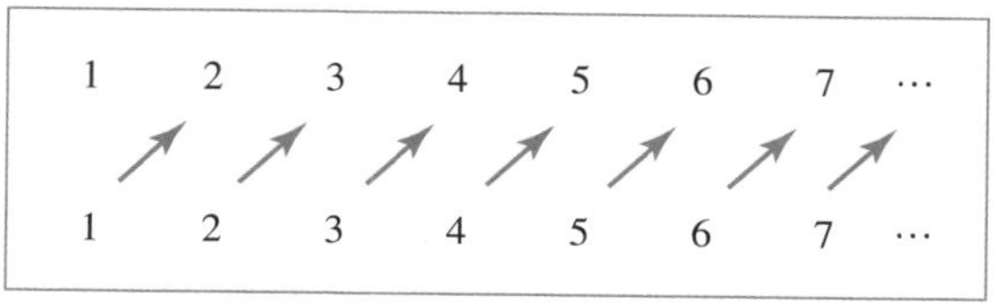

● 손님이 방을 이동하는 모습을 나타내었다.

이미 앞의 '제주도 둘레는 얼마인가?'에서 소개한 바 있지만 프랙탈은 반복법의 대표적인 예이다. 이제 무한 반복법을 가장 실감나게 이용하여 혼돈과 프랙탈 이론을 세운 몇 사람을 소개하자.

1904년 스웨덴의 수학자 코흐는 '코흐의 섬' 혹은 '코흐의 눈송이'로 알려진 완벽하게 매끄럽지 않은 폐곡선을 반복법에 의해 만들어냈으며, 1916년에 폴란드 수학자 시어핀스키는 시어핀스키 삼각형이라는 프랙탈 도형을 소개했다.

오늘날 가장 아름다운 프랙탈의 대부분은 현대 역학계 이론에서 줄리아가 이룬 업적에서 나온 것으로, 이들을 줄리아 집합이라고 한다.

● 시어핀스키 삼각형은 자기 닮음 반복법에 의해 만들어진다.

● 눈송이를 배율 높은 현미경으로 촬영한 것이다. 더 큰 배율로 들여다보면 가장 자리도 역시 육각형의 모양들을 이루고 있다.

컴퓨터로 이미지를 생성하는 도움 없이도 줄리아와 그의 동료인 파토우는 단순히 원이나 이차곡선이 아닌 나선이나 나뭇가지 또는 불꽃 등을 만들어내는 기하학 방정식의 가능성을 연구했다.

폴란드의 바르샤바에서 태어난 만델브로는 복잡한 해안선, 산의 능선과 계곡, 눈송이 등과 같이 기존 기하학에서 할 수 없었던 자연 속의 불규칙성을 분석하기 위해 프랙탈 기하학을 발전시켰다. 프랙탈 기하학에서 이런 자연현상이 중요한 이유는 이들이 통계학적으로 자기 복제, 다시 말해 부분이 전체와 같기 때문이다. 또한, 만델브로는 아름다우면서도 놀라운 복잡성을 가진 풍뎅이 같은 만델브로 집합을 발견하기도 했다.

1960년 로렌츠는 기상에 관한 단순한 컴퓨터 모형을 다루다가 초기에 거의 일치하는 두 기상 조건이 시간이 흐른 뒤에 서로 완전히 다른 기상 상태로 발전할 수 있음을 발견했다.

이것이 나비효과로 알려진 현상이다. 로렌츠의 관찰은 바로 혼돈 이론의 시작을 뜻한다.

미국 뉴멕시코 주의 로스앨러모스 국립연구소에서 물리학자로 근무하

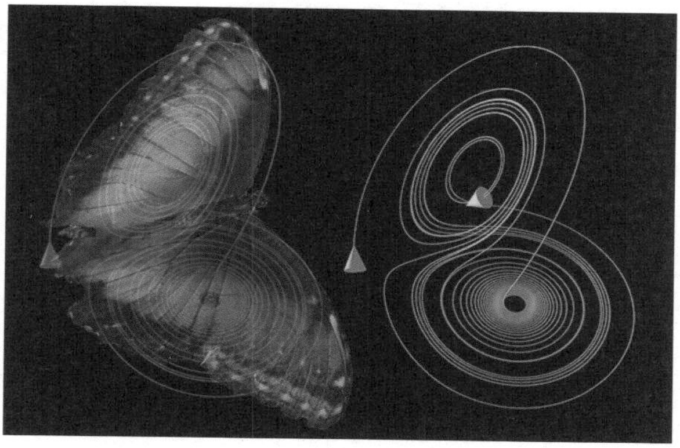

● 나비의 날갯짓처럼 작고 경미한 바람이 폭풍우와 같은 커다란 변화를 유발할 수 있다.

던 파이겐바움은 역학계를 연구하면서, 과학에서 기존에 받아들인 연구 방법을 무시하는 문제점이 혼돈 이론에서 제기됨을 알게 되었다.

이를테면, 많은 초기 조건에도 불구하고 조직 체계는 처음에는 정상적으로 순조롭게 운행되다가 변수들이 임계값에 도달하게 되면 갑자기 무질서하게 변할 수 있음을 증명했다.

1970년대에 파이겐바움은 불규칙성의 여러 가지 형태 사이의 관계를 연구해 혼돈 안에 숨어 있는 놀라운 질서를 찾아냈다. 또 그는 이 세상을 복잡한 반복 과정의 결과로 얻어지는 아름다운 이미지로 가득 찬 예술적 대상으로 보았다.

파이겐바움은 항상 '자연 물질의 진정한 면모는 무엇인가?'를 고뇌했다 한다.

36 여의봉과 벡터

손오공의 상징인 여의봉(如意棒)과 수학의 벡터가 어떤 상관 관계가 있을까? 먼저 SF 소설에 대한 이야기부터 하고 나서 그 연관성을 알아보자.

현대 문명을 이야기할 때 대개 서구의 역사나 문명을 기준으로 하는 경우가 많다. 그러나 이른바 SF(Scientific Fiction) 소설이라 일컬어지는 공상 과학 소설만은 중국과 우리나라가 원조라 생각한다.

서구 사람들은 1895년에 영국의 작가 웰스가 발표한 『타임머신』과 이어 발표한 『우주 전쟁』이란 작품을 공상 과학 소설의 시작이라고 이야기하고 있다.

그러나 일찍이 7세기경 당나라 시대에 쓰여진 『서유기』나 조선시대 광해군 때 허균의 『홍길동전』은 서양보다 수백 년 앞선 SF 소설이라 하겠다.

혹자는 과학적 구성이라는 측면에서 『서유기』나 『홍길동전』이 SF 소설이라 하기에는 무리가 있다고 할는지 모르지만 서양의 초기 SF 소설이라고 해서 오늘날의 관점에서 과학적 구성을 갖추고 있다고 말하긴 힘들다.

이런 SF 소설이 가지고 있는 몇 가지 공통된 특징면에서 보더라도 정

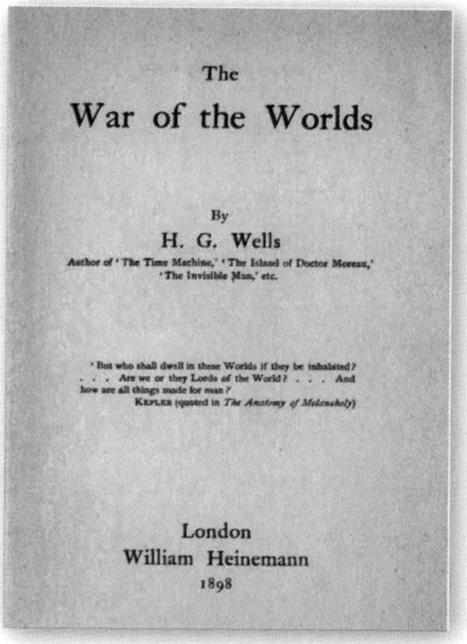
The

War of the Worlds

By

H. G. Wells

Author of 'The Time Machine,' 'The Island of Doctor Moreau,'
'The Invisible Man,' etc.

'But who shall dwell in these Worlds if they be inhabited?
. . . Are we or they Lords of the World? . . . And
how are all things made for man?
KEPLER (quoted in *The Anatomy of Melancholy*)

London
William Heinemann
1898

● 웰스는 1898년 『우주 전쟁』을 출간했다.

도의 차이는 있지만 같은 범주에 든다고 생각한다.

첫 번째는 시간의 초월성이다. 현재를 중심으로 과거와 미래를 넘나드는 이야기의 전개법이 그렇다.

두 번째는 공간을 자유자재로 수축시켜 뛰고나는 것이다.

세 번째는 자신을 축소 또는 확대시켜서 여기 저기 존재하도록 한다.

마지막으로 물이나 불 그리고 구름 등의 물질 에너지를 자유자재로 활용한다.

사실 웰스의 『우주 전쟁』이라는 작품도 거창하게 우주를 배경으로 한 듯하나 화성의 생명체와 지구 인간 사이의 전쟁 이야기이며, 그 작품 속에서 화성의 생명체를 문어 모양으로 묘사하여 그 오해가 오늘에 이르고 있다.

설령 화성에 지구 인간 못지 않은 어떤 생명체가 살고 있다 하더라도 그것이 문어 모양이든지 또 다른 어떤 모습이든지 간에 엄격히 말하면 지구의 인간과는 다른 존재일 것이다.

이런 SF 소설들은 이상향을 그리는 소설과 일맥 상통한 점도 없지 않아 현실과는 동떨어진 느낌이 있어 합리적이고 이성적인 논증의 결함 또한 없지는 않으나, 자유로우며 추상적인 수학적 사고의 대상이 될 수도 있다.

오늘날의 컴퓨터 그래픽(CG) 애니메이션을 보면 그 옛날 손오공이 날고 뛰는 것보다 더 능수 능란한 활약상을 보여준다.

컴퓨터 그래픽 애니메이션의 정교한 프로그램은 수학과 밀접한 연관이 있다. 그런데 애니메이션에서만이 아니라 실제 『서유기』 속에 등장하는 손오공의 여의봉도 수학과 어느 정도 관계가 있다.

여의봉(如意棒)의 如는 '같다'이며 意는 '뜻'이고 棒은 '막대기'이니, 원하는 대로 자유자재로 늘어났다 줄어들었다 이마를 쳤다 뒤통수를 치기도 하는 막대기란 뜻이다.

수학과 물리학에서는 변화나 운동을 수학적 방법으로 접근할 때 벡터

● 손오공이 내 뜻대로 늘어나고, 줄어드는 여의봉을 들고 있다.

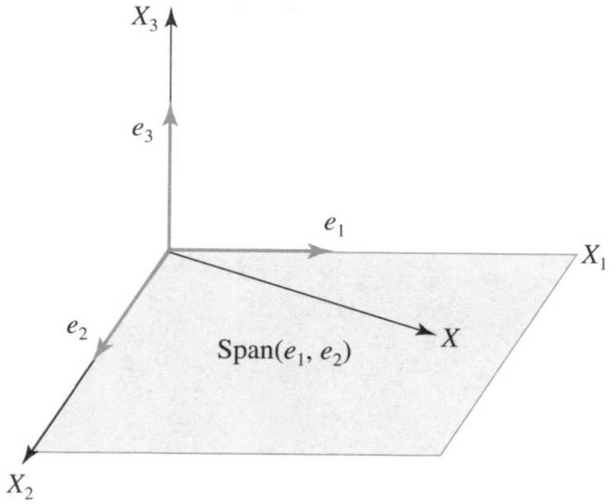

● 여의봉 e_1, e_2로 평면을 만들고 여의봉 e_3가 하나 더 있으면 우주공간을 만들어 낼 수 있다.

라는 구조를 가지고 설명한다. 공간에서의 작업도 평면의 논리를 확장하면 별 무리가 없다. 그래서 평면을 중심으로 이 벡터의 속성을 소개하고자 한다.

우선 길이가 1이며 서로 평행하거나 겹치지 않는 여의봉 두 개(수학적으로 '선형적으로 독립인 두 단위벡터'라 한다)만 있으면 온갖 2차원 평면을 다 만들어 낼 수 있다는 것이 이 벡터 구조의 기본 내용이다.

두 여의봉에 큰 수를 곱해서 죽죽 늘리고 소수를 곱해서 팍팍 줄여 가면서, 늘리고 줄인 것들을 서로 합하기도 하고 빼기도 하면 평면 위의 모든 벡터가 만들어진다. 또 음수를 곱해주면 반대 방향으로 돌아선다.

그러니 이 두 개의 단위벡터가 수학적 작업에 의해 그야말로 날고 뛰고 뒤집어질 수 있는 수학의 여의봉이 아니겠는가!

이런 맥락에서 바로 단위벡터는 손오공의 여의봉에 비견될 수 있을 것이다. 무궁무진한 평면을 만들어내는 단위벡터와 자유자재로 변하는 여의봉, 하나는 수학이고 하나는 공상과학이지만 일맥상통하는 매력이 있다.

37 수학의 도미노 이론

서양 사람들이 즐기는 놀이 중에 동양의 마작패 비슷한 것을 가지고 숫자 놀이를 하는 '도미노' 게임이라는 것이 있다. 그런데 아이들은 이 도미노를 일정 간격으로 줄 세워 놓고 맨 처음 것을 넘어지게 하여 나머지 것들도 차례로 넘어지는 과정을 즐기기도 한다.

1950년대 미국의회 상원의원이었던 매카시란 사람이 "어떤 한 나라가 공산화되면 주변 국가들도 차례로 공산화된다"는 이른바 공산주의에 대한 매카시 선풍을 일으킨 적이 있었는데 그의 이런 논리를 '도미노 이론'이라 부르기도 한다.

실제로 맨 처음 쿠바가 공산화된 후 중남미 거의 전체가 차례로 사회주의 열풍에 휩싸였던 역사적 사실을 우리는 잘 알고 있다.

바로 이런 도미노 이론과 유사한 수학 내용으로 수학적 귀납법이란 것이 있다.

특수한 사실로 미루어 일반적인 성질이나 원리를 알아내는 추론의 방법인 일반 귀납법과는 조금 다른 증명 방법 중 하나이다. 이 수학적 귀납법의 대상은 자연수에 관한 명제들에 한정되어 있기는 하지만, 수학에서는 상당히 쓸모 있는 증명 방법이다.

잠시 자연수 집합의 특징을 살펴보자.

먼저 여기에는 1이라고 하는 출발수가 있다. 다음은 앞의 수에다 1을 더하면 뒤의 수가 탄생한다. 즉 앞의 수와 뒷수의 간격이 1이다. 그러니 자연수가 크기 순서로 나열되어 있을 때, 특정한 곳에서 앞뒤가 가깝거나 혹은 멀지 않은 속성을 지녔다.

바로 이런 자연수의 속성들에 의해 수학적 귀납법이라는 증명 방법이 만들어질 수 있다. 이 증명 방법을 조금 더 체계화해 보자.

자연수에 관한 어떤 명제를 편의상 $P(n)$이라 표현해 두자.

이 명제가 모든 자연수들에 대해 참이라는 사실을 증명하기 위해서는, 첫 번째 단계로 자연수 1에 대해 그 명제가 참임을 보여야 한다. 즉 $P(1)$이 참임을 보여야 한다.

두 번째 단계는 임의의 자연수 n에 대해 그 명제 $P(n)$이 참이라 가정한 후, 이 가정에 의해 다음 자연수 $n+1$에 대해 그 명제 $P(n+1)$이 참이라는 것을 보여주기만 하면 된다.

왜 이런 증명 과정을 거치는 수학적 귀납법이 모순 없는 타당한 논법인가에 대한 엄격한 증명은 수학자에게 맡기고, 서두에 소개한 도미노 이론에 의해 이 논법의 타당성을 알아보자.

도미노가 일정 간격으로 죽 나열되어 있다는 가정은 앞에서 말한 자연수 특성과 유사한 것이다.

한편 어떤 도미노도 앞의 녀석이 넘어지면 바로 뒤의 녀석도 반드시 넘어진다는 보장만 되어 있다면, 첫 번째 도미노가 넘어지면 두 번째 도미노도 넘어질 것이요, 두 번째 도미노가 넘어졌으니 세 번째 도미노도 넘어질 것이다.

이와 같은 과정이 반복되어 100번째 도미노가 넘어지면 101번째 도미노도 반드시 넘어진다.

● 도미노를 일정 간격으로 배열해 놓은 모양이다. 맨 처음 것이 넘어지면 이어서 차례로 모조리 넘어지는 이 놀이는 수학적 귀납법과 같은 논리다.

그러니 같은 논리로 이후의 모든 자연수 n번째도 넘어진다는 것은 참이다. 즉 명제 $P(n)$이 모든 자연수에 관해 참이 되는 것이다.

예를 하나 들어보자. 독자들 중에 드럼통을 쌓아 놓은 모습을 본 일이 있을 것이다. 쌓인 드럼통을 앞에서 보면 삼각형 모양이다.

그래서 이런 모양을 수학에서 삼각수라 한다. 그런데 이렇게 쌓아 놓은 드럼통들의 개수를 일일이 헤아리지 않아도 맨 아래에 놓인 개수만 알면 전체 개수를 알 수 있다.

고등학교 수학의 힘을 빌리면 맨 아래 개수가 n개이면 전체는 $\frac{n(n+1)}{2}$이다. 즉 바닥에 5개가 있으면 전체는 15개인 것이다. 이 결과의 공식을 연역적으로 유도할 수도 있지만 위에서 밝힌 수학적 귀납법으로도 증명할 수 있다.

필자는 이 수학적 귀납법의 타당성을 이야기하노라면 일제강점기 애국지사 일화가 떠오른다.

어느 시골 장날 일본 순사가 수배 중이던 독립투사를 발견하고 "거기

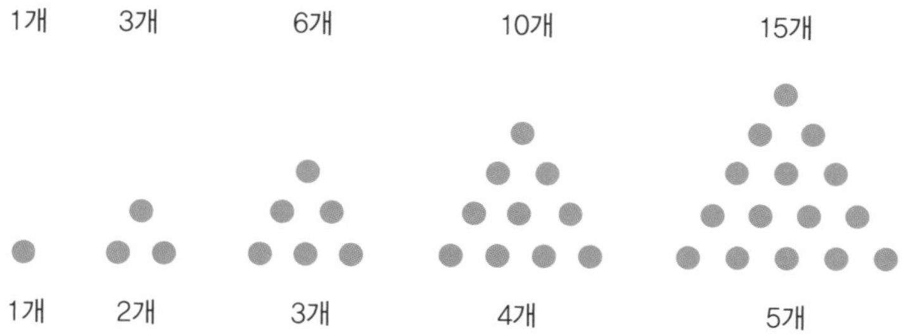

● 쌓아둔 드럼통의 앞모습이라 하자. 이때 n번째의 드럼통 개수는 $\frac{n(n+1)}{2}$이다.

서라!" 외치며 추격했다고 한다.

급해진 그 독립투사가 뛰니 시장에서 북적거리던 사람 중 장씨가 따라 뛰었다. 그러자 옆에 있던 이씨도 뛰고, 놀란 김씨, 박씨도 뛰고… 온 시장사람들이 다 뛰니 얼쩡거리던 개도 뛰었단다. 이렇게 되니 일본 순사는 독립투사를 잡기는 커녕 뛰는 사람들의 발바닥에 짓밟혀 만신창이가 되었다는 이야기이다.

숭어가 뛰니 망둥이도 뛴다는 속담이 있는데 이 또한 도미노 이론의 일종이 아닌가 싶다.

38 가장 큰 수는?

수학에서 사용하는 여러 가지 수 집합 중에 크고 작은 순서 관계가 자연스레 주어진 수의 집합은 '실수(實數)집합'이다. 그런데 이 실수집합은 어떤 수를 취하더라도 그것보다 큰 수가 꼭 존재한다.

그러니 아무리 큰 수를 잡아내도 역시 그것보다 큰 수가 존재한다. 결국 가장 큰 어떤 수는 존재하지 않는다.

즉 실수는 끝없이 한없이 커진다. 이 논리에 의해 이 글의 제목인 가장 큰 수는 무엇인가의 질문에 대한 답은 싱겁게도 이미 나왔다.

그럼에도 과학이나 우리 생활과 관련된 좀 더 실감나는 큰 수들에 대해 이야기해 보는 것은 흥미로운 작업이다. 사람들은 수의 대소 개념을 경제활동으로부터 가장 민감하게 느낄 수밖에 없다.

천원짜리 지폐 한 장보다 백원짜리 동전 몇 개를 더 좋아하던 어린아이가 점점 자라면서 만원 단위 용돈에 익숙해지더니 대학생이 된 후 한 학기 대학등록금으로 몇백만 원을 지불하면서도 눈 하나 깜짝하지 않기도 한다.

부모 입장에서야 힘들더라도 자식이 열심히 공부하여, 졸업 후 높은 연봉을 받는 좋은 직장에 취직하고 좋은 배필을 만나 가정을 이루어 잘

살기만 바랄 뿐이다.

그런데 신문이나 뉴스를 보면 국가의 예산이나 공적자금을 이야기할 때는 몇십 조라는 단위가 등장한다. 우리 같은 일반인들에게는 감이 잘 잡히지 않는다. 여기서 조(兆)라는 수의 단위는 10진법으로 13자리 수이다. 서민에게는 정말 꿈같은 큰 수의 금액이다. 조의 만 배가 경(頃)이요, 경의 만 배가 해(亥)이다. 서양보다는 동양에서, 특히 불교에서 큰 수에 대한 개념이 풍부한 듯하다.

위에서 말한 해의 단위에 만 배를 11번 거듭해 올라간 수의 단위를 불가사의(不可思議)라 하고, 여기에 다시 만 배를 한 수를 무량(無量)이라 한다. 이러한 단위 외에 말할 수 없이 긴 세월을 나타내는 수로 겁(劫)이 있고, 여기에 대하여 아주 짧은 순간을 찰나(刹那)라 한다. 그래서 영원히 크고도 긴 시간을 영겁(永劫)이라 한다.

이제 거듭제곱으로 나타낸 큰 수들에 대한 몇 가지 일화를 이야기해 보자.

옛날 지혜 있는 어느 장군이 나라에 큰 공을 세우자 왕이 기특히 여겨 그에게 상을 주고 싶어 소원을 물었다. 장군은 사양하다가 왕의 뜻을 저버릴 수 없어 다음과 같이 말했다. “정 그러시다면 첫 날은 쌀 1되, 둘째 날은 2되, 셋째 날은 4되 … 이렇게 배로 늘려 30일간만 제게 하사해 주십시오” 하자, 왕이 말하기를 “허허 공은 욕심도 없구려” 했단다.

그 정승에게 30일간에 주어야 할 쌀의 양을 고등학생의 힘을 빌려 계산해 보자.

등비수열을 이용하여 계산하면 결과는 $2^{30}-1$, 즉 30일에는 10,773,741,823 되가 된다. 열 되가 한 말이고, 열 말이 한 섬이니 계산 결과를 백으로 나누면 천만 섬이 넘는다. 수학에 문외한인 왕의 무지가 나라를 거덜나게 할까 걱정이다.

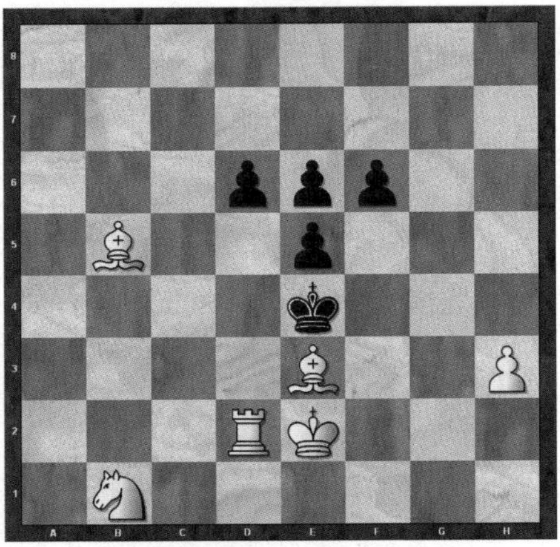

● 서양 장기인 체스판이다. 분할된 정사각형 위에 동전을 차례로 2개, 4개, … 마지막 칸에 2^{64}개를 쌓으면 그 높이 $2^{64} \times 1.5$ mm는 약 37조 km이다.

다른 예를 하나 들자. 체스는 가로, 세로를 각각 8등분한 64개 칸으로 된 판을 사용한다. 우리나라의 장기나 바둑은 선이 교차하는 모서리에 말이나 알을 놓지만 체스는 나누어진 정사각형 안에다 말을 놓는다.

만약 체스 판의 각 정사각형 위에 영국의 동전 1전짜리를 차례로 1번 칸에 두 개, 2번 칸에 네 개, … 이렇게 두 배씩 늘려 쌓아 올리면 마지막 칸에는 2^{64}개가 쌓이게 된다. 이렇게 마지막에 쌓인 동전의 높이는 얼마가 될까? 놀랍게도 무려 약 37조 km가 된다.

지구에서 태양까지의 거리가 1억 5천만 km이라면 얼마나 높은 것인지 짐작이 갈 것이다.

다음의 예에서 보듯이 수학자들은 큰 수들을 나타낼 때 거듭제곱의 방법을 많이 사용하고 있다.

만약 십을 밑수로 하여 대단히 큰 지수의 거듭제곱을 하면 그 수는 정말 대단히 큰 수가 될 것이다. 그래서 영국의 천문학자 네이피어

cm로 표시한 지구에서 안드로메다까지의 거리:

$$20{,}000{,}000{,}000{,}000{,}000{,}000{,}000 = 2 \times 10^{22}$$

g로 표시한 태양의 질량:

$$2000{,}000{,}000{,}000{,}000{,}000{,}000{,}000{,}000{,}000{,}000 = 2 \times 10^{33}$$

● 거대한 34자리의 수를 거듭제곱에 의해 간단히 표현할 수 있다는 것을 보여주는 예이다.

(1550~1617)는 모든 수를 십의 거듭제곱으로 나타내어 지수만을 가지고 수를 비교하고 또 큰 수를 논하는 방법인 대수법(對數法)을 창안하기도 했다.

사실 이런 큰 수들을 이야기하다 보면 사람의 한평생이란 너무 짧아 허망하기 짝이 없게 느껴질 정도이다.

100년을 산다 하면 삼만 육천 오백 일을 살다 가는 것이다. 오늘 하루, 내일 하루 …… 삼만 육천여 일 헤아리다 영원 속으로 사라지는 것이다. 이렇게 아까운 하루하루를 어찌 소홀히 하여 허송세월할 수 있겠는가?

39 태양력과 태음력

지구의 자전과 태양의 공전, 그리고 달의 공전에 대한 과학적 사실을 알지 못했을 때, 인간에게 뜨고 지는 해와 달은 경외와 감동의 대상이었다.

인류가 시간의 흐름을 알기 위해 처음으로 생각한 것은 매일 반복되는 낮과 밤을 구별하는 것이었다. 낮과 밤을 구별해 활동하거나 휴식을 취했기 때문에 하루라는 시간의 단위는 원시시대부터 중요한 것이었다.

그 다음으로 인류가 주목한 시간 단위는 달이 보름달에서 초승달로 변하고 다시 보름달로 변하는 시간인 한 달이란 단위였다. 달은 인공적인 빛이 없었던 시기, 밤을 밝히는 중요하고 유일한 빛이었기에 달이 커지고 작아지는 주기는 생활의 근간이 되는 문제였다.

그렇다면 1년은 어땠을까.

초기문명 발상지인 이집트나 중동 그리고 인도 등은 비교적 위도가 낮은 곳이어서 계절의 변화가 뚜렷하지 않았기에 1년이라는 시간 단위는 그다지 관심을 끌지 못했다.

그러나 중국을 중심으로 한 온대 지방에서는 사계절의 변화가 뚜렷하고 계절에 따라 농사일을 준비하고 추진하기 위해 1년의 주기를 상당히 정확하게 알고 있었다.

● 달의 위상변화를 나타낸 달력이다.

이렇게 해서 일(日), 월(月), 연(年)을 알게 된 후 좀더 섬세한 책력(冊曆)을 만들기 위해 끊임없이 많은 노력을 해왔다. 이 책력을 만드는 데는 기본적으로 두 가지 기준과 세 가지 방법이 있다.

첫째는 달의 변화와 운행을 기준으로 한 태음력(太陰曆 : Lunar calendar), 즉 음력이다.

둘째는 지구가 태양을 공전하는 주기를 기준으로 한 태양력(太陽曆 : Solar calendar), 즉 양력이다.

셋째는 위의 두 가지 태음력과 태양력을 절충한 책력으로 태음력의 1년의 길이를 태양의 운행에 맞추어 만든 태음태양력(太陰太陽曆 : Lunisolar calendar)이다.

좀더 구체적으로 알아보자.

음력은 달이 지구를 한 바퀴 도는 주기를 이른바 삭망월(朔望月)이라고 부르는 약 29.53059일을 기준으로 하는 달력으로서, 작은 달은 29일로 큰 달은 30일로 정한 후 이들 12개월을 모아 1년을 정한다.

그런데 이렇게 만들어진 1년은 354일밖에 안되므로 태양의 운행에 의한 1년 365일과는 11일 정도 차이가 생긴다. 이러니 음력은 태양의 운행

● 항성인 북극성을 중심으로 한 주변행성들이 일주한 궤적을 찍은 사진이다.

에 의해 나타나는 계절의 변화와는 상당한 차이가 있어 적도지방에서는 몰라도 온대지방에서는 약점이 많다.

지금은 일부 회교도국들이 사용하고 있으며 중국이나 우리 나라에서도 달의 운행에 따라 어떤 전통적인 풍습이나 명절을 지속적으로 지켜오고 있다.

앞에서 수에 대한 이야기를 할 때 소개한 바 있지만 중양절로 불리는 설날, 삼짇날, 단오절, 칠석, 구월구일 등이 그렇고 정월 보름, 칠월 백중, 팔월 한가위 등도 우리의 중요한 음력 명절이다.

태양력은 가상의 천구에 황도(黃道)라는 태양의 운행 궤도 변화에 따라 정한 것이다. 그러나 실제로는 지구의 공전에 따른 것이며 지구의 공전 주기인 약 365.2422일을 1년으로 하고 이것을 12로 나누어 월을 정하고 있다.

이런 면에서 음력과 양력의 차이점은 음력은 월(月)을 먼저 정하고 12

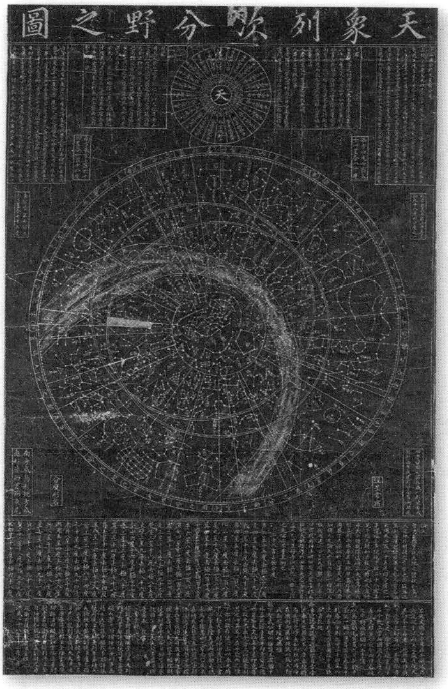

● 조선시대 숙종 때 하늘을 관측하여 만든 그림 '천상열차분야지도'이다.

개월을 모아 일년을 만들고, 양력은 연(年) 365일이 정해진 후 이것을 12로 나누어 월을 정한다는 것이다.

마지막으로 태음태양력에 대해 알아보자.

앞에서 말한 대로 태음력에서는 1년이 양력 1년에 11일 정도가 모자라니 3년마다 한 번씩 윤달(閏月)를 넣어서 1년을 13개월로 하여 억지로 양력의 길이와 맞추고 있다.

이렇게 음력은 들쭉날쭉하여 어느 해는 계절의 차이가 거의 1개월이 되기도 한다.

그래서 태양력의 계절에 따른 기후(氣候) 변화에 맞추기 위해 1년을

24마디로 끊어 절기(節氣) 혹은 절후(節侯)를 두어 음력의 약점을 보충하여 사용하는 것이 태음태양력이다.

구체적으로는 지구의 공전 궤도에 약 15°마다 하나씩 24개점을 택해 놓고, 봄에는 입춘(立春)을 시작으로 하여 여름에 하지(夏至)를 거쳐, 겨울에 동지(冬至)를 지나 마지막에 오는 대한(大寒)까지가 24절기이다.

날짜로는 15일 정도 간격으로 절기가 온다. 그러니 우리나라에서 사용하고 있는 음력이라는 것은 실제로 순수 태음력이 아니고 태음태양력인 것이다.

한 가지 주목할 만한 것은 지구 공전 궤도가 완벽한 원이 아니고 타원이지만 원의 중심각이 360°라는 사실과 일년이 365일이라는 유사성은 정말 신비롭다.

40 / A_4 용지 속의 수학

우리가 사용하고 있는 종이의 규격은 시대와 용도에 따라 많이 변화해 왔다.

우리의 전통적인 한지는 창호지 크기가 전지였고 문집 발간용 등으로 재단해 사용했다. 그 후 서양 제지법에 의해 생산된 종이나 수입된 종이의 규격과 명칭은 대부분 일본에서 유래됐다.

대표적인 것이 4 · 6판(가로 4.2치, 세로 6.2치)이란 것으로 포켓판으로 불리는 크기이다. 또 국전지(菊版全紙)를 16절 재단한 것으로 국판이 있다.

하필 국판이라 이름이 붙게 된 이유는 영국에서 일본으로 넘어오는 과정에서 생긴 것이다.

일본이 영국으로부터 수입한 종이의 상표가 다알리아 꽃이었는데 그 모습이 일본 왕실의 상징 문양인 국화와 매우 닮았다.

그런데다 당시 종이는 신문 제작 용도로 많이 사용되었는데 신문(新聞)이란 말에서 문(聞)의 일본 발음이 '기쿠(きく)'로 국화의 발음과 유사하여 그 종이를 국판이라 부르게 되었다.

역시 일본 사람다운 발상이 아닌가 생각된다.

최근에는 용지 규격의 표시가 전지의 종류와 이 전지의 분할 횟수를 사용하여 표시하는 방법을 원칙으로 하고 있다. 그리고 가로 세로 길이는 mm를 단위로 하며 넓이는 m^2로 표시한다.

행정 양식 통일과 컴퓨터 보급으로 가장 많이 사용되는 낱장 용지인 A_4 용지를 중심으로 종이 규격의 수학적 의미를 알아보도록 하자.

어떤 형태의 전지가 주어지면 그대로 사용할 수도 있겠지만 필요한 규격에 따라 잘라가면서 사용할 수밖에 없다. 이 과정에서 가능한 한 버리는 부분이 적어야 되겠고, 그리고 축소 확대라는 측면에서 본래의 전지와 차례로 잘라서 만들어진 것들이 닮은꼴일수록 유리하다. 이는 미관상의 이유보다는 실용성에 주안점을 두고 있다.

이런 이유 등을 고려하여 독일 공업 규격 위원회에서 수학자의 자문을 받아 전지 규격을 정한 것이 A_0형 전지(841 mm × 1,189 mm)와 B_0형 전지(1,030 mm × 1,456 mm)이다.

사실은 공문서 표준 규격과 컴퓨터 프린터의 규격 통일이란 측면에서 A_4(210 mm × 297 mm) 용지가 먼저 정해지고 나서 그 이후에 A_0형 전지가 정해졌다고 할 수 있다.

그런데 일반적으로 아무 종이나 반으로 접는다 하여 이전의 것과 가로 세로의 비가 같은 닮은꼴이 되는 것은 아니다. 그러나 A_4 용지의 가로와 세로의 비는 긴 변을 중심으로 반으로 접은 것의 가로와 세로의 비가 같다. 이는 앞에서 말한 실용성과 반으로 접었을 때의 닮음비가 같으면 유리하다는 수학적 이유에 의해 결정된 것이다.

그 수학적 내용을 살펴보기 위해 편의상 전지의 짧은 변을 가로라 하고 그 길이는 1이라 하자. 그리고 긴 변을 세로라 하고 그 길이를 x라 하자. 그러면 전지의 가로 대 세로의 비는 $1 : x$이다.

한편 반으로 접어진 것의 가로 대 세로의 비는 $\frac{x}{2} : 1$이다. 그런데 전지와 반으로 접은 것의 비가 서로 같은 것이 유리하다는 수학자의 제안에

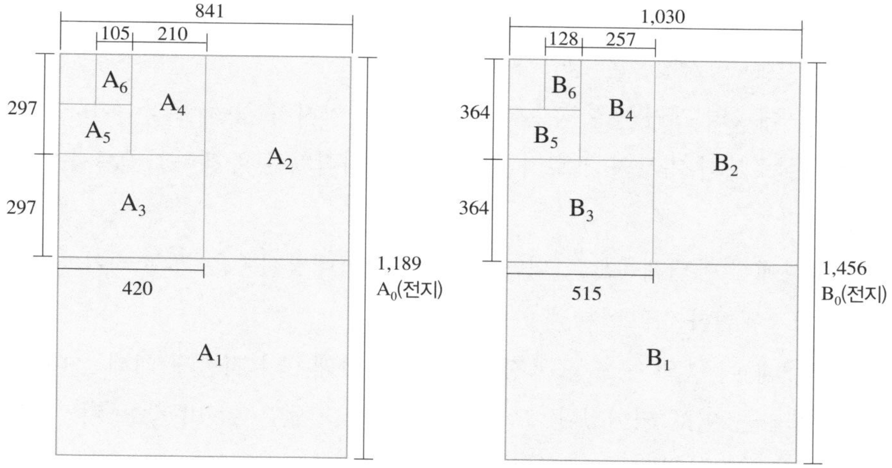

●A형 전지와 B형 전지를 반으로 접어 재단하는 과정을 나타낸 그림이다. 이들은 가로와 세로의 비가 2의 제곱근으로 항시 일정하다.

따라 식을 세우면 $1 : x = \frac{x}{2} : 1$이라는 등식이 성립한다.

여기서 x를 구하면 2의 양의 제곱근이 된다. 이렇게 A_0전지를 한 번 반으로 접어 만들어진 것을 A_1 용지라 한다. 다시 이 A_1 용지를 반으로 접어 만들어도 같은 비의 닮은 사각형이 된다. 이를 A_2 용지라 하고 같은 방법으로 세 번, 네 번 접어 재단한 것을 A_3, A_4 용지라 했다.

역으로 거슬러 올라가면 A_0전지는 A_4 용지의 16배의 크기인 것이다.

한편 A형과 크기와 모양을 달리하는 B형 용지로서 B_4와 B_5 용지도 같은 원리로 만들어진 것이다.

즉 B_0형 전지를 반으로 한번 접어 재단한 것을 B_1 용지, 두 번 접어 재단한 것이 B_2 용지 … 등이며 이들도 가로와 세로의 비가 A형에서와 같이 항시 같으며 2의 양의 제곱근이 되도록 만들어져 있다.

수학에서는 위의 2가지 형의 종이처럼 한 직사각형을 반으로 접어 만들어진 새로운 사각형이 처음 것과 같이 닮음비가 2의 제곱근인 사각형일 때 이런 사각형들을 정규사각형이라 한다.

그런데 2의 제곱근은 정수의 비로 나타내어지지 않는 무리수이다. 이런 사실로부터 가로와 세로가 정수인 정규사각형은 존재하지 않음을 알 수 있다.

우리에게 에밀레종으로 더 잘 알려진 성덕대왕신종은 그 소리가 은은하고 또 애절하기로 이름나 있다.

그런데 이 종의 구조상 특징을 보면 종 아래쪽의 지름에 대해 높이가 2의 제곱근 비로 되어있다. 그래서 범종 제작자들은 이 비 값을 비밀 아닌 비법으로 하여 종을 제작하고 있다 한다.

41 한 붓 그리기

옛날 아이들은 땅바닥에 큰 사각형을 그려 놓고 돌멩이를 던져 땅따먹기 놀이를 하다가 지루해지면 한 붓 그리기로 별도 그리고 가마도 그리며 놀았다.

이제 와서 어린 시절을 떠올려 보면 의외로 옛날 아이들이 하고 놀았던 땅따먹기 놀이는 부동산에 대한 감각을 익히게 하는 놀이가 아니었나 싶다. 또한 한 붓 그리기로 그렸던 별이나 가마 등은 위상수학의 다중그래프를 실습한 것이라고 하면 지나친 비약일까.

독일 철학자 임마누엘 칸트(1724~1804)는 고향 쾨니히스베르크(지금의 러시아 칼리닌그라드)에서 평생을 살았다. 그는 허약한 체질을 타고 났지만 규칙적인 생활과 건강관리로 평생에 걸쳐 수많은 저술과 강연을 할 수 있었다.

그의 건강비결 중 하나는 규칙적인 산책이었는데 산책 시간이 매우 정확해서 쾨니히스베르크 사람들은 칸트가 지나가는 것을 보고 시계를 맞췄다는 일화가 전해질 정도이다.

그런데 쾨니히스베르크의 중심부를 흐르는 프레겔이란 강에 두 개의 섬이 있고, 이 섬과 도시로 연결되는 다리가 7개 놓여 있었다. 칸트는 매

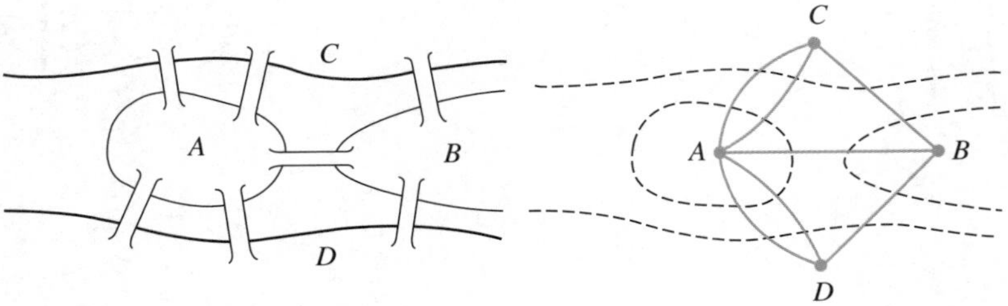

● 좌측은 쾨니히스베르크 시내를 흐르는 프레겔 강에 놓인 7개 다리의 상황이다. 우측은 이 상황을 위상적 동형인 그림으로 나타낸 것이다.

일 이들 7개의 다리를 모두 지나가는 산책을 하였는데 그는 7개의 다리 중 한 다리를 항상 두 번 지나갔다.

쾨니히스베르크 사람들은 존경하는 칸트가 나이도 많은데 어떻게 하면 이 다리들을 한 번씩만 거쳐서 산보를 할 수 있게 할까 하여 이런 저런 방법을 찾아봤지만 해결을 못하고 당대의 최고 수학자인 스위스의 오일러(1707~1783)에게 다음과 같은 편지를 보냈다.

"어느 위치에서 시작하여 어느 위치에서 끝나든지 간에 어떤 다리인가를 두 번 건너지 않고 7개의 다리를 순회하여 마을을 지나 산보할 수 있는 방법은 없을까요"라는 내용이었다.

그런데 오일러는 이미 1736년에 그와 유사한 수학내용인 오일러 정리라는 것을 증명한 바 있었기에 그는 그럴 수는 없다는 답장의 편지를 바로 보낼 수 있었다.

결국 칸트는 그 후에도 여전히 어느 다리인가를 2번 지나가면서 7개의 다리를 지나는 산책을 할 수밖에 없었다.

왜 그럴 수밖에 없는가에 대한 해답은 그리 어려운 수학은 아니다. 다음 설명을 조금만 참고 읽으면 충분히 이해가 되리라 생각한다. 위의 산책의 문제는 한 붓 그리기라는 수학 내용인 것이다.

● 오일러(1707~1783)는 스위스의 수학자이다. 대수학 · 정수론 · 기하학 등 여러 방면에 큰 업적을 남겼다.

한 붓 그리기의 원칙은 연필을 종이 위에서 떼지 않고 처음부터 끝까지 연속된 한 개의 선으로 도형을 그려야 하며 같은 점은 두 번 이상 지나도 되지만 같은 선을 두 번 이상 지나가면 안 된다. 이런 원칙에 의해 한 붓 그리기가 가능한 경우와 그렇지 않은 경우를 알아보자.

이의 이해를 위해 두 가지의 용어를 정의하도록 하자.

먼저 한 점에 연결된 변의 수, 즉 들어오고 나가는 변의 개수가 짝수 개이면 그 점을 짝수점이라 하고 홀수 개이면 홀수점이라 하자. 이 정의에 의해 만약 어느 점이 들어왔다 나가는 통과하는 점이면 이것은 짝수점이 된다.

만약 어느 점이 단지 출발점이거나 도착점이면 당연히 이들은 홀수점이 된다. 그리고 어느 점이 출발점이면서 도착점이면 물론 이 점은 짝수점이다.

그러므로 어느 도형이 홀수점이 없을 때, 즉 짝수점으로만 이루어진 경우는 어디에서 시작하여도 순회한 후 최후에 끝나는 곳은 처음 시작점으로 꼭 돌아오게 된다. 그래서 이 경우 항상 한 붓 그리기가 가능하다.

● 첫 번째는 1875년 프레겔 강에 8번째 다리가 놓인 후의 위상적 그림이다. 별 모양과 가마 모양도 한 붓 그리기가 가능하다.

또 만약 홀수점이 2개 뿐이고 나머지가 모두 짝수점으로 이루어진 도형은 한쪽 홀수점에서 시작하여 다른 하나의 홀수점에서 끝나게 되어 역시 한 붓 그리기가 가능하다. 그 외 홀수점을 가진 경우는 한 붓 그리기가 불가능하다.

이런 사실에 근거하여 쾨니히스베르크의 다리 문제는 어떠한가 다시 이야기해 보자. 편의상 쾨니히스베르크의 네 곳의 육지를 점으로, 다리를 선으로 하여 마치 지하철역과 접속선의 그림처럼 위상적 동형인 그림을 생각하자.

그러면 네 군데의 점 중에 연결된 다리 선의 수가 3개인 홀수점이 3군데이고, 5개의 연결선이 있는 곳이 한 군데이다. 결국 네 점 모두가 홀수점이다.

그러니 쾨니히스베르크 다리 문제는 한 붓 그리기가 안 된다. 즉 어느 다리든지 한 번씩 통과하면서 모든 다리를 건너 지나가며 산책할 수 있는 방법은 없다.

그로부터 139년 후인 1875년 비스마르크 시절에 강 아래 쪽에 8번째의 다리가 놓여 이제는 한 붓 그리기가 가능해졌고 8번째 다리가 생긴 후의 한 붓 그리기는 독자들도 직접 그려보고 확인해 보기 바란다.

42 놀이와 확률

세상일은 늘 계획대로만 흘러가지는 않는다. 우리 인간이 분석하고 예측하기 힘든 부분들이 존재하기 때문이다. 그럼에도 수학적 작업에 의해 어느 정도 분석과 예측이 가능한 분야가 있다. 통계와 확률이 그것이다.

먼저 소박한 방법으로 확률을 이야기해 보자. 우연에 의해서 지배되는 어떤 사건 A가 일어날 가능성을 수 값으로 나타낸 것을 확률이라 하며, 이것을 $P(A)$로 나타낸다.

그런데 확률에는 수학적 확률과 통계적 확률이라는 것이 있다.

먼저 수학적 확률을 보자. 이 확률 논의는 어떤 일을 시행할 때 발생하는 각 근원적 사건이 같은 정도의 가능성을 가지고 일어난다는 것을 전제로 하고 있다. 예를 들면 주사위를 한 번 던져 어느 숫자든 나올 가능성이 $\frac{1}{6}$이어야 된다는 것이다.

몇 가지 기호와 용어를 소개한다.

어떤 사건이 발생할 수 있는 모든 경우의 집합을 S라 나타내고 이를 표본공간이라 하며, 그 집합의 원소의 개수를 $n(S)$라 쓴다. 그리고 표본공간 안에서 어떤 부분 사건 A에 대해 그 원소의 수도 $n(A)$라 쓴다. 이때 A가 발생할 확률을 $P(A)=\frac{n(A)}{n(S)}$로 정의한 것이 수학적 확률이다.

예컨대 주사위의 경우 표본공간 S는 1에서 6까지이고 짝수의 부분 사건 A의 원소는 2, 4, 6으로서 $n(A)$는 3이다. 그래서 짝수가 나올 확률 $P(A)$는 $\frac{1}{2}$이다.

통계적 확률에 대해 이야기해 보자.

어떤 공장의 제품이 어느 정도의 불량품이 나오는가를 알고자 할 때, 그 제품의 일부를 표본 조사해 보는 방법을 생각할 수 있겠다. 만일 같은 제품 10개를 조사해 본 결과 1개의 불량품이 나왔다면 불량품의 상대도수는 $\frac{1}{10}$이라 할 수 있다.

이와 같이, 같은 시행을 여러 번 반복하여 그 시행 횟수 n에 대해 특정 결과의 수가 r일 때, r을 n으로 나눈 비 값을 통계적 확률이라 한다. 여론조사는 통계적 확률의 좋은 예일 것이다.

확률에 대해 한 가지만 더 이야기하고 생활 속의 확률 예로 넘어가 보자.

어떤 상황에서 두 사건 A와 B가 발생할 때, 이들 두 사건이 서로 영향을 미치는 경우와 아무 상관없이 발생할 경우가 있는데, 앞의 경우를 종속 사건 뒤의 경우를 독립 사건이라고 한다.

종속 사건의 확률 예를 하나 들어보자.

6연발 리볼버 권총에 실탄 1발만을 장착한 후 순서를 정해 총을 발사하는 생명을 건 러시안 룰렛 게임을 한다고 가정해 보자. 게임이 시작되어 첫 번째에 실탄이 발사될 확률은 $\frac{1}{6}$이다. 두 번째는 어떨까? 만약 발사됐을 경우는 총알을 다시 장착한다는 규칙에 따라 역시 $\frac{1}{6}$이다. 그러나 발사되지 않았을 경우는 $\frac{1}{5}$이 된다.

이와 같이 한 사건이 다른 사건에 영향을 미칠 경우 종속적 확률이라 한다.

이제 독립 사건의 확률 예를 들어보자.

동전을 연속 세 번 던졌는데 모두 앞면이 나왔다고 하자. 네 번째 뒷

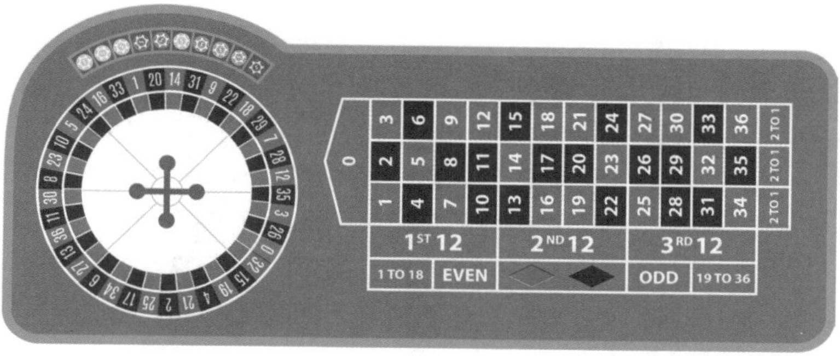

● 룰렛과 숫자에 대한 베팅판의 그림이다. 도박이란 확률에 근거하기도 하지만 기대감에 의해 더 지배된다 한다.

면이 나올 확률은 얼마일까? 많은 사람들은 이제는 뒷면이 나오겠지 하는 기대를 하지만 그러나 결코 그렇지 않다. 비뚤어진 동전이 아닌 이상 이전에 앞면이 많이 나왔으니까 미안해서 이번에는 뒷면이 나와야지 하지는 않는다. 네 번째도 독립적으로 이전과 관계없이 앞과 뒤가 나타난다. 그래서 네 번째 뒷면이 나올 확률은 여전히 $\frac{1}{2}$이다.

이제 우리 생활 속에서 만나는 확률에 대해 이야기하려 한다.

먼저 윷을 한 번 던져 나올 수 있는 표본공간의 경우의 수가 몇 가지인가 알아보자. 윷짝의 앞을 0, 뒤를 1이라 해두고, 이들을 네 개씩 중복순열을 만들어 계산하면 $2^4 = 16$이다. 즉 윷짝 네 개를 던져 나올 수 있는 표본공간의 원소의 수는 16이다. 그런데 모가 나올 경우는 1가지, 도는 4가지, 개는 6가지, 걸은 4가지, 윷은 1가지 경우가 된다. 그러니 개가 나올 확률이 제일 크다.

화투놀이 중 이른바 섰다라는 놀이에 대해 알아보자.

이 놀이는 1에서 10까지 화투를 2장씩 모아 20장을 가지고 구성원 각자가 2장씩 나누어 노는 놀이다. 그런데 20장의 화투짝을 2장씩 짝지어

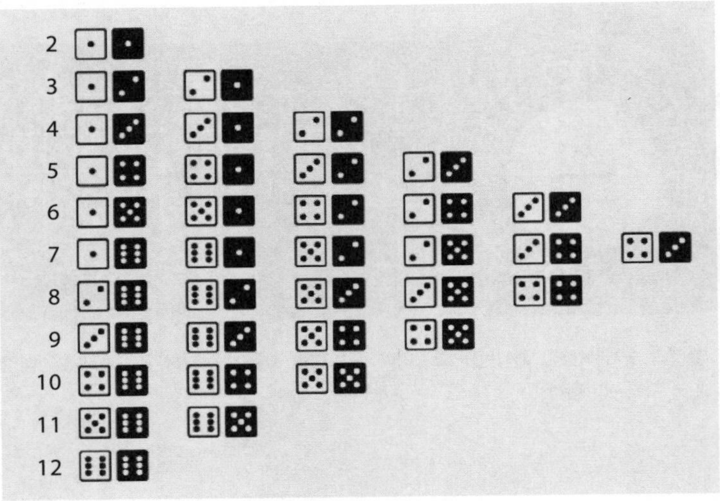

● 주사위 2개를 던져 합이 2, …, 12일 경우의 주사위 구성표이다. 합이 7일 확률이 $\frac{1}{6}$로서 제일 크다.

놓으면 발생할 수 있는 사건의 경우의 수는 20개에서 2개를 조합하는 것으로 190가지가 된다. 그래서 화투 한 판에 어느 한 사람에게 땡이 나올 확률은 $\frac{1}{19}$, 약 5.26%이다. 그래서 두 사람이 게임을 할 때 땡이 나올 확률은 약 10%, 세 명이 할 때는 15%로 늘어간다.

결국 놀이에 깃든 확률을 알아도 나한테 가장 좋은 패가 돌아온다는 보장은 없겠지만 말이다.

43 게임 속의 수학

게임은 두 명 이상의 사람들이 규칙을 정해 놓고 승부를 겨루는 일종의 놀이이다.

어느 누구도 게임의 결과를 마음대로 좌지우지할 수 없다고 했을 때, 수학을 도구로 하여 경쟁적 상황을 어느 정도 분석할 수 있으며, 이를 근거로 최선의 대책을 세울 수는 있다.

모든 분야에서 경쟁이 치열한 요즘, 결국 살아남느냐 사라지느냐는 게임의 원리는 생존전략과도 맞닿은 부분이 있다.

인간에게는 게임을 즐기고자 하는 경쟁의식이 본능적으로 내재되어 있다 한다. 그런데 이 경쟁의식이 건전한 방향으로 작용할 때는 자기 발전의 진취적 동기가 되지만, 불건전한 쪽으로 작용할 때는 남을 괴롭히기도 하고 때로는 스스로를 망치는 결과를 낳기도 한다.

상대와 나의 모든 정보와 자료를 근거로 하여 이른바 도상 훈련이라는 시뮬레이션을 시행하여 승리할 수 있는 여건을 조성한 후 시행하는 전쟁이 대표적인 게임이론의 실전장일 것이다.

지금은 수많은 컴퓨터 게임 콘텐츠들이 만들어져 있어 청소년은 물론이고 성인의 놀이가 되어 버렸다.

● 파스칼은 프랑스의 수학자 · 물리학자이다. 1642년 계산기를 발명하는 등 확률론, 수론 및 기하학 등에 큰 공헌을 하였다.

실제로 제2차 세계대전 중 수송문제나 전투 게임이론은 전후 선형계획법이라는 수학의 한 분야로 정착되어 경제학이나 현대 기업 경영에 크게 공헌하게 된다. 그 외에 바이오 테크놀로지 또는 스포츠 게임 등에서도 중요한 이론이 된다.

그런가 하면 게임을 빙자한 사기성 도박에서도 이 게임 이론은 유용하게 활용된다.

수학사의 기록에 의하면 이탈리아 수학자 카르다노(1501~1576)라는 사람이 도박에 수학을 이론적으로 적용하여 연구한 최초의 사람으로 알려져 있다. 그는 수학자이며 의사 개업까지 하였지만 여러 면에서 부도덕한 사람이었으며, 상습 도박꾼으로 간단한 도박사의 안내서를 내기도 했다.

그 후 파스칼(1623~1662)과 페르마에 의해 확률론이 발전하게 되는데 파스칼은 잘 알려진 대로 수학자이면서 신앙심이 매우 돈독한 사람이었다.

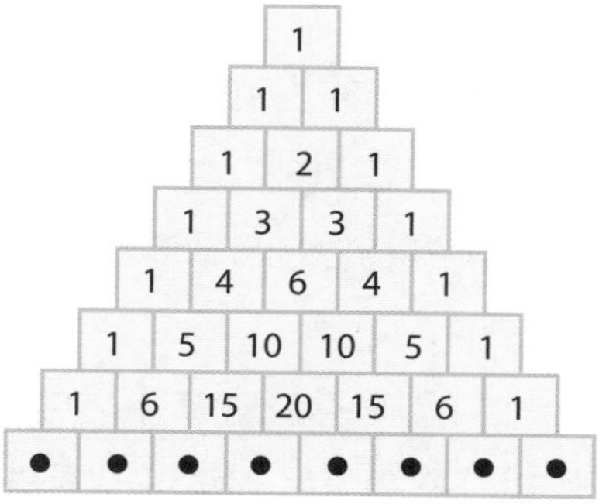

● 파스칼은 조합의 성질을 이용하여 위의 두 항을 합하면 아래 항이 탄생되는 이항계수의 파스칼 삼각형을 만들어 냈다.

그는 39세의 짧은 생애 동안에 수학과 물리학의 발전에 크게 공헌하였고 생애 마지막에 저술한 명상록『팡세』에 "인간은 생각하는 갈대다"와 "클레오파트라의 코가 조금만 낮았더라면 세계의 역사는 달라졌을 것이다"라는 명언을 남겼다.

파스칼은 어느 날 친구 메레로부터 다음과 같은 편지를 받았다. "어느 게임에서 기술이 비슷한 *A*, *B* 두 사람이 금화 32개씩을 걸고 내기를 하였다. 승부에서 이길 때마다 1점을 주되 먼저 3점을 얻은 사람이 64개를 모두 갖기로 하고 게임을 진행했다. 그런데 *A*가 2점, *B*가 1점을 딴 후 사정에 의해 시합을 중단하게 되었다. 이 상황에서 64개의 금화를 어떻게 분배하는 것이 가장 합리적일까?"

파스칼은 다음과 같이 답장했다.

"만약 다음 한 판을 더 진행해서 *A*가 이긴다면 *A*는 3번 이긴 것이므로 64개를 가지게 된다. 그러나 만약 *B*가 이긴다면 *A*는 2번, *B*도 2번 이긴 셈이므로 비기게 되어 32개씩을 나눠 가져야 한다. 즉 *A*는 지더라도 32개를 가지게 된다. 이제 나머지 32개는 *A*나 *B* 중 이기는 사람 몫이 되겠지만 누가 이길지 모르므로 이기고 지는 것은 반반이다. 그러므로 나머지 32개는 둘이 16개씩 나눠 가지면 된다. 그래서 *A*에게는 48개의 금화를 *B*에게는 16개의 금화를 주면 된다."

그는 확률 계산을 위해 경우의 수를 도구로 조합의 성질을 밝히고 이 과정에서 '확률론'이 탄생했다.

필자는 가끔 학생들에게 다음과 같은 충고를 한다.

"공부 안 하고 100점 맞기를 원하는 사람이 있다면 그런 생각은 아예 포기하고 공부 열심히 하기를 결심하기 바란다."

왜냐하면 다음 확률 계산을 보면 알 것이다.

5지 선다형 20문제가 출제된 시험에서 이른바 찍기를 하여 다 맞을 확률을 계산해 보자. 5지 선다형이므로 임의로 찍어 한 문제를 맞출 확률은 $\frac{1}{5}$이다. 100점을 맞기 위해서는 1번부터 20번까지 모두 맞아야 하므로 그럴 확률은 곱의 법칙에 의해 $\frac{1}{5}$을 20번 곱한 것이다.

이것은 약 95조분의 1이다.

그러니 게으름 피우지 말고 열심히 공부하고 열정적으로 사는 것이 100점 짜리 인생을 이루고 성공을 할 수 있는 최선의 방법일 것이다.

44 필요 조건, 충분 조건

누구든지 상대에게 자기 주장을 설명할 때는 자기 주장에 논리적 모순이 없어야 되고 상대가 충분히 이해할 수 있도록 설명해줘야 할 의무가 있다.

그러지 못할 때는 자신의 주장을 철회하거나 그 주장 어딘가에 결함이 있다는 것을 스스로 인정해야 한다. 그런데도 어떤 사람은 자신의 말주변이 부족해서 충분히 설명을 못했노라 변명하기도 하고, 때로는 상대가 조금 어리숙해서 자신의 논리 전개를 이해하지 못한다며 남 탓으로 돌리기도 한다.

언어생활에서 사람들은 가끔 충분 조건이니 필요 조건이니 하는 말을 사용하는데 수학적으로 이들이 어떤 내용을 충족해야 되는 조건의 문장들인지 알아보자.

먼저 쉬운 예를 하나 들어보자.

'충청도 사람이면 대한민국 사람이다'라는 주장은 참인 조건문이다. 물론 이 주장의 역은 성립하지 않는다. 이때 충청도 사람이라는 조건부는 대한민국 사람이 되기 위한 더 이상의 부가 조건 없이 그 자체로써 충분하다. 여기에 중부 지방 어디에 산다든지, 혹은 말이 느리다든지 하는 것은 오히려 본래의 주장을 흐리게 할 우려가 있다.

한편 대한민국 사람은 충청도 사람이 되기 위해 어떤 조건이 필요할까? 어떤 사람이 충청도 사람인지 알아보기 위해 일본이나 중국에서 찾아 헤매는 어리석은 짓은 하지 않을 것이다. 충청도 사람이 되기 위해서는 무엇보다 먼저 대한민국 사람이어야 한다. 즉 대한민국 사람은 충청도 사람이 되기 위한 필요 조건인 것이다.

조금 체계적인 소개를 하자.

논리 문장에 조건 명제, 혹은 명제 함수라는 것이 있다. 이것은 어떤 집합 A에서 변수를 가지는 명제를 말하는데 보통 기호로 $p(x)$ 또는 $f(x)$라 표시한다. 그리고 명제 $f(x)$가 참이 되는 A의 원소들의 집합을 $f(x)$의 진리집합이라 하고 T라 나타낸다.

또 어떤 명제 P와 Q에 대해 '만약 P이면 Q이다'로 표현된 합성 명제를 조건문이라 하는데, 이때 앞부분의 명제 P를 조건부, 뒷부분의 명제 Q를 결론부라 한다.

한편 위의 조건문이란 것은 논리문의 표현형식에 불과하며 그것의 진리 값은 참이 될 수도 있고 거짓이 될 수도 있다.

그런데 'P이면 Q이다'의 진술이 참이 된다는 사실과 P가 참인 진리집합이 Q가 참인 진리집합의 부분집합이 된다는 것은 간단한 논증을 통해 알 수 있다.

위의 예에서 '충청도 사람이면 대한민국 사람이다'라는 진술은 참이며, 이때 충청도 사람은 대한민국 사람의 부분집합이다.

일반적으로 어떤 조건문 'P이면 Q이다'가 참일 때 P는 Q가 되기 위한 '충분 조건'이라 하고 Q는 P가 되기 위한 '필요 조건'이라 한다.

집합으로 이야기하면 전체집합 U에 대하여 어떤 부분집합 A가 주어질 때, '부분집합 A이면 전체집합 U이다'의 조건문은 항상 참이다. 이때

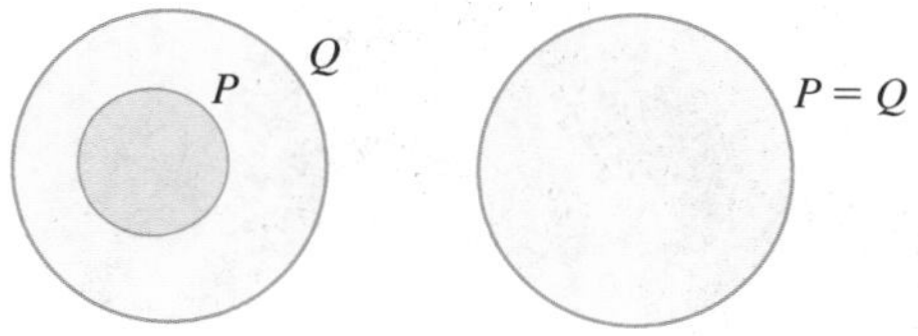

● 필요 조건, 충분 조건의 집합적 관계와 필요 충분 조건의 다이어그램이다.

부분집합 *A*는 전체집합 *U*가 되기 위한 충분 조건이며 전체집합 *U*는 부분집합 *A*가 되기 위한 필요 조건이라 한다.

더 나아가 주어진 조건문이 참이고 그 역의 문장 역시 참일 때, 즉 *P*의 진리 값과 *Q*의 진리 값이 같을 때 이들은 서로 '필요 충분 조건'이라고 하며 때로는 서로 항등관계에 있다고 한다.

몇 가지 예를 들어보자.

'태풍이 오면 바람이 분다'에서 태풍이 온다는 사실은 바람이 불기 위한 충분 조건이다.

본 명제의 역 '바람이 불면 태풍이 온다'는 성립하지 않을 수도 있다.

바람 부는 것은 단지 태풍이 일어나기 위한 필요 조건에 불과하다.

의학적인 예를 하나 들어보자. '맥박이 끊어지면 죽은 것이다'에서 그 역인 '죽으면 맥박이 끊어진다'가 성립하므로 맥박 끊어짐과 죽음은 서로 필요 충분 조건이다.

최근 우리는 여러 가지 아이디(ID)들을 가지고 있다. 대표적인 것이 이름이나 주민등록번호이다. 이때 '나'라는 존재와 이름 혹은 주민등록번호는 항등 관계이다. 독자의 예를 들면 독자의 실체와 이름은 항등 관계, 즉 필요 충분 관계이다.

● 자기 존재의 필요 충분 조건은 끊임없는 자기 복제에 의해서만이 가능하다. 프랙탈은 이런 이론을 설명해 주는 좋은 도구이다.

가끔 언론인이나 정치인들이 어떤 주장을 설파할 때 필요 조건, 충분 조건, 필요 충분 조건이란 용어를 혼동하여 사용하고 있기도 하여 안타깝다.

45 관계

특정 집단을 이루고 사는 사람들 사이에는 어떤 규약이 있어 그에 따른 관계가 정립된다.

가정에서는 부자 관계, 형제 관계 등이 그렇고 마을에서 어떤 목적을 위한 계를 구성하였다면 그 계의 약관에 따라 서로의 관계가 설정될 것이다. 그 약관이 정하지 않는 어떤 것들, 예를 들어 학벌이나 빈부의 차는 그 계에서는 무의미한 것이다.

수학의 대상은 어떤 집합이다. 그런데 그 집합의 원소들은 마치 화학적으로 무기질의 원소들처럼 생명력이 없다.

그러나 그 원소들 사이에 적당한 화학적 작용을 일으켜 주면 유기체가 되듯이 수학에서도 주어진 집합의 원소들 사이에 어떤 관계를 설정해 놓음으로써 그 관계의 규약에 따라 유기체적 활동을 하게 된다.

이렇게 집합에 생명력을 불어넣기 위해 수학에서는 그 집합에 어떤 규약을 정해 둔다. 이 규약을 정할 때는 공리와 정의라는 두 가지 방법을 이용한다.

먼저 공리와 정의라는 용어는 어떤 의미를 지니고 있는가 알아보자. 일반적으로는 누구나 그렇다고 인정하는 보편 타당한 명제나 논리를 공리라고 한다. 그런데 보편 타당함이란 시대에 따라, 문화에 따라, 그것에 대한 이해도에 따라 서로 다를 수가 있어 사실 애매 모호한 진술일 수밖에 없다.

엄격성이 전제가 되는 수학에서는 이런 류를 공리라 하지 않는다. 그러면 수학에서 공리란 어떤 것인가?

어떤 논리 체계를 구축할 때 '이러저러한 것들은 먼저 인정해 두자' 라고 내세운 전제들을 공리라 한다. 따라서 매우 독선적인 면이 있으며 그래서 무모할 수도 있다.

더욱이 이 경우 어떤 것을 미리 인정해 줄 것을 요청한 사람은 누구일까? 그의 권위나 천재성은 인정해 줄 수 있는가?

종교적 측면에서는 무 오류인 신(神)일 수도 있다. 그러나 인간 세계의 진리를 추구하는 수학에서 인정을 요청한 사람은 그 분야에 상당히 익숙하더라도 분명히 사람이다.

그가 내세운 공리는 오랜 수학의 역사에서 인정되어 온 사실이거나 획기적으로 창조적인 사실일 수도 있다. 어쨌든 수학체계를 세우고 전개하는 데 있어서 현재까지 가장 적합한 전제인 것만은 분명하다.

만약 주어진 공리에 어떤 문제점이나 오류가 발견되었을 때는 당장 수정하거나 제거해 가며 오늘에 이르렀다. 그래서 우리는 그들이 인정을 요청한 공리를 수긍하고 그것을 바탕으로 하여 무리없이 수학을 구축해 왔고 또 더 나은 수학이론을 연역해 나가고 있다.

그러면 수학에서 정의란 어떤 것인가? 정의란 마치 낱말 뜻을 정하는 것과 유사하다.

수학을 전개하기 위한 언어의 뜻에서부터 취급하는 대상들에 대한 분명한 호칭 그리고 수학 작업의 규칙들에 이르기까지 용어를 분명히 해두는 약속을 정의라 한다.

● 무질서한 듯하지만 그 안에는 어떤 질서가 있다. 그 질서는 그들 사이의 관계에 의해 정립된다.

앞 부분에서 소개한 관계를 좀 더 엄격하게 정의하여 소개해 보자. 한 집합에서 어떤 관계(Relation)가 주어졌다는 말은 그 집합의 원소들 상호간에 어떤 약속된 인연이 맺어져 있는 것을 말한다.

그리고 관계를 R로 표시하고 '원소 a와 b 사이에 R이란 관계가 있다'라는 말을 간단히 aRb라 나타낸다.

예를 들면 수 집합에서 a와 b가 서로 같은 관계일 때 $a = b$로 나타내고, a는 b보다 작은 관계, 혹은 a는 b보다 앞에 온다는 관계를 $a < b$로 나타내고 있다.

직선들의 집합에서 $\ell // m$는 ℓ과 m이 평행관계이고 또 $\ell \perp m$는 ℓ과 m이 상호 수직관계에 있다는 표시이다.

그 외에 연산도 두 원소 사이의 상호관계의 일종이다. 평면에 그리는 그래프도 독립변수와 종속변수 사이에 정의되어 있는 관계를 시각적으로 나타낸 것에 불과하다.

2촌 조 (祖)			4촌 종조 (從祖)	6촌 (재종조) (再從祖)	8촌 3종조 (三從祖)
1촌 부 (父)		3촌 백숙부 (伯叔父)	5촌 종백숙부 (從伯叔父)	7촌 재종백숙부 (再從伯叔父)	9촌 3종백숙부 (三從伯叔父)
0촌 나 (己)	2촌 형, 제 (兄, 弟)	4촌 종형제 (從兄弟)	6촌 재종형제 (再從兄弟)	8촌 3종형제 (三從兄弟)	10촌 4종형제 (四從兄弟)

● 우리나라의 가족관계도와 그 호칭이다.

한편 관계 중에 조금 특수한 것으로 동치관계란 것이 있다.

어느 집합에서 이 관계가 만족되면 그 집단은 각기 동질인 몇 개의 덩어리로 분할되는데 이 덩어리 속에 속한 원소들은 그 어느 것도 동일한 대우를 받게 된다.

이 덩어리 속에 속한 것들은 그야말로 가장 평등한 존재들이 되어서 그 누가 대표라 해도 상관없이 평등한 동치류라는 것이 형성된다.

우리가 살고 있는 지구를 수학적인 동치관계에 의해 동치류로 분할하여 통치한다면, 가장 민주적인 또 하나의 이상국가 연합이 될 수 있지 않을까 생각해 본다.

46 무한집합과 초한수

무한의 개념은 초기에는 기하학에서 유한에 대한 상대적 용어 정도로 이해되어 왔다. 유클리드의 직선 공리에서는 직선은 무한히 연장할 수 있음을 묵시적으로 인정하고 있다.

17세기에 들어와 미적분학의 발전과 해석학의 체계화로 극한의 개념이 정리되고 또 대수적인 수가 확장되면서 실수의 완비성이 데데킨트(1831~1916)에 의해 밝혀졌다. 이로써 공간에서의 무한 개념이 수로 넘어오면서 확실한 정의와 무한대 기호 ∞가 탄생했다.

실수의 중요한 성질 중 하나는 공집합 아닌 실수의 임의의 부분집합이 주어져 있을 때 그 부분집합은 항상 위로 유계하다는 성질을 지녔다는 것이다. 다시 말하면 실수에서는 어떤 원소를 잡아내도 그것보다 큰 원소의 실수가 존재한다는 말이다. 그러니 가장 큰 실수는 존재하지 않고 계속 커지는 것이다.

여기에 대하여 모든 실수보다 큰 어떤 것을 하나 정의하는데 바로 ∞라는 기호로 나타내며 무한대라고 읽는다. 또한 모든 실수보다 작은 어떤 것을 −∞라 정의했다.

다시 말하지만 ∞는 어떤 실수가 대단히 크다는 것은 결코 아니다. 실

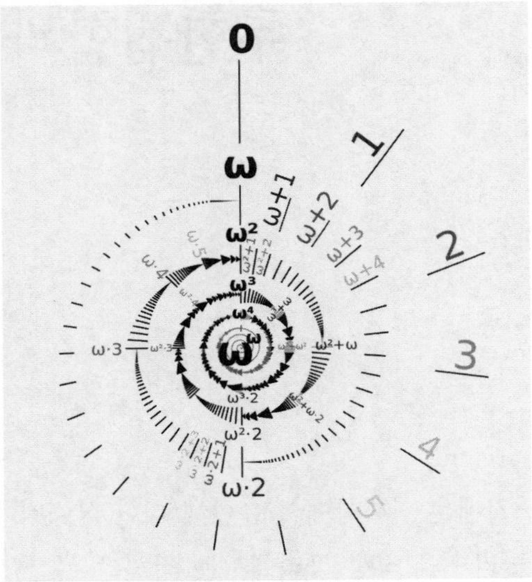

● 초한수는 절대적 무한과 구별하기 위해 등장했다.

수와 여기서 정의한 ∞을 포함해 생각하는 실수 세계를 '확장된 수계'라 한다.

칸토어의 연구에 의해 1872년에 초한수(transfinite number)라는 것이 소개되기 이전에 수학자들은 위에서 정의한 ∞로 표시되는 단 하나의 무한대만을 고려했다.

유한인 집합의 경우 원소의 수는 자연수와 대응시킴으로써 알 수 있다. 좀 더 일반적으로는 어떤 집합과 또 다른 집합 사이에 서로 짝지어 일대일 대응을 시킴으로써 어느 쪽에 원소의 수가 많은지 혹은 서로 같은지를 알 수 있다.

예를 들어 교실에 있는 책상의 집합과 수업을 받는 학생의 집합 사이에 책상 하나에 한 사람씩 짝지어 앉히면 그 원소 수가 서로 같다든지 어느 쪽이 많다는 것을 알 수 있는 것과 같다.

● 데데킨트(1831~1916)는 독일의 수학자이다. 무리수의 개념을 명확히 하여 해석학의 기초를 닦았다.

이런 아이디어에 의해 집합과 집합 사이에 일대일 대응에 의한 대등한 관계가 성립할 때, 두 집합은 같은 기수(基數)를 갖는다는 기본적인 집합론의 원리는 유한집합에서는 기존의 방식과 별 다를 것이 없다. 그러나 무한집합을 고려할 때는 흥미롭고도 당혹스러운 상황이 많이 발생한다.

일찍이 갈릴레이는 양의 정수 전체집합과 그것의 부분집합인 양의 짝수 사이에 일대일 대응의 짝 짓기가 가능하다는 조금은 이상한 사실을 발견했으나, 여러 가지 의구심을 가질 수밖에 없었다.

왜냐하면 당시에는 무한 세계의 정확한 정의가 확립되지 않은 데다 유클리드 공준에는 전체는 부분보다 크다는 내용이 있었기 때문이다.

그 후 1888년경에 데데킨트와 칸토어는 '자신과 동치인 자신의 진부분집합이 존재할 때 그 집합은 무한집합이다'라고 정의함으로써 위의 갈릴레이의 딜레마를 극복하고 새로운 무한 집합론의 디딤돌을 놓았다. 그러고 나서 어떤 경우도 자신의 진부분집합과 동치일 수 없는 집합을 유

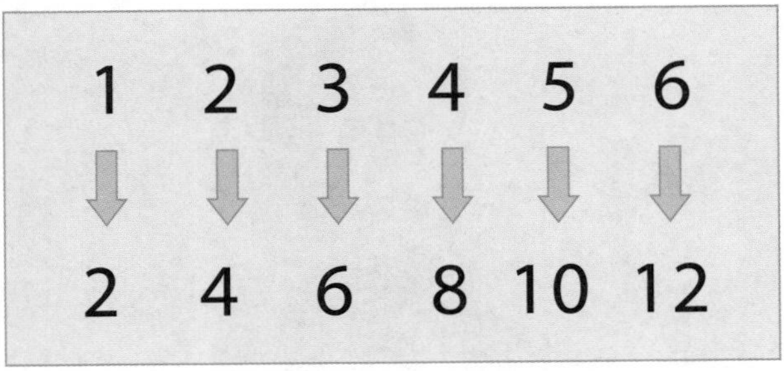

● 모든 자연수에 2배를 해주면 짝수인 자연수가 탄생한다. 짝수는 자연수의 진부분집합이지만 서로 대등하며 같은 무한의 농도를 갖는다.

한집합이라 정의했다. 즉 무한집합을 정의하고 난 후 유한집합을 정의하는 발상의 대전환으로 새로운 수학을 만들어낸 것이다.

기본적인 무한집합의 예는 자연수 전체집합이다. 그 증명은 간단하다. 모든 자연수를 2배하면 자신의 진부분집합인 양의 짝수와 동치가 되기 때문이다.

자연수 무한의 기수를 Z_0라 쓰고, 자연수와 같은 기수를 갖는 모든 집합을 가산집합(가부번집합)이라 한다. 즉 원소에 차례로 자연수 번호를 붙여 무한 수열로 나타낼 수 있는 집합들이라 하겠다.

이런 면에서 간단한 배열 방법으로 유리수 역시 가산집합임을 알 수 있다. 그런데 0과 1 사이에 있는 실수 전체의 집합은 '가산집합이 아니다. 곧 비가산집합(uncountable set)'이라는 이 사실은 쉽게 증명할 수 있다.

이 집합의 기수를 연속체기수 혹은 초한수라 하고 C라 나타낸다. 이런 면에서 Z_0보다는 C가 더 큰 농도를 지닌 무한 기수이다. 한편 실수 전체의 기수도 역시 C와 같음을 알 수 있다.

또 어떤 집합이든지 자신의 모든 부분집합의 모임인 멱집합의 기수는

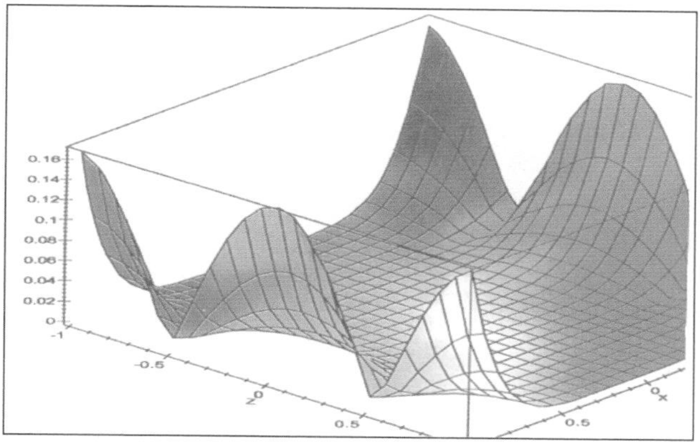

● 초한수 e와 삼각함수로 나타낸 재미있는 그래프이다.

본래의 기수보다 크다는 수학적 내용이 있다. 여기에 근거하여 이 멱집합을 반복적으로 만들어가면 무한 세계의 농도는 끝없이 더 커진다.

그러니 무한의 세계에도 더 큰 무한이 역시 무한히 많이 존재한다는 것을 알 수 있다.

47 / 대수적 수와 초월적 수

우리가 현재 사용하는 수의 개념과 체계는 두 가지 방법론에 의해 확장되어 왔다.

그 첫 번째는 대수적 입장에서 헤아림과 계산이라는 산술을 거친 후 방정식의 풀이와 해의 문제로부터 필요한 수들을 만들며 확장해 온 것이 한 줄기이다.

두 번째는 기하학적 입장에서 도형의 성질이나 선의 길이, 더 나아가 넓이가 같은 서로 다른 도형 그리기 문제로부터 새로운 수의 존재를 알고 확장해 온 것이 또 하나의 줄기이다.

우선 기하학적 수의 확장부터 잠시 이야기하고 대수적 수와 초월적 수에 대해 이야기하자. 그리스 시대부터 풀리지 않는 질문 두 가지가 있었다.

첫째, 임의의 길이가 주어졌을 때 어떤 기준이 되는 눈금 없는 자에 의해 잴 수 있을까? 하는 의문을 가졌고 그것이 가능하다고 믿었다.

이 의문은 임의의 길이를 기준 자의 몇 배로 나타낼 수 있느냐와 같은 말이다. 다시 말해 '임의의 수는 비례로 표현될 수 있는 유리수이냐'는 의문인데 이는 무리수의 존재가 증명되면서 '그럴 수 없다'는 결론이

나왔다.

둘째, '어떤 한 원과 같은 넓이를 갖는 다각형을 눈금 없는 자와 컴퍼스만을 가지고 그릴 수 있느냐'는 의문이었다.

1882년에 독일 수학자 린데만(1852~1939)이 마침내 '자와 컴퍼스를 사용해 원의 넓이를 구하는 것은 불가능하다'는 사실을 증명함으로써 이 문제는 종말을 고했다.

린데만의 증명은 데카르트의 좌표 기하학을 사용하여 순수하게 대수적인 방법으로 다음과 같이 진행한다.

자와 컴퍼스를 사용해서 그릴 수 있는 임의의 길이는 정수로부터 시작해서 일련의 덧셈, 뺄셈, 곱셈, 나눗셈, 제곱근 풀이를 사용하여 계산할 수 있다는 말과 같다.

그러므로 고전적인 그리스의 도구를 사용하여 작도할 수 있는 임의의 길이는 반드시 대수적(algebraic) 수이다. 즉 그런 길이는 다음과 같이 사칙연산의 반복작업에 의해 표현된 대수적 방정식의 값으로 얻을 수 있다.

$$a_n x^n + a_{n-1} x^{n-1} + a_{n-2} x^{n-2} + \cdots + a_2 x^2 + a_1 x + a_0 = 0$$

여기에서 계수 $a_n, \cdots, a_0$은 모두 정수이다. 그러므로 유리수 모두는 대수적인 수이다. 왜냐하면 어떤 유리수 $r = \frac{m}{n}$도 $nx - m = 0$의 값이기 때문이다.

역시 어떤 분수 지수를 가지는 유리수도 역시 대수적인 수이다. 대수적이 아닌 실수를 초월적(transcendental) 수라 부른다.

초월적 수는 무리수임이 당연하다. 이 진술의 역은 참이 아니다. 예를 들면 2의 제곱근은 무리수이지만 방정식의 해이므로 분명히 초월적 수가 아니다.

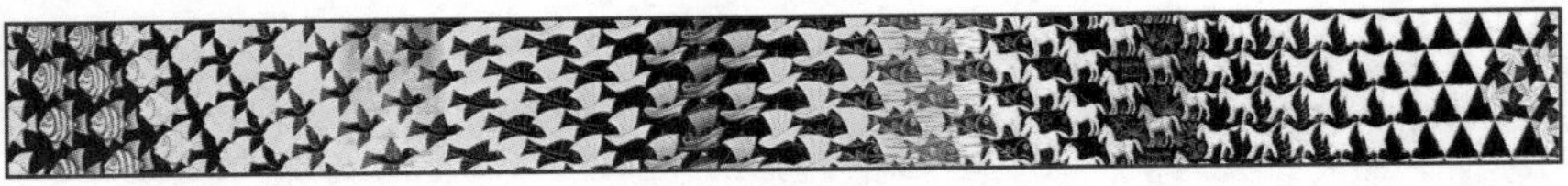

● 화가 에셔의 목각 판화. 추상적인 수의 배열인 듯한 어떤 환상을 느끼게 한다. 추상화와 수학의 초월수는 어딘지 비슷한 구석이 있다.

1873년에 에르미트라는 사람이 자연 상수의 밑수인 e라는 것이 초월수임을 밝혔다. 이어서 1882년에 린데만은 원주율 π라는 수가 초월적 수라는 사실을 증명했다. 그는 미적분학의 방법을 사용해서 이 사실을 증명했다.

π가 초월적 수라는 사실은 '자와 컴퍼스를 사용해 원의 넓이를 구하는 것이 불가능하다'는 것을 증명한다.

반지름이 1인 단위원을 생각하자. 단위원의 넓이는 $\pi \times 1^2 = \pi \times 1 = \pi$이다. 그러므로 단위원과 똑같은 넓이를 갖는 정사각형을 작도할 수 있

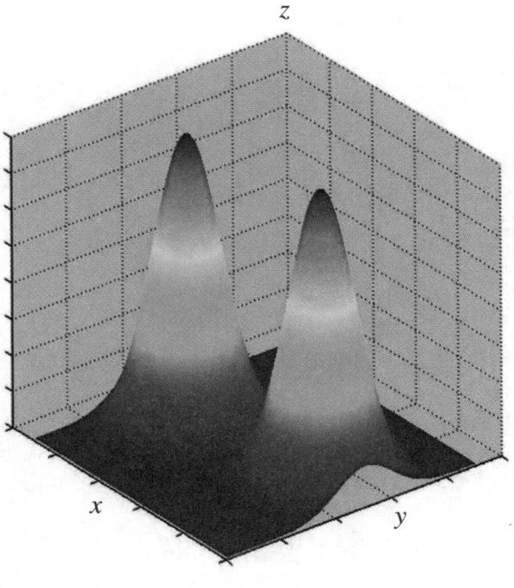

● 수학의 특정 함수에 의해 표현된 트윈픽(쌍둥이 봉우리)의 그래픽이다.

다면, 그 정사각형의 넓이는 π이고 그것의 한 변의 길이는 π의 제곱근일 것이다.

따라서 이런 방법으로 자와 컴퍼스를 사용해서 길이가 π의 제곱근인 선분을 작도할 수 있을 것이다.

이것은 π의 제곱근이 대수적 수임을 의미한다. 따라서 π도 대수적 수임을 뜻하는데, 이는 린데만의 결과에 모순된다.

어떤 수가 초월수인지 아닌지 판정하는 수학적 기준은 아직까지 밝혀진 것이 없다. 또한 자연수 역수의 합의 극한에서 $\log_n$의 극한을 뺀 값인 오일러의 상수 C의 값이 무리수인지 아닌지도 알려져 있지 않다.

48 집합론의 모순

치밀한 논리에 의해 어떤 이론이 체계화되었을 때 그것에 대한 신뢰감은 대단히 크다. 하지만 한편으로는 사람들은 그런 위력 있는 논리일수록 어떤 허점이라도 찾아내려고 한다. 만약 조그마한 결함이 발견되기라도 하면 그 이론의 권위는 흔들리게 되고 어떤 식으로든 수정을 거칠 수밖에 없다.

그 어떤 이론도 처음부터 완벽하게 구축되는 경우는 드물다. 많은 시행 착오를 거치면서 최선의 논리는 완성된다. 칸토어에 의해 완성된 수학의 대혁명인 집합론은 거의 완벽하게 구축된 논리였다.

그럼에도 몇 가지의 모순이 나타났으며 이런 모순 극복은 형식 논리인 공리론적 집합론에 의해 극복되어 현재까지는 별 문제 없이 수학 작업의 기초를 이루고 있다.

집합론의 모순을 설명하기 위해서 먼저 역설의 의미를 짚고 넘어가자.

역설이란 간단하게는 '사람들이 전형적으로 생각하고 있는 일반적인 의견에 반대되는 이론이나 말'을 의미하지만, 논리적으로는 '얼핏 보아서는 타당한 논증이지만 특정한 경우에는 논리적 모순을 일으키는 논증'을 말한다. 그렇다면 그동안 지적되어 왔던 집합론에서의 역설은 어떤

● 칸토어(1845~1918)는 독일의 수학자이다. 데데칸트와 함께 집합론을 창시하였으며, "수학의 바탕은 자유"라고 말했다.

것이 있을까?

첫 번째 역설은 1897년 이탈리아 수학자 부르알리-포르티에 의해 제시되었는데 이 역설은 칸토어 자신에 의해서도 발견되었다.

칸토어는 주어진 임의의 초한수에 대하여 항상 더 큰 초한수가 존재하고, 따라서 최대자연수가 존재하지 않듯이 최대 초한수는 존재하지 않음을 증명하고 있다.

그런데 이제 모든 가능한 집합을 원소로 가지는 최대집합을 하나 생각해 보자. 그러면 어떠한 집합도 분명히 이 집합보다 더 많은 원소를 가질 수는 없다. 이 경우에 이 집합의 초한수보다 더 큰 초한수가 어떻게 존재할 수 있겠는가 하는 것이 딜레마이다.

부르알리-포르티와 칸토어의 역설이 집합론의 결과와 관련된 것인 반면, 러셀은 1902년에 단지 집합 그 자체의 개념에만 관계되는 역설을 발견하였다. 러셀의 역설을 기술하기 전에, 집합은 그 자신의 원소이든지

● 프레게(1848~1925)는 독일의 수학자이다.
현대 수리 논리학의 창시자로 인정받는다.

원소가 아니든지 둘 중 하나여야 한다는 사실을 주목하자.

이것은 칸토어의 소박한 집합 정의의 첫 번째 조건의 변형이다. 다음과 같이 두 집합을 정의하자.

먼저 자기 자신을 원소로 갖는 집합을 M이라 하고 또 하나는 자기 자신을 원소로 갖지 않는 집합을 N이라 하자. 이렇게 정의하면 M과 N은 배타적이다.

이제 N이 자기 자신 속에 있는가 없는가 알아보자. 만약 N이 자기 자신의 원소라면 N의 정의에 의하여 N에 있을 수 없다. 이제 만약 N이 자기 자신의 원소가 아니라면 역시 N의 정의에 의해 N은 N의 원소이다.

이 역설은 두 가지 중 어느 경우도 모순이다. 이 역설은 여러 가지 형태로 대중에게 알려졌다.

이 형태 중 가장 널리 알려진 것 하나는 1919년 러셀 자신이 만든 것으로 "나는 자기 스스로 면도하지 않는 사람들만 면도해 준다"고 말한 어떤 이발사에 관한 것이다.

이 이야기의 역설적 특성은 ‘그 이발사는 스스로 면도하는가?’라는 물음에 답을 하려고 할 때 나타난다.

만일 그가 스스로 면도를 한다면 자신의 주장과 일치하지 않으며, 그가 스스로 면도하지 않는다면 그는 자신의 주장에 따라 자기 스스로 면도해야 하는 모순이 발생한다.

당시 독일 수학자 프레게는 집합론에 관련된 「산술의 기본법칙」이란 논문을 완성하여 책으로 출간할 단계에서 러셀로부터 이른바 러셀의 역설에 대한 편지를 받고 자기 논문의 근간이 흔들리게 되어 매우 실망했다는 일화가 있다.

이 러셀의 역설은 BC 4세기경 에우불리데스의 ‘내가 지금 말하는 명제는 거짓이다’에서 발생하는 모순과 유사하다. 이런 역설은 수도 없이 많아서 때론 인간의 언어와 논리를 이용한 일종의 말장난처럼 느껴질 때도 있다.

하지만 수학에서의 역설, 특히 집합론에서의 역설은 당시 많은 이들에게 충격을 주었고, 이 모순을 극복하기 위해 수많은 수학자들이 노력하여 오늘에 이르고 있는 것이다. 시행착오 없이 처음부터 완벽한 이론은 현실적으로 존재하지 않는다고 하면 이 말도 어떤 부분에서는 역설이 될 수도 있겠다.

49 / $\pi, e, i, 0, 1$

우리가 일상에서 사용하는 수 중에서 가장 중요한 수가 무엇이냐는 질문을 받는다면 그 대답은 각자 다를 것이다.

어떤 사람은 자신의 생일이나 주민등록번호를 들 수도 있고, 기네스북에 나오는 최고기록에 흥미를 가진 사람은 에베레스트 산의 정상 높이나 아마존 강의 길이 등의 수치를 들 수도 있다. 또한 경제나 증권에 관심이 많은 사람은 그런 지표를 나타낸 지수에 울고 웃을 것이다.

이 글은 수학에 관한 글이니 수학에서 가장 영향력 있는 수를 제시한다면, 필자는 $\pi, e, i, 0, 1$이라는 다섯 가지 수를 꼽을 것이다.

이 다섯 가지 중 π, e, i 세 가지 수의 기호를 맨 처음 사용한 사람은 스위스 수학자 오일러(1707~1783)이다. 그는 우리가 현재 사용하는 삼각함수 기호 sin(사인), cos(코사인) 등도 최초로 사용했다. 그 외에도 함수 표기인 $f(x)$와 수열의 합의 기호 $\sum$(시그마) 등을 만든 것도 오일러이다.

더욱이 그가 복소수 지수함수에서 예시한 e^z로부터 유도한 오일러 식 $e^{\pi i}+1=0$은 유명한 식이다. 이 식 하나에 수학에서 가장 영향력 있는 다섯 가지의 수가 모두 들어 있고, 중요한 연산인 덧셈, 곱셈 그리고 지수 연산까지 들어 있다.

이 다섯 가지 수에 대해 차례로 이야기해 보자.

먼저 π라는 수는 잘 알려진 대로 원을 연구하는 과정에서 알게 된 원의 지름에 대한 원 둘레의 비 값임은 다 알고 있는 사실이다. 그러나 이 비 값이 3.14 …로 시작하는 순환하지 않는 무한소수인 하나의 상수라는 사실이 알려지기까지 오랜 세월이 걸렸다.

그런데 오일러는 이 원주율 π를 원과 전혀 관계없는 한 수열의 특성에서 알아내는 천재성을 보였다. 그는 자연수의 제곱의 역수들의 무한급수가 $\frac{\pi^2}{6}$임을 알아냈던 것이다.

다음으로 자연상수 ***e***는 어떤 수일까. e는 대략 2.7182… 정도인 상수이다. π와 마찬가지로 비순환 무한소수로 오일러가 소수점 이하 23번째 자리까지 계산한 바 있다.

극한을 이용하여 e를 정의하면 $e = \lim_{x \to \infty}\left(1 + \frac{1}{x}\right)^x$이다.

자연상수 e는 이름과는 달리 그리 '자연'스러워 보이지 않는다. 그러나 이 상수는 성장과 소멸이라는 삶의 기본적 과정에 대한 수학적 모델을 구축할 때 너무나 자주 나오기 때문에 그런 이름이 붙게 되었다.

대표적인 것으로 정규분포를 나타내는 가우스 함수에서 기본이 되는 수이다.

e와 관련하여 로그에 대해 잠시 설명해 보자.

로그에는 두 가지 방법이 있다.

알려진 대로 스코틀랜드 에딘버러 출신의 천문학자 네이피어(1550~1617)에 의해 제안된 10을 밑수로 하는 상용로그 $\log_{10}x$가 있고 오일러에 의해 제안된 e를 밑수로 하는 자연로그 $\log_e x$가 있다. 그런데 상용로그는 모든 수를 10의 거듭제곱으로 나타내려는 수학적 기법이다.

예를 들면 100은 10의 제곱이므로 100의 상용로그 값은 2이며 1000의 상용로그 값은 3이다. 수가 100에서 1000까지 변할 때 그들의 로그값

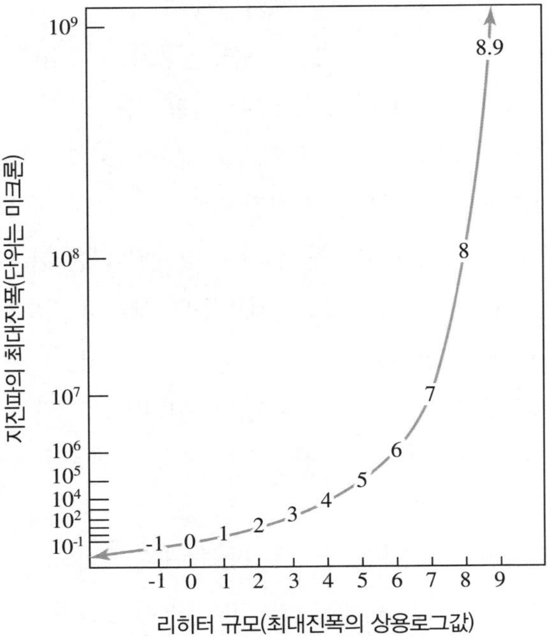

● 리히터 규모는 지진의 크기를 절대적인 개념으로 나타낸다.

은 느리게도 겨우 2에서 3으로 변한다.

환태평양에서 자주 발생하는 지진에 놀란 사람들이라면 리히터 지진계 몇 도라는 말에 관심이 클 것이다. 이 리히터 지진계 눈금의 크기는 로그로 되어 있다.

그래서 규모가 2에서 3으로 올라간다는 것은 곧 지진의 파괴력이 10배가 된다는 것을 의미한다. 그리고 2에서 4는 100배의 크기 증가를 의미한다. 이 로그의 증가는 지수의 증가와 역함수의 관계에 있다.

복소수라는 수 체계는 가우스에 의해 제안되었으며, 실수체계를 확장한 또 하나의 완비공간이다.

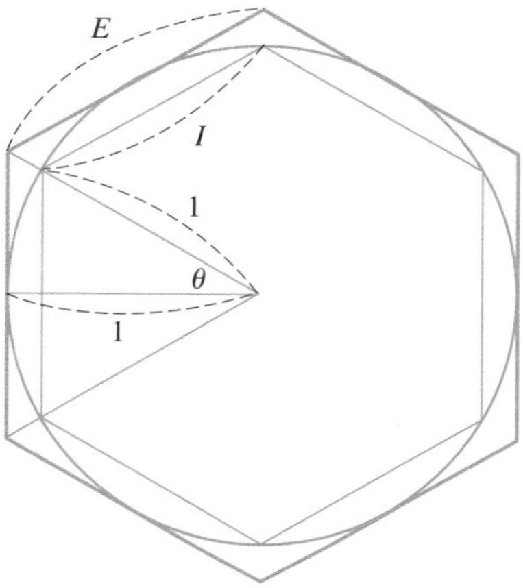

● 원에 내접하는 다각형과 외접하는 다각형을 근사시켜 원주율 π값을 상당히 정확하게 구할 수 있다.

여기에 기본적인 수가 하나 필요한데 이것을 i라 했다. 이 i의 정의는 -1의 양의 제곱근이다. 그래서 제곱하면 -1이 된다. 이것을 허수단위

9686	9613	7546	2206
1477	1409	2225	4355
8829	0575	9991	1245
7431	9874	6951	2093
0816	2982	2514	5708
3569	3147	6622	8839
8962	8013	3919	9055
1829	9451	5781	5154

● 자연수 128자리의 RSA 암호문이 작성된 후 17년 만에 해독되었다. 이 암호의 뜻은 '남미의 독수리'이다.

(imaginary unit)라 하며 그 머리글자를 따서 i라 표기한 것이다.

0은 우리가 통상 사용하는 10진법의 아라비아 숫자에서 절대적인 존재이며 여타 진법에서도 마찬가지이다.

즉 0이 있기에 위치에 의한 수 표현이 가능한 것이다.

1은 덧셈이라는 연산과 더불어 대수적 구조에서 모든 정수를 생성해 줄 수 있는 생성자이다. 즉 1 하나만 가지고 다니면 항시 모든 정수를 만들어 낼 수 있으니 이 얼마나 귀중한 수인가? 그리고 곱셈이라는 연산에서는 단위원이 된다.

이 다섯 수의 수학에서의 영향력은 앞으로 더욱 커질 것이다.

50 단위의 기준

수학이나 물리학에는 수많은 단위들이 있다.

우선 기본단위로서 길이(centimeter), 무게(gram), 시간(second)을 나타내는 CGS 단위가 있다. 병원에서 건강 체크를 할 때 맨 처음 확인하는 것이 혈압인데 이것은 압력의 단위로 측정한다. 술을 좋아하는 이들에게는 소주나 맥주 등의 알코올 도수가 관심거리일 것이다. 그런가 하면 경제학에서는 정말 많은 내용들이 지수라는 것들에 의해 설명된다. 각양각색의 지수들에는 역시 각양각색의 단위들이 있다.

우리 생활과 함께하는 이렇게 복잡하고 다양한 단위들에는 어떤 것들이 있을까.

동질인 두 가지 대상을 수량적으로 비교하는 방법에는 절대적 비교법과 상대적 비교법이 있다.

특히 상대적 비교는 의미를 여러 가지로 부여하며 활용할 수 있는 유용한 방법론이다. 어떤 대상을 수로 헤아릴 때 같은 종류의 일정한 수량을 기준으로 하여 전자가 후자의 몇 배인가를 숫자로 나타내 놓으면 서로를 비교하여 이해하는 데 여러 가지로 편리하다.

이때 기준이 되는 후자를 어떻게 선택하느냐에는 다양한 방법이 있다.

단위	cm	m	in	ft	yd	mile	자(尺)	간(間)	정(町)	리(里)
1 cm	1	0.01	0.3937	0.0328	0.0109	–	0.033	0.0055	0.00009	0.000025
1 m	100	1	39.37	3.2808	1.0936	0.0006	3.3	0.55	0.00917	0.002546
1 in	2.54	0.0254	1	0.0833	0.0278	–	0.838	0.0140	0.0002	0.000065
1 ft	30.48	0.3048	12	1	0.3333	0.00019	1.0058	0.1676	0.0028	0.000776
1 yd	91.438	0.9144	36	3	1	0.0006	3.0175	0.5029	0.0083	0.002328
1 mile	160930	1609.3	63360	5280	1760	1	5310.8	885.12	14.752	4.097867
1자	30.303	0.303	11.93	0.9942	0.3314	0.0002	1	0.1667	0.0028	0.000772
1간	181.818	1.818	71.582	5.965	1.9884	0.0011	6	1	0.0167	0.00463
1정	10909	109.091	4294.9	357.91	119.304	0.0678	360	60	1	0.277778
1리	392727	3927.27	154619	12885	4295	2.4403	12960	2160	36	1

● 여러 가지 길이 단위의 비교표이다.

가장 기본이 되는 방법은 기준이 되는 전체를 1로 보는 방법이다. 그래서 보통은 1을 기본단위라 한다. 이렇게 같은 종류를 비교할 때 1을 전체로 보는 생각은 수학적으로 유리수의 개념에서 온 것이다.

예를 들어 내가 가지고 있는 사과는 2개인데 상대는 3개를 가지고 있을 때 절대량으로는 상대가 1개를 더 가지고 있지만 나를 기준으로 하여 1.5배를 가지고 있다고 할 수 있다.

물론 나눗셈에서도 3을 2로 나누면 그 몫이 1.5가 된다. 그러나 이 개념은 내가 1이라는 단위를 가지고 있을 때 상대는 1.5단위를 가지고 있는 비율적 비교 개념인 것이다.

그런가 하면 기수법으로 10진법의 일상화에 따라 10을 기준으로 하여 나타내는 단위가 있다. 할(割)이 그것이다. 1할이란 것은 0.1, 즉 $\frac{1}{10}$이다. 이것은 기준이 되는 전체를 10이라 할 때 1을 이야기하고 있다.

또 하나 가장 많이 사용하는 단위가 100을 기준으로 하여 나타내는 퍼센트(percent, %)이다.

어떤 것이 30%라는 의미는 다 아는 대로 전체를 100으로 할 때 30에 해당하는 양을 나타낸 것이다. 물론 소수로는 0.3이어서 1을 단위로 할 때 0.3에 해당되는 양이다.

percent는 말 그대로 '100에 대하여'라는 의미이다. 이것을 수학의 분수 기호로 나타내면 /100이다. 여기서 분수 기호인 사선과 100에서 0을 2개 떼어다 정말 우아한 %라는 기호를 만들어 냈고 읽기는 본래의 의미대로 퍼센트라 읽고 있다.

유사한 예로 길이의 단위인 cm(centimeter)도 1미터를 백등분했다는 뜻의 머리글자를 따서 기호화한 것이다.

또 12를 기준으로 하는 단위도 있다. 이때의 단위는 다스(dozen)를 사용한다.

20을 기준으로 하는 경우도 있는데 특히 조기를 헤아릴 때 사용하며 두름이라는 단위를 사용한다. 백화점에 가보면 조기를 10마리씩 묶어 팔기도 하는데 조기 10마리는 0.5두름, 즉 반 두름이다.

60을 기준으로 하는 갑자(甲子)라는 단위도 있다. 동방삭이라는 사람이 삼천 갑자를 살았다는 고사가 있는데 계산하면 18만 년을 살았다는 이야기이다.

360을 기준으로 하여 수량을 나타내는 경우도 있다. 기하학에서는 원둘레를 360등분한 호에 대한 중심각을 1°라 하고 있다. 즉 $\frac{1}{360}$을 1°라 한다.

1직각을 모르는 사람은 없겠지만 360°에 대하여 90°를 지칭하는 단위라는 것에 유의할 필요가 있다.

고속도로를 달리다 보면 고갯길 노변에 %로 나타낸 푯말을 볼 수 있다. 이것은 90°를 100으로 보고 경사도를 나타낸 것이다. 아마도 %라

● 경사도를 나타낸 표지판이다.

는 단위가 보편성을 지닌 단위로 인정받고 있는 증거라 하겠다. 그러므로 어느 고갯길에 10% 경사도로 써 있다면 이는 10°보다 낮음을 알 수 있다.

51 수학 퍼즐 I

사물을 관찰하고 분석하여 어떤 결론을 도출할 때 처음부터 논리적인 접근에 의해서만 이루어지지는 않는다.

많은 경우 오히려 직관에 의해서 문제의 동기가 설정되고 그 후에 논리적인 추론 과정을 거쳐 문제의 핵심에 접근해 가는 경우가 많다. 그러고 난 후 궁극적으로 참인 결과를 얻어내는 것이다.

전차를 타는 순간 떠오른 직감에 의해 당시 골똘히 생각하던 어떤 문제를 해결하기도 했다는 수학자 앙리 푸앵카레의 일화는 유명하다.

수학에서 일반인들에게도 흥미롭게 다가갈 수 있는 분야는 아무래도 놀이의 형식으로 된 퍼즐이다. 퍼즐을 풀어 보면 논리적인 추론도 필요하지만 결정적인 해답은 의외로 직관적으로 얻어지는 경우도 많다.

재치 있는 수학 교수인 브라이언 볼트(Brian Bolt)가 1993년에 출간한 퍼즐에 관한 책, 『판도라 수학상자(A Mathematical Pandora's Box)』는 필자가 1997년에 같은 제목으로 번역출간하기도 했을 만큼 수학 퍼즐의 논리와 직관을 즐길 수 있는 좋은 책이다.

이 책에서 제시하는 수학 퍼즐들도 쉬운 상식을 이용한 문제들인 만큼 깊은 수학적 지식이 없는 사람들도 대부분 가볍게 느끼며 즐겁게 접

● 브라이언 볼트의 『판도라의 수학상자』의 표지이다.

근할 수 있을 것이다.

먼저 다복한 어느 할머니에 관련된 퀴즈를 하나 소개한다.

슬하에 딸만을 둔 할머니가 있었다. 할머니의 딸들은 각각 자기 자매 수만큼의 아들을 낳았고, 또 할머니의 손자들은 각각 자기 형제 수만큼의 딸을 낳았다.

할머니는 이 사실을 친구들에게 즐겨 이야기했는데 특히 딸과 손자들 그리고 증손녀들의 수를 합하면 그녀의 나이와 같다는 것을 매우 자랑스러워했다. 할머니의 나이는 얼마일까?

증손녀를 둘 수 있는 할머니라는 조건과 간단한 방정식의 계산에 의해 할머니는 85세의 나이이며, 5명의 딸과 20명의 손자 그리고 60명의 증손녀를 두었다는 것을 알 수 있다.

● 할머니와 할아버지의 나이는 얼마일까? 액자 속에는 손주들의 사진이 가득하다.

또 하나 다른 퍼즐을 소개한다.

세 친구가 사업차 점심을 함께 먹고 계산은 각자 하기로 하였다. 식사 후 웨이터가 합계 3만 원의 계산서를 가져왔고 세 친구는 각자 1만 원씩 지불했다.

그러나 웨이터는 곧 계산이 잘못된 것을 알았다. 실제로는 2만 6천 원이었던 것이다. 그들이 마신 포도주의 값이 잘못 계산되어 착오가 생겼던 것이다.

그래서 4천 원을 다시 손님들에게 돌려주려 하였는데 4천 원을 세 사람에게 똑같이 나누어주기가 그렇게 쉽지 않았다. 그래서 웨이터는 1천 원을 자기 주머니에 넣고 세 사람에게 각각 1천 원씩을 돌려주었다.

그러면 각 손님들은 9천 원씩, 총 2만 7천 원을 지불한 것이다. 그리고 웨이터의 주머니에는 단지 1천 원만이 남아 있다. 다 합해보아야 2만 8천 원이다. 그러면 남은 2천 원은 어떻게 된 것일까?

세 명의 친구들은 (3만 원이 아닌) 오직 2만 7천 원만 지불했다. 그리고 이 금액은 진짜 요금 2만 6천 원보다 1천 원이 많은 돈이다. 즉 실제보다 1천 원을 더 지불한 것이다. 그리고 그 1천 원은 웨이터 주머니에 있다.

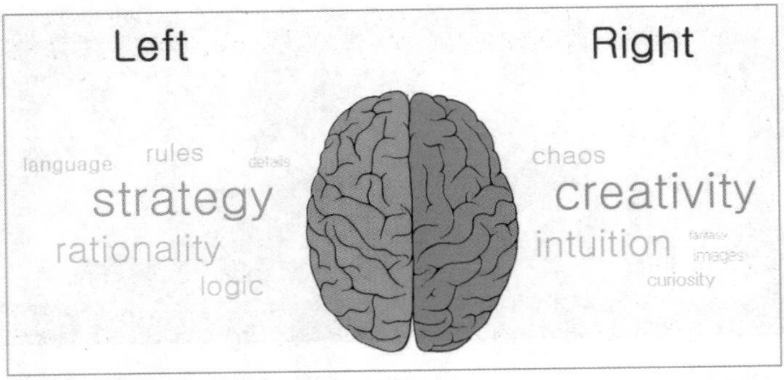

● 수학은 때로 직관에 의해 해결되기도 한다.

이것이 계산의 전체이다.

우스운 이야기지만 이미 1천 원을 바가지 썼는데도 그 세 친구들은 웨이터가 솔직하다고 생각해서 1천 원을 또 팁으로 식탁 위에 놓고 갔다.

마지막으로, 수학 퍼즐은 아니지만 재치 있는 셈으로 어려운 상황을 모면한 선비가 있었다. 남산골에 사는 가난한 어느 선비가 적은 돈으로 커다란 굴비를 사는 이야기이다.

아침 일찍 집 앞을 지나가는 생선 장수로부터 조그마한 굴비 한 마리를 산 후, 다음에 지나가는 생선 장수로부터 이전 것보다 조금 큰 굴비를 들고 흥정하다가 마누라의 동의를 얻어야만 살 수 있다고 너스레를 떨었다.

그리고 나서 집으로 들어가 이전의 굴비와 바꿔들고 나와 다음 기회를 약속하며 돌려보냈다.

이 짓을 몇 차례 반복한 결과 선비의 집 저녁 식탁에는 대구 크기의 굴비가 올라와 맛있는 식사를 했다는 것이다. 일종의 사기이긴 하지만 이 선비에게서 수학적 기질이 엿보인다면 지나친 억측일까.

52 수학 퍼즐 II

수학 퍼즐은 난센스 퀴즈처럼 반전 매력이 있는 것은 아니지만 웃어넘기고 마는 일회성 즐거움보다는 직관력과 사고력을 기를 수 있는 힘이 내재되어 있다. 수학 퍼즐을 접해본 이들은 답을 찾아가는 과정에서 때론 호기심을 넘어 오묘함까지 느낄 수 있을 것이다.

몇 가지 수학 퍼즐을 통해 숫자로 하는 추리의 매력에 빠져 보자.

집 앞마당에 닭과 개가 놀고 있는데 머리를 헤아리니 8개이고 다리의 수는 22개이다. 그렇다면 닭과 개는 몇 마리인가? 이 질문은 부정방정식 해법에 의해 닭이 5마리이고 개가 3마리라는 것을 구할 수 있다.

그러나 방정식이 체계화되어 있지 않은 과거에는 상당히 어려웠을 것이다. 아마도 이 문제를 풀어낸 아이는 신동의 취급을 받았을 수도 있다.

유사한 퀴즈를 하나 더 소개한다. 이 문제는 BC 300년경 유클리드가 만든 수수께끼 중 하나이다.

어느 나그네가 노새 한 마리와 말 한 마리의 등에 곡식자루를 싣고 먼 길을 걸어가고 있었다. 그때 마침 옆에 가던 나그네가 곡식자루가 몇 개나 되느냐고 물었다. 주인은 "만약 말의 등에 있는 자루 하나를 노새에게 주면 노새는 말의 2배를 싣게 되고, 노새가 말에게 자루 하나를 주면 말과 노새는 같은 수의 곡식 자루를 지고 가게 됩니다"라고 했다.

그러면 노새와 말은 각각 얼마나 많은 자루를 지고 있을까?

그 답은 다음과 같다. 노새는 곡식자루 7개를 지고 있으며 말은 5개를 지고 있다.

풀이 방법은 먼저 노새가 짊어지고 있는 자루 수를 x라 하고, 말이 지고 있는 자루 수를 y라 해보자. 그러면 주인의 대답에 의해 식을 세우면 $x + 1 = 2(y - 1)$과 $x - 1 = y + 1$의 방정식이 만들어지고 이 방정식을 풀면 된다.

다음으로 기하학에 관련된 퀴즈를 하나 살펴보자.

어떤 부부는 노후를 보낼 아담한 집을 짓기로 하고 유명한 건축가에게 설계를 부탁했다. 그러나 건축가가 설계한 설계도를 본 부부는 침실의 창문이 너무 크다고 느꼈다.

건축가는 창문을 가로와 세로가 1 m인 정사각형으로 설계하였는데 부부는 건축가에게 정사각형의 형태는 유지하되 그 넓이를 반으로 줄여달라고 부탁하였다.

그런데 건축가가 부부의 요구대로 다시 설계했는데도 그 창문의 폭과 높이는 여전히 1 m를 유지하였다. 건축가는 어떤 방법으로 창문을 설계한 것일까?

그 풀이는 간단하다. 1 m의 정사각형에 내접하는 마름모꼴 창틀을 그려 넣으면 넓이는 반으로 줄지만, 가로와 세로의 길이는 여전히 1 m를 유지하게 된다.

숫자에는 완전대칭수라는 것이 있다. 이 수는 자신이 대칭꼴인 수일 뿐만 아니라 역시 대칭인 소인수들의 곱으로 나타내어지는 수를 말한다.

예를 들면 $1991 = 11 \times 181$과 같은 수를 말한다. 그래서 1991년을 수학하는 사람들은 정말 멋진 해였다고 말하고 있다.

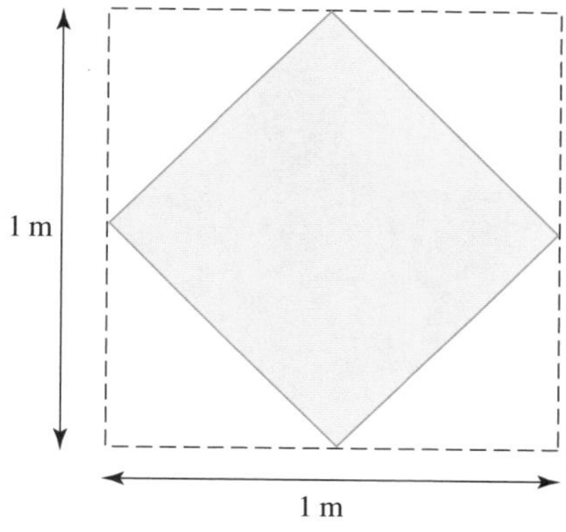

● 창틀은 가로와 세로가 1 m로 같지만 내부 사각형의 면적은 반이다.

서기 1000년 이후로 몇 번의 완전대칭인 해가 있었을까? 또, 앞으로 3000년이 될 때까지 우리는 몇 번의 완전대칭인 해를 맞이할까?

대칭수가 완전대칭수가 되는 경우는 상당히 드문 경우이다. 예를 들어 $1881 = 11 \times 171$이지만 $171 = 3 \times 3 \times 19$이므로 1881은 완전 대칭수는 아니다.

1000년 이후부터 현재까지 나타난 완전대칭인 해는 다음과 같다.

$$1111 = 11 \times 101,\ 1331 = 11 \times 11 \times 11,$$
$$1441 = 11 \times 131,\ 1661 = 11 \times 151.$$

3000년까지의 미래에 나타날 완전대칭수인 해는 다음과 같다.

$$2112 = 2 \times 2 \times 2 \times 2 \times 2 \times 2 \times 3 \times 11,\ 2222 = 2 \times 11 \times 101,$$
$$2662 = 2 \times 11 \times 11 \times 11,\ 2772 = 2 \times 2 \times 3 \times 3 \times 7 \times 11.$$

마지막으로 $2882 = 2 \times 11 \times 131$이다. 그러므로 완전대칭인 해는 일

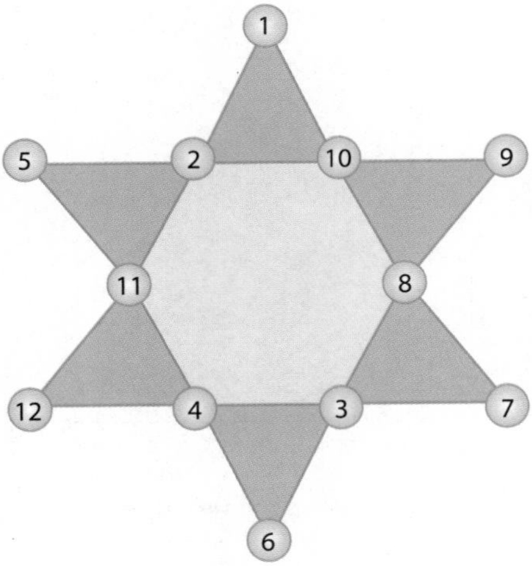

● 합이 26인 별모양의 마방진이다.

생에 한 번 맞기도 어려운 것이다.

퍼즐의 또 다른 예로 마방진이 많이 등장하기도 한다.

53 신문 속의 수학

신문 1면 제호 아래 양쪽을 장식하고 있는 것은 숫자들이다. 대개는 신문 발행일을 서기와 단기로 기록함으로써 독자에게 오늘이 몇 년, 몇 월, 몇 일인가를 알려준다. 그리고 누적 발행 횟수며, 창간일, 광고 상담 전화번호 등으로 채워져 있다.

아래 본문에는 커다란 제목이 있고, 그 아래는 조금 작은 글자의 소제목이 있다. 이어서 본격적으로 아주 작은 글자의 해당 기사 내용이 이어진다. 마치 역삼각형 꼴이다. 더욱이 많은 경우 뉴스라는 것이 밝은 내용보다는 어둡고 자극적인 내용들이기 때문에 글자의 배치들이 뭔가 위험해 보이기도 한다.

그러나 다행스러운 것은 제목의 글자 크기가 독자의 시선을 끌어 모으고 아래 내용의 작은 글자들이 안정적으로 그 제목을 받쳐주기 때문에 결국 독자들은 불안함을 느끼지 않고 넘어갈 수 있다.

다음 장을 넘기면 사설과 같은 이런 저런 논단들이 면마다 위나 옆을 네모 울타리로 차지하고 위엄을 부리고 있다.

상당히 심각하고 무게 있는 글이다. 어휘도 전문성이 깃든 듯한 단어들로 잔뜩 멋을 부리기도 하고 무슨 수치들을 들어가면서 신뢰성을 더하기도 한다. 그런데 수학자들의 입장에서 보면 어쩐지 석연치 못한 점이 몇 가지 있다.

첫 번째, 많은 논단들이 양비론을 펼치고 있다는 점이다. 둘 다 거짓이면 참인 대안이 있어야 하는데 설령 본인이 제시한 대안이 있다 하더라도 이 역시 절대적인가 하는 의구심은 떨쳐 버릴 수 없다.

두 번째, 이분론이다. 하나는 맞고, 다른 하나는 틀리다는 식의 논리 전개를 하는 경우이다. 이것은 오늘날의 디지털 논법에 해당하는 것으로써 0과 1을 대응시켜 어떤 명제가 단일 명제일 때는 상당히 명쾌하다.

그러나 그 평론의 대상에 몇 가지의 문제들이 복잡하게 엉켜있을 때 그것들 하나 하나에 이미 이분법이 내재되어 있을 것이다. 가령 다섯 가지 요인의 명제가 그 평론을 구성하고 있다면 1만 연속 다섯 번 나온다거나 0만 연속 다섯 번 나오기는 매우 힘든 것이다.

세 번째, 매일 신문에 실리고 있는 많은 논단들이 필자들의 주장에 대해 세월이 지난 후 맞으면 다행이고 틀리면 틀린 대로 그냥 넘어 가고 있다는 점이다.

마치 표적을 향해 총을 마구 쏘아 놓은 듯한 경우와 비슷하지 않을까 하는 생각이 든다. '아니면 말고'하는 식의 정당 대변인의 논평과 무엇이 다른가!

특히 경제 예측 논평은 진지한 문학에 가까운 듯하다.

『차라리 동전을 던져라』의 저자 서든(William.A. Sherden)은 다음과 같이 경제학자를 비꼬고 있다.

"사람들은 일기 예보에 대해 불평을 늘어 놓는다. 하지만 기상 예측은 그나마 나은 편이다. 그런 기상 예측가들을 돋보이게 하는 사람이 경제학자이다."

네 번째, 특정 목적을 염두에 둔 글들의 과장성이다. 광고문과는 다

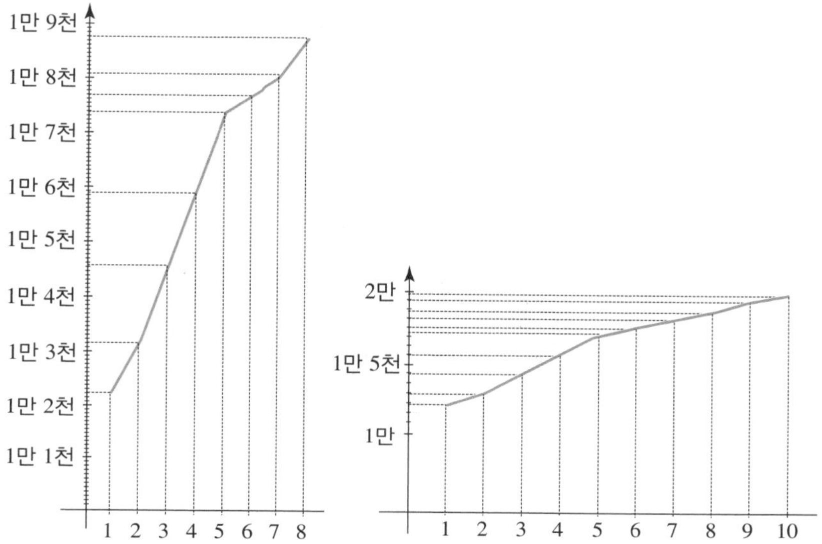

● 같은 자료에 의한 두 가지 그림이다. 좌측은 우측보다 대단히 과장되어 있다.

르게 과장된 신문 기사들은 실제로 독자들을 속이고 있다는 점이 문제이다.

특히 경제 지표 같은 경우 필요한 부분만 의도적으로 노출시켜 아주 쉽게 독자들을 속일 수 있다. 예를 들어 어느 회사의 최근 몇 개월간의 수출 증가 내용을 기사화할 때 보통은 그래프를 사용해서 시각적 효과를 준다. 이때 특정부위의 눈금을 삭제하거나 혹은 특정부위의 눈금을 자세하게 나타내서 그래프의 변화가 급경사를 이루게 하면 독자들은 해당 회사의 수출이 급속도로 증가했다고 착각하게 된다. 독자들은 그래프를 볼 때 세세한 자료를 확인하기보다는 그래프의 증가와 감소, 나아가 얼마나 급경사를 이루고 있느냐만을 확인하려고 하기 때문이다. 매스컴의 자극성을 감안한다 하더라도 일부를 지나치게 강조해 전체의 특성인양 보도

● 선거를 앞두었을 때는 매스컴의 영향력이 더욱 커진다.

하는 것은 문제가 될 수밖에 없다.

마지막으로 통계적 수치의 오류이다. 동일한 사건이나 정황에 대한 기사인데 통계 수치가 신문마다 다르게 보도되는 경우가 종종 있다. 예를 들어 대통령 선거 중 유세장에 모인 청중들의 수를 기사에서 밝힐 때, 신문 간 오차가 심각한 수준에 이를 때가 있다.

또한 어떤 사안에 대한 여론 조사 결과에 대한 자료가 정부와 언론, 언론과 언론 간에 전혀 다르게 발표되기도 한다.

신문을 읽는 독자들이 더 현명해져야 하는 이유이다.

54 담배씨 산법

담배를 기호품으로 즐기는 사람들 중에 담배씨 크기가 얼마 정도인가 짐작이라도 하는 사람은 몇 명이나 될까?

성장한 담배 나무는 사람 키를 넘어서며 잎의 크기는 성인 남자 손바닥의 세 배가 넘는다. 그런데 새까만 담배 씨앗의 크기는 깨알의 몇 분의 일 정도 밖에 안 된다.

풍성한 담뱃잎을 수확하기 위해 하얗게 피는 담배 꽃을 따내 버리지만 종자로 사용하기 위해 꽃을 그냥 두면 가을에 담배 나무 한 그루에서 수확되는 담배씨가 무려 3천여 개나 된다고 한다.

씨앗이 작은 식물에는 겨자씨, 양귀비씨가 있고 오곡 중의 하나인 조도 빼놓을 수 없다. 이들 씨앗은 비록 작지만 싹이 트고 자란 후의 열매에 담겨진 씨앗은 대단히 많다.

그래서 예전부터 많은 속담이나 일화에 등장해 왔다.

성경 『마태복음』 17장에 "너희가 만일 믿음이 한 알의 겨자씨만큼만 있으면 이 산에 명하여 여기서 저기로 옮기라 하여도 옮길 것이요 또 너희가 못할 것이 없으리라" 하는 말이 있다.

아마도 믿음 없음을 경계하는 말인 듯하다. 또한 "천국이 마치 겨자씨

한 알과 같다"는 성경 구절도 유명하다.

양귀비는 아편의 원료가 되는 사악한 식물이다. 그리고 한 그루에서 수확되는 씨가 이것 또한 3천여 개 정도라 한다.

인간에게 유익한 작물은 정성을 다해 가꾸어도 그 수확이 노력에 비해 변변치 못할 때가 많은데 이렇듯 사악한 작물이나 필요 없는 잡풀은 버려 둬도 번성하는 경우가 많다.

전쟁과 내전으로 힘든 시간을 겪고 있는 아프가니스탄은 국토의 거의 전부가 산악지대로, 오랜 내전과 험한 지형 탓에 아프가니스탄의 식량 생산은 형편없는 수준이다.

그럼에도 양귀비 경작에는 온 힘을 기울여 이곳에서 생산된 아편이 세계 공급량의 75% 정도가 된다 하니 그 나라의 형편과 위상을 가히 짐작하고도 남을 만하다.

우리 중 누군가가 이 아프가니스탄에서 양귀비 농사를 짓게 되었다고 가정해 보자. 맨 첫해에 양귀비 한 그루를 심었을 경우 이 양귀비가 잘 자라서 가을에 결실을 맺었다 하면 그 씨앗의 수는 3천 개이다.

이듬해 이들 3천 개를 모조리 다시 뿌려 허실 없이 다 싹이 터 자란 후 가을에 수확한 양귀비 씨앗은 얼마일까? 이렇게 2년, 3년이 흘러가면 그 씨앗의 수는 얼마가 되고 그들이 땅에서 자랄 때 차지하는 넓이는 얼마나 될까?

우선 씨앗의 수부터 계산해 보자.

1년 후는 3천 개, 2년 후는 3천 그루의 양귀비 나무에서 다시 3천 개씩의 씨앗이 생겨나므로 3천 × 3천, 즉 3천의 제곱을 계산하면 9백만 개다. 3년 후에는 3천의 세제곱 … 5년 후에는 3천의 다섯제곱이다. 계산하면 2십4경3천 조의 씨앗이 생겨나는 것이다.

사실 수학적으로는 거듭제곱의 위력에 불과하다. 수학에서 생각할 수

2년째: 3,000 × 3,000 = 9,000,000
3년째: 9,000,000 × 3,000 = 27,000,000,000
4년째: 27,000,000,000 × 3,000 = 81,000,000,000,000
5년째: 81,000,000,000,000 × 3,000 = 243,000,000,000,000,000

● 양귀비 씨 하나가 1년 후에는 3천 개, 2년 후에는 9백만 개, … 10년 후에는 모든 산천을 뒤덮을 수 밖에 없을 것이다.

있는 큰 수들에 비해 이런 수는 매우 작은 수이다. 그럼에도 이와 같이 어떤 식물이 기하급수로 늘어나면 유한한 아프가니스탄은 물론 이 지구도 머지않아 이들로 다 뒤덮히고 말 것이다.

이와 유사한 SF 영화가 있었다.

외계인이 지구를 침공한 후 급속도로 번지며 성장하는 어떤 식물을 퍼뜨려 지구를 멸망시키려 하는 이야기였던 것으로 기억된다. 생각만 해도 오싹한 일이다.

● 펭귄들이 섬 하나를 온통 뒤덮고 있다.

물론 실제로 삼천 개의 씨가 모두 싹 트고 자라서 다시 열매를 맺는다는 것은 현실에서는 불가능한 일이다. 수학적 세계에서만 가능한 상상 속 거듭제곱의 위력인 것이다.

55 우리나라의 수학

역사 이전의 수학은 동서를 불문하고 그것을 수학이라고 하든 그렇지 않든 추론에 의존할 수밖에 없었다.

우리나라의 수학은 역사적으로 거슬러 올라가면 기록상으로 삼국시대 정도에 시작되었다. 다행히도 『삼국사기』의 「직관부」 편에 신라에는 '산학(算學)'을 두었다는 기록이 있다. 그리고 신라는 서역과의 교류가 있어 교역의 산물로 서역의 과학이나 수학의 일부가 들어왔으리라 생각된다.

당시 당나라에는 산학제도가 있어 구장(九章), 철술(綴術), 삼개(三開), 육장(六章)의 4과목을 다루고 있었다. 특히 구장은 대수를 중심으로 한 중국 수학의 핵심이었다.

그 시절 당나라와 잦은 교역을 했던 신라는 아마도 당의 영향을 받았을 것이고 신라 산학의 관리들도 그때 당의 주된 수학서인 『구장산술(九章算術)』의 도움을 많이 받았으리라 추측된다.

사실 '한국의 수학'이라는 명제를 놓고 볼 때 그 내용을 밝혀내고 독자적인 성격과 의미를 따지는 데는 한계가 있다. 우선 이 분야의 기록이 없을 뿐 아니라 정리되어 있지 않다. 더욱이 중국 수학과 밀착되어 있어 한국적인 것을 가려내기란 힘들다.

또한 한국 수학의 전통은 실용성보다는 역학(易學)사상과 밀접하게 관계되어 있었다. 역술과 천문학 외에 경제나, 산업 구조면에는 수학이나 과학의 수요가 없어 전통 유교 사상으로부터 분화되지 못했다.

사회 지배층인 사대부들은 기술직을 경시하고 과학이나 수학의 이론에 대한 새로운 이론 제시나 비판을 금기시해 왔기 때문에 이 분야의 발전은 기대하기 힘들었다.

철학적 배경에서도 그리스에서는 일찍이 논증철학이 싹터 우주만물을 구성하는 요소들에 대해 분석하고 종합하면서 다원주의로 발전했다. 즉 자연철학이 자연과학으로 발전한 것이다.

중국이나 우리나라도 이원론이라는 좋은 사상체계를 처음부터 가지고 있었다. 그러나 자연철학을 초자연현상과 연결지어 모든 자연현상과 인간사를 형이상학적 입장에서 논의해 왔다.

우리 민족은 음악과 춤을 즐기면서 일찍이 악기를 만들어 사용했는데 가락국 시절에 가야금을 만들어 즐겼다. 그리고 우륵이 가야금의 12현에 맞는 곡을 지었다는 기록이 『삼국사기』에 등장한다.

당시 음악의 곡들을 율려(律呂)라 했는데 이것은 천문의 역수와 주역의 역수를 맞추어 자연현상과 인간의 음악을 서로 조화시킨 것이 아닌가 생각된다.

조선시대에 들어와 세종 시절에 이루어진 여러 가지 과학적 업적은 주목할 만하다. 궁중음악을 정리했다든지, 도량형을 정비했다든지, 시간이나 수량을 계측할 수 있는 기구를 만들었다는 것은 상당한 수학적 지식을 배경으로 했음에 틀림이 없다.

치산치수를 잘하는 임금이 곧 성군이라는 중국문화는 우리에게도 그대로 적용돼 나름대로 수리 사업을 열심히 한 흔적들이 있다. 김제에는 벽골제가 있고 제천에는 의림지가 있으며 충남 보령에는 만세보가 있는

● 산목은 나뭇가지를 이용해 숫자를 계산하는 방법인데 당나라 수학서 『구장산술』에서는 이미 일반화된 계산법으로 나온다.

데 농경을 위한 치수의 흔적들이라 할 것이다.

조선이 고려시대의 토지문제에서 출발한 나라이므로 왕조가 바뀐 후 측량, 물가, 조세 제도 등을 바로잡으려는 노력은 당연했다. 이 과정에서 수리에 밝은 관리들의 역할이 컸지만 사회적 인식은 수학이나 과학을 무시하는 분위기였기 때문에 체계적이고 전통적인 방식으로 수학 분야가 발전할 수 없었다.

17세기 후반 이른바 실학의 풍조와 더불어 청나라에서 발간된 책이 우리나라에서도 복원되어 출간되었다. 김시진의 『산학계몽』, 남병진의 『산술경관』 등이 있다. 특히 이상혁이란 사람은 매우 독창적인 수학을 했다는 기록이 있다. 그는 마방진에 대한 연구도 했다.

조선시대 후기에는 수학의 맥이 거의 끊긴 상태였다. 그 후 서양의 선교사들에 의해 이른바 신교육이라는 교육제도가 도입되면서 현대적 내용의 수학이 도입되었다.

일제강점기에는 일제의 우민 정책에 의해 이 땅에 진정한 현대 교육이 이루어질 수 없었고 겨우 일본의 초등 교육에 의존하는 수학이 있었을 뿐이다. 그런 중에도 독학과 일본 유학 등을 거친 1세대 수학자들이 해방 후 이 땅의 수학 주춧돌이 되어 오늘날 수준의 한국 수학이 이루어

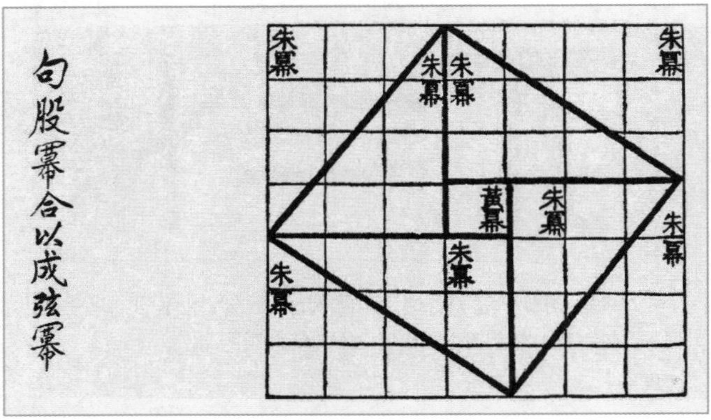

● 『주비산경』에 있는 피타고라스 정리의 도해이다. 이 책은 중국의 수학 책이지만 우리나라에서 그대로 활용되었다.

졌다고 생각된다.

1950년 6.25전쟁 이후 어려운 상황 속에서도 유럽과 미국 유학생들을 중심으로 수학다운 수학이 정착하게 되었고 현재는 국제적으로 인정받는 연구 성과도 상당히 많이 나오고 있다.

56 / 대칭성과 규칙

우리는 아름다운 대상을 보는 것을 즐긴다. 그것이 사람이든 사물이든 아름다운 것은 우리를 즐겁게 한다. 시대에 따라 아름다움의 기준은 조금씩 변해왔다.

일단 사람을 먼저 예로 들자면, 수학적으로 아름다움의 기준은 균형이 잡혀 있다는 것이다. 우선 위아래로는 팔등신(황금비의 조화)이어야 하고 좌우로는 완벽한 대칭을 이루고 있는 몸매이어야 한다.

자연현상을 돌아보자.

무질서한 듯하지만 그 속에는 규칙성이 있고 특히 대칭적 규칙성은 수없이 많다. 이런 현상은 자신의 정체성을 확실히 하고 환경과 동료들 간의 조화로운 적응에 의한, 살아남기 위한 본능이라고도 할 수 있겠다.

나뭇잎 하나, 풀 한 포기, 딱정벌레 한 마리를 보더라도 모양의 대칭성은 그들 나름대로 다 지니고 있다. 동서남북, 시방(十方)이 대칭을 이루고 있으며 시간 역시 현재를 중심으로 과거와 미래가 대칭을 이루고 있다.

전통적인 기하학에서는 이른바 점대칭, 선대칭, 면대칭이 있고 좀 더 확장된 개념에서는 공간 대칭도 있다. 또 다른 것으로는 회전 대칭, 이동 대칭 등이 있다.

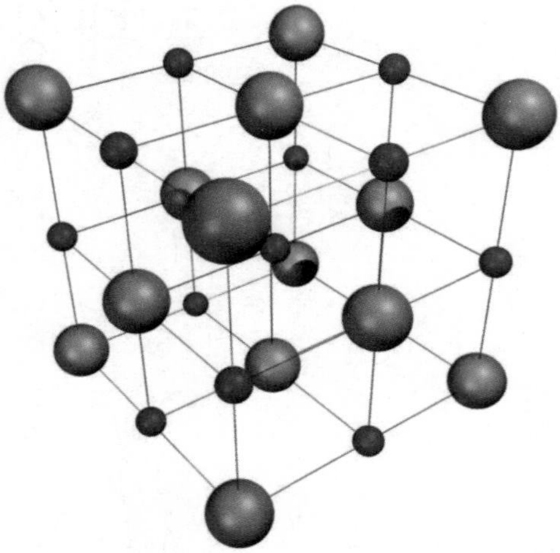

● 염화나트륨 원소의 대칭적 구조 그림이다.

기하학은 생활 주변에서 관찰할 수 있는 시각적 형태의 양식 중 일부를 묘사한다. 그러나 우리의 눈은 다른 양식, 즉 형태의 시각적 양식뿐만 아니라 본질적으로 추상적인 변화까지 인식하기도 한다.

눈송이나 꽃의 대칭성은 명백한 기하학적 규칙성과 분명히 관련이 있다. 대칭성에 대한 수학적 연구는 대상의 변환을 관찰함으로써 이루어진다.

수학자에게 변환은 특수한 종류의 함수이다. 변환의 예로는 앞에서 말한 대상의 회전, 이동, 반사, 확장, 축소 등이 있다.

좀 더 정확하게 말하면 대칭 변환은 그 도형의 모양을 변화시키지 않는 변환이다. 이런 변환을 강체 변환이라고도 한다.

여기에서 도형을 변화시키지 않는다는 말은 도형의 개별적인 점들은 변환에 의해 움직일 수 있지만 전체적으로 볼 때 변환 뒤의 도형이 변환 전의 도형과 똑같게 보인다는 것을 의미한다. 벽지에 있는 그림이나 같

● 인도의 타지마할 묘당의 전경이다. 대칭성의 아름다움이 무엇인가를 보여주는 빼어난 건축물이다.

은 무늬가 반복되는 옷감 등을 떠올리면 좋겠다.

대칭적인 도형의 좋은 예로 원이 있다.

원을 변화시키지 않는 변환은 중심에 관한 임의의 각도와 임의의 방향으로의 회전, 임의의 지름에 관한 반사, 유한 번의 회전과 반사의 임의의 결합 등이다. 물론 원 둘레에 표시된 점은 다른 위치로 옮겨질 수 있다.

이런 내용들을 포괄해서 설명해 주는 수학의 한 분야가 '군론(群論)'이라는 영역이다.

도형의 집합이든, 또 다른 임의의 집합이든 간에 그 집합에 변환 혹은 연산(일반적으로 함수)을 주어 결합법칙을 만족하고 항등원이 존재하고 모든 원소의 역원이 존재할 때, 이 집합은 주어진 변환에 대해 군을 이룬다고 한다.

그런데 여기에 하나 더, 그 연산에 대해 교환법칙을 만족할 때 이것을 '아벨군' 혹은 '교환 가능한 군'이라 한다. 이 말은 도형적 입장에서는 그

변환에 대해 대칭군을 이룬다는 말이 되겠다.

대칭군의 몇 가지 예를 들어보자.

화학자들은 물질의 구조에 대단히 관심이 많다. 배율이 대단히 큰 현미경에 의해 물질의 구조를 직접 관찰하기도 한다. 소금의 결정체 모습이나 눈송이의 모습을 관찰하여 그것들의 모형을 만든다.

이때 이들의 구조가 대칭적 규칙성을 이루고 있을 때, 전체적인 구조를 추론하는 데 매우 유리할 것이다. 원자나 분자의 구조도 어떤 대칭성을 이루고 있을 것이라는 가설 아래 연구하고 있어 수학의 군론이 기본 도구가 되고 있다.

대칭을 이루는 집단은 원소들의 위치를 바꾸었을 때도 그 집단의 속성은 변하지 않는다. 우리의 옛말에 서로의 입장을 바꾸어 살피고 생각해 보자는 뜻을 지닌 역지사지(易地思之)라는 말이 있다. 아마도 대칭군을 이루며 살자는 뜻인 듯하다.

57 황금비

기하학과 관련된 수를 이야기하다 보면 빼 놓을 수 없는 것이 황금비라고 하는 비례식 1 : 1.618…이다.

이 비례의 기록은 파치올리(1445~1517)의 저서 『신성한 비례』에 등장한 후 케플러(1571~1630)에 의해 '귀중한 보석'이라고 불렸다. 중세에 들어오면서 더욱 신성시되어 『신곡』을 쓴 단테는 "황금비는 신이 내린 최

● 케플러는 코페르니쿠스의 지동설을 발전시켰다.

고의 걸작품"이라고 격찬했다.

실제로 '황금비'라 불린 것은 19세기부터이다.

오늘날에는 수학보다는 미술에서 '황금 분할선'이라는 이름으로 더 많이 알려져 있고 대략 5 : 8 정도의 비의 분할로 소개되고 있다.

인체에서 배꼽을 중심으로 상체 부분 대 하체 부분, 그리고 허리 넓이에 대해 어깨 넓이의 비가 황금비인 약 5 : 8의 균형을 지닌 비너스 여신상은 아름다운 몸매의 기준이 되고 있다.

더 나아가 상반신의 황금 분할선이 어깨이고, 어깨 위의 부분에서 황금 분할선이 코의 위치이며, 하반신의 황금 분할선이 무릎일 때 전체적으로 미의 조화를 이루고 있다고 한다.

중세에 토마스 아퀴나스는 "균형 잡힌 것을 볼 때 사람은 기쁨을 느낀다"는 말로 미학의 기본을 제시한 바 있다. 논리와 이성을 중시하는 수학의 비 값이 직관과 감성을 중시하는 예술에 응용될 수 있는 이유는 궁극적인 최고의 가치는 서로 맞닿는 부분이 있기 때문이 아닐까 싶다.

고대 그리스의 피타고라스 학파는 정오각형 안에 황금비가 내재되어 있는 것을 발견했으며 자와 컴퍼스만을 사용한 정오각형의 작도법도 알아냈다. 그들에게 그것은 큰 자랑이었기에 별 모양의 정오각형을 상징으로 만들어 가슴에 달고 다녔으며 피타고라스도 모자에 그 마크를 표시하고 강당에 섰다고 한다.

그리스의 조각품이나 건축물, 회화 등에는 황금비로 된 것이 많다. 또 오늘의 우리 일상생활용품 중의 여러 곳에서 황금비를 볼 수 있다. 예를 들면 액자, 책, 가구, 카드, 명함, 건물, 만년필 등이 그렇다.

황금비는 닮은꼴의 성질에 의해, 피타고라스가 정오각형으로부터 알아낸 것을 정의로 할 수도 있고, 결과는 같지만 직선에서 하나의 비 값으로 정의할 수도 있다.

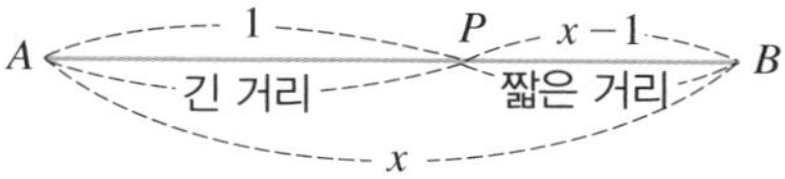

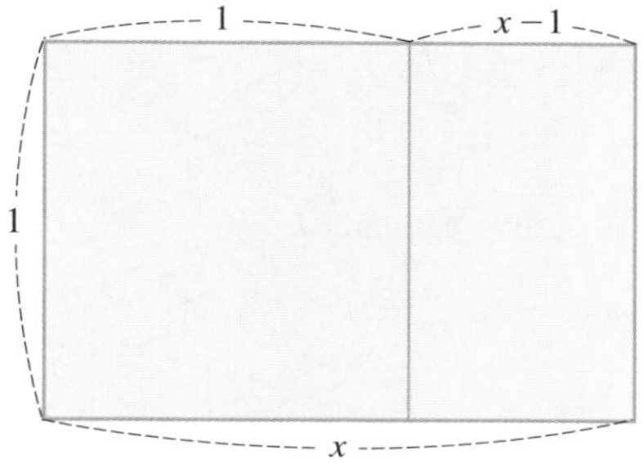

● 황금비의 정의에 의해 그 비를 구하기 위해 그린 그림이다.

먼저 직선에서의 비 값으로부터 황금비를 알아보자. *AB*를 전체 길이로 하는 한 선분이 점 *P*에 의하여 두 부분으로 나뉠 때, 긴 쪽 길이를 *AP*, 짧은 쪽 길이를 *PB*라 하자.

이때 짧은 쪽 길이에 대해 긴 쪽 길이의 비의 값이 긴 쪽 길이에 대해 전체 길이의 비의 값과 같을 때, 즉 다음 관계식을 만족할 때이다. (전체 길이) : (긴 길이) = (긴 길이) : (짧은 길이)이다.

이것으로부터 나온 비 (긴 길이) : (짧은 길이)를 황금비라 한다. 이 비를 구하기 위해 전체의 길이를 x라 하고 긴 길이를 1이라 하여 등식을 세우면 다음과 같다.

$x(x-1)=1$, 즉 $x^2-x-1=0$으로부터 x의 값을 구하면 $x=\frac{1\pm\sqrt{5}}{2}$이고, 길이를 이야기하므로 음수값을 버리면 $x=\frac{1+\sqrt{5}}{2}$(≒ 1.62)를 얻는다.

다음은 정오각형으로부터 황금비를 알아보자.

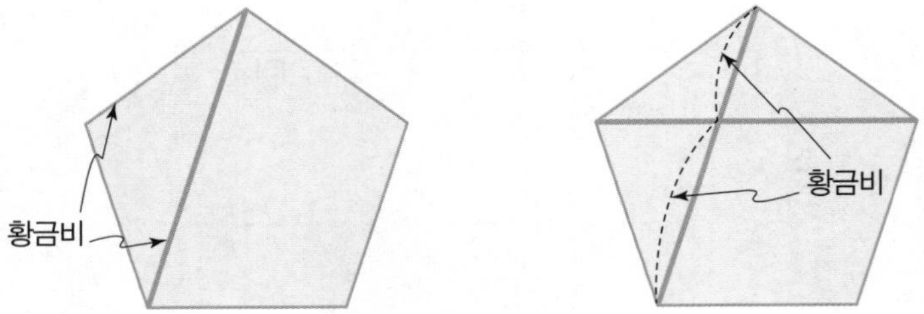

● 정오각형에 내재되어 있는 황금비들이다.

한 변과 대각선의 길이는 정확히 황금비를 이룬다. 또한 정오각형의 내부에서 두 대각선을 그으면 서로 만나 각기 두 부분으로 나뉜다.

이때 한 대각선의 짧은 쪽 길이에 대해 긴 쪽 길이의 비도 황금비를 이룬다. 그 계산은 닮은꼴의 성질에 의해 이루어지는데 여기서는 생략한다.

참고로 우리나라의 미술품들 중 석굴암, 다보탑 그리고 에밀레종은 정사각형의 변과 대각선의 비인 $1:\sqrt{2}$가 많이 사용되고 있다. 아마 인성도 예술품도 점잖은 것을 좋아하는 우리 민족의 특성이 잘 나타나고 있는 듯하다.

이것은 서양의 황금비와는 다른 미적 감각의 기준이 아닌가 생각된다.

58 음악 속의 수학

피타고라스 학파가 세운 학교에서 가르친 기초 학문에는 4학이라 일컬어지는 기하학, 음악, 천문학과 수론으로 생각되는 산술이 있었다. 여기에 3학인 문법, 논리학, 수사학을 합쳐 일곱 개의 학문이 교양 있는 사람이 되기 위한 필수적인 지식으로 간주되었다.

오늘날 대학의 교육과정 분류로 보면 이들 학문은 교양 필수 과목에 해당되겠다.

그런데 동양에서도 일찍이 육례라 하여 예(禮), 악(樂), 사(射), 어(御), 서(書), 수(數)라는 학문이 선비가 충실히 공부해야 할 교육과정으로 여겨져 왔다.

동서를 막론하고 군자가 되기 위해 사람이 배워야 할 교양 과목에 수학과 음악이 공통으로 들어있다는 것은 매우 의미 있는 일이다.

공자의 저서 『논어』에 보면 시와 음악을 여러 곳에서 찬양하고 있다. 좋은 음악을 듣고 식음을 전폐했다는 기록도 있다.

피타고라스 학파는 수와 음악에 관련된 매우 놀랄 만한 발견을 했다. 음악에서 두 음 사이의 거리인 음정(音程 또는 音階)이 어떤 수의 비에 따른다는 것을 알아냈다.

어떤 현악기든 동일한 장력 아래서 현의 길이가 2대 1일 때 8도 음정의 차이가 있고, 3대 2일 때 5도 음정의 차이가 있으며, 4대 3일 때는 4도 음정의 차이가 있음을 발견하였다.

수리 물리학 분야에서 기록된 최초의 이 결과는 피타고라스 학파가 음정에 관한 과학적인 연구도 시도했음을 보여주고 있다.

현의 길이의 비에 따라 음정의 도가 변한다는 것은 현대 과학에 의해 현의 진동의 수인 주파수를 관찰함으로써 재확인된다. 이런 면에서 음정은 두 소리의 진동수의 비라고 정의해도 된다.

좀더 구체적으로 이야기하자.

음악에서 음은 높낮이, 즉 음정과 길이 그리고 세기(강도)와 음색의 네 가지 기본 요소에 의해 설명된다. 그런데 음의 가장 핵심적인 요소인 음정이 수학의 비례를 보여주는 것이다. 즉 음정은 물체(현악기에서는 현)의 진동수에 비례한다.

진동수는 일초 동안에 셀 수 있는 수의 단위인 헤르츠(Hz)를 단위로 나타내는데 사람이 들을 수 있는 진동수의 범위는 최저 12헤르츠에서 최고 12,500헤르츠라 한다.

음의 길이는 물체의 진동 시간에 비례하며, 음의 길이와 진동 시간을 같게 본다. 음의 세기, 즉 강도는 소리의 강약을 말하는데 진동하는 폭에 비례한다.

이상 음의 세 가지 요소인 음정, 길이, 세기는 수학의 삼각함수에서 사인 곡선을 가지고 설명하면 아주 적절하다.

마지막으로 음색은 진동하는 물체의 성질과 진동 상태에 의존한다.

서양 음악에서 기초로 하는 음은 7음인데 그 이름은 우리 나라에서 차례로 '다, 라, 마, 바, 사, 가, 나'라 하고 이탈리아에서는 '도, 레, 미, 파, 솔, 라, 시'라 하고 있다.

음정	주파수(Hz)
도	261.6
레	293.7
미	329.7
파	349.2
솔	392.0
라	440.0
시	439.9
도	513.3

음정의 비율
레/도 = 1.122
미/레 = 1.122
파/미 = 1.059
솔/파 = 1.122
라/솔 = 1.122
시/라 = 1.122
도/시 = 1.059

● 서양 음정을 물리적으로 계측한 주파수와 음정들의 비율 기록이다.

그러니까 아래 도에서 윗 도까지를 8음정으로 하고 있는 것이다. 라틴어로 8이 octa이다. 그래서 8음정을 1옥타브라 하고 있다.

음정이 서로 어떻게 비례하고 있는가를 구체적으로 보자.

먼저 물리학에서 측정한 8음에 대해 그 주파수를 관찰해 보자. 도는 261.6헤르츠이고 레는 293.7헤르츠 … 윗 도는 513.3헤르츠이다. 그런데 그들 음정들 간의 비를 계산하면 레/도 = 1.122, 미/레 = 1.122, 파/미 = 1.059, 솔/파 = 1.122, …, 도/시 = 1.059이다.

잘 알고 있는 대로 미-파, 시-도의 음정은 반음이다. 한편 $1.059 \times 1.059 = 1.122$이다. 그래서 1옥타브를 다음처럼 수학으로 나타내 보자.

이제 도를 초항 a라 하고 공비 r을 1.059라 놓으면 한 옥타브는 차례로 도는 a, 레는 ar^2, 미는 ar^4, 파는 ar^5, …, 윗 도는 ar^{12}인 등비수열이 나온다.

다시 피타고라스 학파가 말한 음정과 비로 돌아가 보자.

높은 도는 아래 도보다 1초당 두 배의 진동수를 가지고 있다. 그래서 C장조인 8음정은 2대 1의 비로 표현된다. 비가 3대 2일 때는 5도 차인

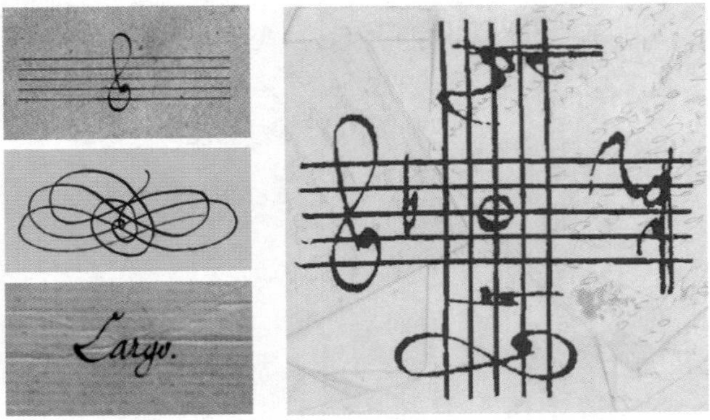

● 바흐는 악보에 여러 가지 사인을 넣었다.

도-솔 구간을 만들고, 비가 4대 3일 때는 4도 차인 도-파 구간이다. 비가 5대 4일 때는 장 3도인 도-미 구간이다. 또 비가 6대 5일 때는 단 3도인 레-파 구간을 만들고 있다. 그래서 아래 도에서 윗 도의 음정 구간은 12반음이 된다. 동시에 4개의 단 3도와 같다.

마지막으로 음악가 중에 가장 수학적인 사람을 소개한다면 단연코 바흐일 것이다. 그는 작곡에서 숫자 놀이를 즐겼고 푸가라는 악보는 완전히 위아래 대칭으로 되어있다. 어떻게 보면 음악 속에서 수학적 비밀을 즐겼는지도 모른다.

● 바흐에 의해 작곡된 위 악보는 렉투스 푸가곡이고 아래 것은 위의 것을 뒤집어 놓은 인베르수스 푸가곡이다.

59 / 다차원

최초의 인류는 거친 자연으로부터 살아남기 위해 동굴을 터전으로 삼았다. 수렵 생활이 시작되면서부터는 집으로부터 먼 곳까지 갔다가 되돌아오는 일종의 선형적 생활을 했다. 이후 농경 생활로 접어들면서 농사지을 수 있는 넓은 땅을 확보하는 것이 중요했다. 이후 인류의 문명이 발전하고 다양한 학문이 발전하면서 한편으로는 하늘 공간에 대한 환상 또는 욕망을 가지게 되었다.

이런 과정은 수학의 차원과 어떤 연관이 있기도 하다.

조금 비약인 듯하지만 유클리드적 사고에 의한 소박한 차원의 정의에 의해 초기 동굴 생활 공간을 0차원, 오고 가는 선형 생활 공간을 1차원, 면의 생활 공간을 2차원이라 하고 입체인 지구, 더 나아가 인간이 지배하고 있는 우주 공간을 3차원이라 해도 무방하다.

위의 이야기와 맥락을 조금 달리하는 이야기이지만 미래 학자인 앨빈 토플러는 인류 문명의 발전 과정을 제1의 물결과 제2의 물결 그리고 제3의 물결로 나누고 있다.

즉 농경 사회와 산업 사회를 거쳐 오늘날은 첨단기술에 의한 대변혁이 일어나고 있다고 이야기한다.

그러면서 그는 오늘날의 글로벌 문명의 특징은 통합과 분화라는 모순된 논리가 오히려 상호 작용하여 디지털 다차원 문화를 이루어 가고 있다고 말한다.

그가 말하는 다차원과 수학의 다차원은 일맥상통하는 면이 있다.

유클리드가 생각했던 차원의 개념은 서두에서 예를 든 것처럼 시각적인 차원이다.

따라서 현실적으로 4차원 이상의 차원이 있다고는 생각할 수 없었다. 중세 시대에는 신비주의적 입장에서 유령의 세계를 포괄하는 4차원 주장이 있긴 했지만 인정받지 못했다.

그런데 데카르트는 기하학의 대상을 길이나, 넓이, 부피나 각이라는 개념만을 가지고 설명하기보다는 어떤 사물의 차원을 좌표 위에서 몇 가지 요소를 가지고 나타낼 수 있느냐의 상관 관계에서 논의하는 해석 기하학을 고안했다.

이런 아이디어에 의해 그는 직교좌표계를 만들어냈다. 이 좌표계를 수학에서는 데카르트 좌표계라 한다.

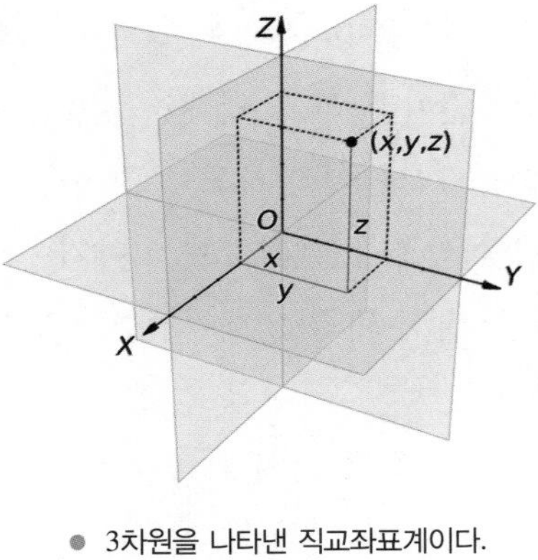

● 3차원을 나타낸 직교좌표계이다.

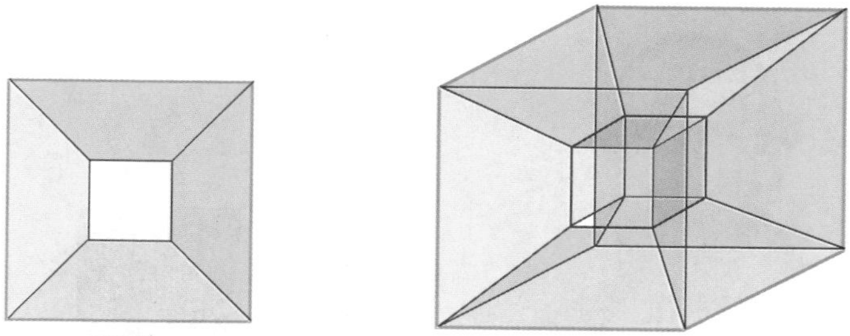

3차원
정6면체

4차원
정8입체

● 3 · 4차원 정입방체, 즉 정6면체와 정8입체를 뒤쪽을 잡아 늘여 투사한 모습이다.

이러한 좌표계에서 직선을 1차원이라 할 수 있는 이유는 직선 위에서 한 점의 위치는 원점을 중심으로 하나만의 좌표에 의해 나타낼 수 있으며, 지구 표면에 비유할 수 있는 평면을 2차원이라 할 수 있는 이유는 평면에서 한 점의 위치를 2가지 좌표에 의해 나타낼 수 있기 때문이다. 같은 방법으로 입체가 3차원인 이유는 입체 내에서 한 점의 위치를 3개의 좌표에 의해 나타낼 수 있기 때문이다.

이러한 데카르트의 방법론이 유클리드의 생각에 비해 더 나은 점은 체험적 관점을 벗어날 수 있다는 점이다.

즉 4차원이 무엇이냐 하는 구체성에서 벗어나지 못하여 한계에 부딪힌 유클리드적 사고의 차원을 4개의 짝에 의해 그 속성이 표현되는 것들을 모조리 4차원의 존재라고 확장한 것이다.

일반적으로 n개의 짝에 의해 표현되는 것은 n차원의 존재이다.

그 후 1854년 독일의 수학자 리만(1826~1866)이 유클리드 기하학과 데카르트 해석학을 좀 더 확장하면서 4차원의 개념이 일반적으로 수학에서 인정을 받게 되었다. 그는 "수학적 차원은 감지할 수 있는 공간만을 언급할 필요가 없으며 단지 논리적으로 언급할 수 있으면 족하다"고

● 리만은 해석학, 미분기하학에 혁신적인 업적을 남겼다.

● 여러 문화의 충돌은 새로운 차원의 문화를 생성할 수도 있는 기회가 되기도 한다.

말했다.

이러한 논지에 의해 그가 고안한 다차원을 '다양체(겹, manifold)'라 한다. 이후 4차원은 다시 한번 확장된다.

앞에서 '제주도의 둘레는 얼마인가?'라는 글에서 이미 일부 언급했지만 만델브로에 의해 제안된 프랙탈 이론에 의해 차원이 유리수 차원까지 확장되는 것이다.

우리 주변에서 발생하는 문제들을 관찰하면 매우 단순한 1차원적 대상은 그렇게 많지 않다. 오히려 수많은 변수들에 의해 얼키고 설켜 있는 경우가 더 많다.

현대 문명은 앨빈 토플러의 주장대로 디지털에 의한 세계화로 다문화, 다차원의 혼돈과 불확실성에 의해 설명될 수밖에 없는 듯하다.

60 / 직교좌표계와 극좌표계

내가 지금 어디에 서 있느냐를 정확하게 서술하려면 수학적 좌표계의 도움을 받는 것이 가장 유리하다. 일상적으로 우리의 위치를 사회학적 주소로 표현하는 것은 삶의 편의 측면에서는 의미가 있지만 내가 서 있는 현 위치를 정확히 정의하기에는 부족한 점이 많다.

지금은 GPS가 일상화되어 있지만 망망대해를 항해하는 배의 위치 표현이나 항공기 위치 표현은 본질적으로는 수학의 힘을 빌리지 않고서는 불가능하다. 먼저 좌표의 수학적 정의를 살펴볼 필요가 있다.

내가 현재 서 있는 곳을 수학적으로 점 P라 표현하자. 점 P의 위치를 표현하기 위해서는 차원(dimension)이란 용어를 사용한다. 직선을 1차원 공간, 평면을 2차원 공간, 입체를 3차원 공간이라고 하는 표현은 이미 독자들도 다 아는 수학 기본상식이다.

왜 이런 이름이 되었을까? 위치의 표현을 차원과 연결하여 설명해 보자.

직선(수직선) 위에서 점 P의 위치 표현을 위해서는 기본원점(original point) O를 먼저 지정해야 한다. 원점 O로부터 좌우 혹은 양(+)방향, 음(−)방향으로 x만큼 이동한 위치가 P다. 이를 $P(x)$라 하고 간단히 (x)라 표현한다.

2차원 평면공간에서 직교좌표계(rectangular coordinate system)는 원점을 중심으로 하여 두 수직선 x와 y를 직각으로 만나게 한다. 사실 두 수직선이 꼭 직각으로 만날 필요는 없다. 이렇게 하는 것은 편의상의 문제일 뿐이다(이 문제는 선형대수의 선형변환을 공부하면 도움이 될 것이다). 두 수직선이 평행하거나 겹치지만 않으면 된다.

이들 x축과 y축이 만나는 점을 원점 O라 하자. 한 점 P는 원점 O에서 x축으로 x만큼 y축으로 y만큼 이동한 위치의 점이다. 이 위치를 $P(x, y)$라 한다. 간단히 순서쌍 (x, y)로 쓰기도 한다.

3차원 공간에서는 세 요소에 의해 한 점 P의 위치를 확정지을 수 있다. 이를 $P(x, y, z)$라 하고 간단히 (x, y, z)라 쓴다. 이렇게 해서 1차원, 2차원, 3차원의 이름이 탄생하게 된다.

이 (x, y, z) 같은 요소가 4개라면 4차원이 되는 것이다. 이를 확장하면 다차원이 자연스럽게 정의된다. 이런 면에서 편의상 점의 세계를 0(zero)차원이라 정의한다. 직교좌표계를 데카르트 곱평면(Cartesian product)이라고도 한다.

곱이라는 말을 사용하는 이유는 벡터공간의 개념에서 유리하기 때문이다. 데카르트에 관한 이야기는 이 책의 '데카르트' 항목에서 상세히 기록하고 있다.

극좌표계(polar coordinate system)는 직교좌표계에서 표현하기 힘든 여러 곡선을 나타낼 수 있어 유리하다. 특히 벡터 해석이나 복소수함수를 해석학으로 분석하는 데 매우 유용하다.

2차원 공간에서의 점의 위치는 두 가지 요소에 의해 표현된다는 것은 이미 언급했다. 이 원칙 아래 구상한 또 다른 좌표계가 극좌표계이다.

원점으로부터의 거리 r과 원점을 지나는 고정된 반직선과 선분 OP 사이의 양의 방향의 각도 θ를 정해줌으로써, 한 점 P의 위치 $\mathrm{P}(r, \theta)$, 간

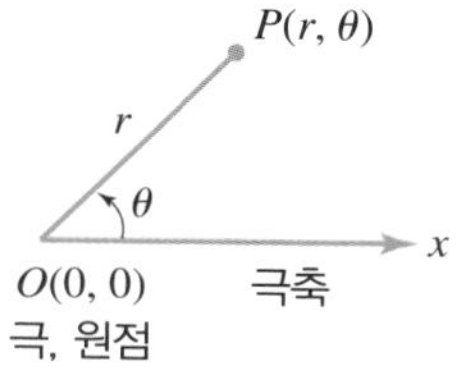

단히 (r, θ)를 확정할 수 있다.

이런 방법으로 점을 나타내는 좌표계를 극좌표계라 한다. 이때 원점 O를 극(pole)이라 한다. 원점을 시점으로 하는 고정된 반직선 OX를 극축(polar axis) 또는 시초선이라 한다.

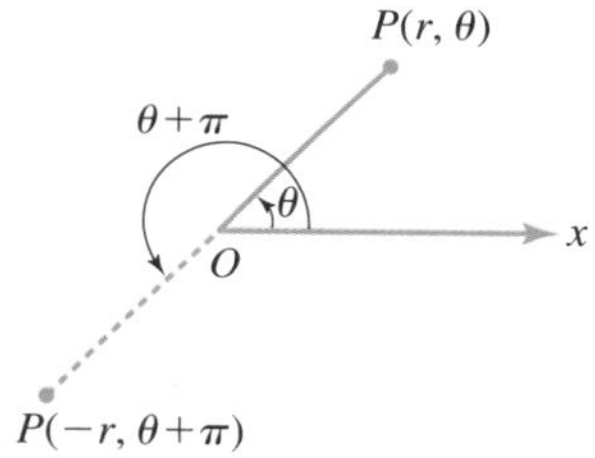

OP의 거리(양수) r을 회전반경이라 하고, 극축으로부터 시계 반대 방향으로 이루어진 사이각 $\angle XOP$, 즉 θ를 편각(argument)이라 한다. θ의 각도를 잴 때는 60분법이나 호도법(radian)을 사용하지만 호도법이 여러모로 유리하다.

거리 r에 대해 $-r$의 위치에 있는 점 $P(-r, \theta)$, 간단히 $(-r, \theta)$는 OP의 반대방향 선 위에 위치한다. 이때 이 위치는 $(-r, \theta+\pi)$로 표시한다. 극좌표계에서 점 $P(r, \theta)$를 360°, 즉 2π라디안 회전할 때마다 같은 위치이므로 $P(r, \theta) = P(r, \theta \pm 2n\pi) = P(-r, (\theta+\pi) \pm 2n\pi)$이다(단, n은 정수).

물론 이 극좌표계는 직교좌표계에 올려서 쓸 수도 있다. 다음 그림에서 알 수 있듯이 극좌표계의 r과 θ는 각각 $r=\sqrt{x^2+y^2}$이고, $x=r\cos\theta$, $y=r\sin\theta$이다.

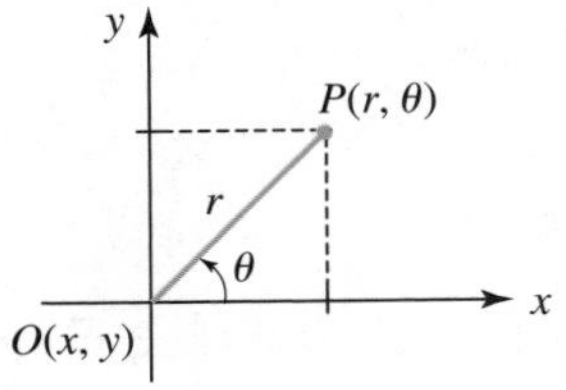

마지막으로 재미있는 그림 하나를 소개한다. 극좌표계에서 $r=1-\sin\theta$라는 함수는 약간 통통한 하트 모양의 폐곡선을 이룬다. θ를 기본 라디안에 대해 계산하고 그림을 그려 보면 다음과 같다.

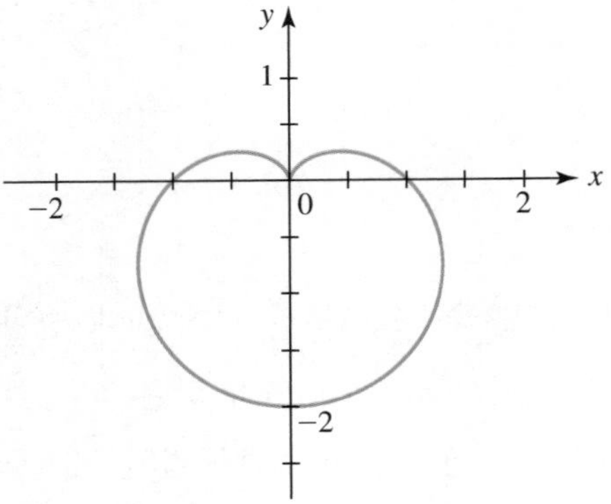

$\theta=0$일 때, $r=1-\sin 0=1$

$\theta=\dfrac{\pi}{3}$일 때, $r=1-\sin\dfrac{\pi}{3}=1-\dfrac{\sqrt{3}}{2}$

$\theta=\dfrac{\pi}{2}$일 때, $r=1-\sin\dfrac{\pi}{2}=0$

$\theta=\pi$일 때, $r=1-\sin\pi=1$

$\theta=\dfrac{3\pi}{2}$일 때, $r=1-\sin\dfrac{3\pi}{2}=2$

61 수학올림피아드와 필즈상

1988년 서울올림픽과 2018년 평창올림픽을 치르면서 우리나라도 이제 국제올림픽을 두 차례나 치른 나라가 되었다. 체육에서 국제올림픽이 있는 것처럼 수학에서도 국제올림픽이 있다. 우리나라에서 2000년 7월 개최된 제41회 국제수학올림피아드가 그것이다.

전 세계적인 수학의 영재들이 펼치는 두뇌축제인 국제수학올림피아드(Inter-national Mathematical Olympiad: IMO)는 어떤 것일까. IMO는 국제수학자연맹에서 주관하고 유네스코가 자문 및 후원을 하고 있으며 해마다 국가별로 돌아가며 개최된다.

제1회 대회는 1959년 루마니아에서 열렸으며 동구권 7개국이 참가하였다. 그 후 참가국 수가 꾸준히 늘어 우리나라에서 열린 대회에는 무려 85개국이 참가하여 큰 성황을 이루었다.

IMO는 한 나라의 기초과학 및 수학교육 수준을 가늠하는 국제 청소년 두뇌경시대회이다. 이 대회를 통하여 수학영재의 조기 발굴 및 육성과 더불어 세계 수학자와 수학 영재들의 국제 친선, 문화 교류, 수학교육의 정보 교환 등을 도모하는 데 의의가 있다.

모든 진행과 편의 제공은 IMO 개최국의 조직위원회가 담당한다. 각

● 필즈상의 메달에 새겨진 아르키메데스의 모습이다.

국가별 선수단은 20세 미만의 대학교육을 받지 않은 6명의 학생들로 이루어져 있고, 대회 일정은 매년 여름방학 동안 약 2주간에 걸쳐 실시된다.

시험 분야는 미적분학을 제외한 다양한 영역에서 고등학교 수준의 문제가 출제된다. 특히 우리나라 교육과정에서 소홀히 하고 있는 기하학 비중이 높다.

이틀간에 실시되는 시험문제 수는 6문항이며 하루에 3문제씩 4시간 반에 걸쳐 시험을 보게 된다. 개인별 득점은 한 문제에 7점씩으로 42점을 만점으로 하며 국가별 순위는 비공식적으로 개인별 득점을 합산하여 정하고 있다.

이번에는 수학의 노벨상으로 불리는 필즈상에 대해 알아보자.

매년 가을이면 노벨상이 수여된다. 특히 과학 분야 노벨상과 관련하여 수학 노벨상은 왜 없는가 하는 의구심을 갖는 사람들이 있을 것이다. 그 의구심을 풀어 줄 만한 노벨과 수학에 관련된 에피소드가 있다.

노벨과 동시대의 사람으로 미타그 레플러라는 스웨덴 수학자가 있었

● 우리나라가 국제수학올림피아드와 세계수학자대회를 모두 개최한 나라가 된 것은 자랑스러운 일이다.

는데 그는 당대 최고의 수학자였다. 레플러와 노벨은 서로 사이가 몹시 좋지 않았다. 노벨은 고민에 빠졌다. 만약 노벨상에 수학상을 집어넣는다면 레플러가 첫 수상자로 결정될 수밖에 없었으며, 그러지 않다 하더라도 적어도 레플러의 조언을 들을 수밖에 없었던 것이 싫었다.

그래서 노벨은 차라리 수학상을 제외시키는 것이 훨가분하다는 생각을 했던 것은 아니었을까?

노벨상에서 수학이 제외된 것에 대해 안타까워한 학자들 중에 캐나다의 수학자 필즈(1863~1932)라는 사람이 있었다.

필즈는 캐나다 토론토 대학에서 공부하고 수학의 본고장인 유럽으로 건너가서 수준 높은 강의를 들었다. 그때 스웨덴의 레플러를 알게 되면서 노벨상에 버금가는 수학상을 만들기로 마음먹었다.

제1차 세계대전 후 여러 가지 어려움 속에서도 수학자들을 설득했고, 드디어 그의 동료와 제자들이 감동하여 제9회 세계수학자대회에서 노벨상에 버금가는 수학상을 제안했고 그 안이 채택되어 필즈의 꿈은 이루어졌다.

그러나 안타깝게도 이미 필즈는 운명을 달리한 후였다. 그는 자신의 전재산을 그 상의 기금으로 사용하라고 유언으로 남겼다.

그의 공로를 기리기 위해 이 상의 이름을 '필즈상'이라 정했다. 필즈상은 대상의 선정 과정이 엄격하기로 유명한데 나이가 40세를 넘으면 대상에서 제외된다.

필즈상은 세계수학자대회에서 수여되는데 우리나라에서도 2014년 세계수학자대회가 개최되어 수학강국으로의 위상을 확인하는 계기가 되었다.

62 / 수학용어의 정의

일상생활 속에서 사용되고 있는 언어들이 본래 그 언어가 지닌 의미가 그대로 보존되어 어떤 학문의 용어로 사용되고 있다면 매우 다행스러운 일이다.

이러한 경우의 용어는 전문성 이전에 상당히 보편성을 지니고 있기에 그 분야의 비전문가와도 의사 소통을 수월하게 해주어 바람직한 경우라 하겠다.

그렇지 못할 경우는 유사한 용어를 빌려와 그 학문에서 말하려는 의도를 다시 담아 사용한다. 그럼에도 도저히 비슷한 용어마저 없을 때에는 완전히 새로운 용어를 만들어서 사용할 수밖에 없다.

위의 후자 두 가지 상황에서는 그 용어의 의미를 엄격히 정의(규정)해서 사용해야만 의사 소통을 혼동 없이 원활하게 할 수 있음은 당연하다.

특별히 수학에서 사용되는 용어는 위에서 말한 후자의 두 가지 경우가 거의 전부이다. 그래서 수학 공부의 기본은 용어의 정의와 그 이해에서부터 출발한다.

그런데 유사 용어를 빌려와 그 학문에서 표현하고자 하는 새로운 의미를 부여한 경우 그 용어에 대해 많은 사람들이 이전의 의미로부터 무

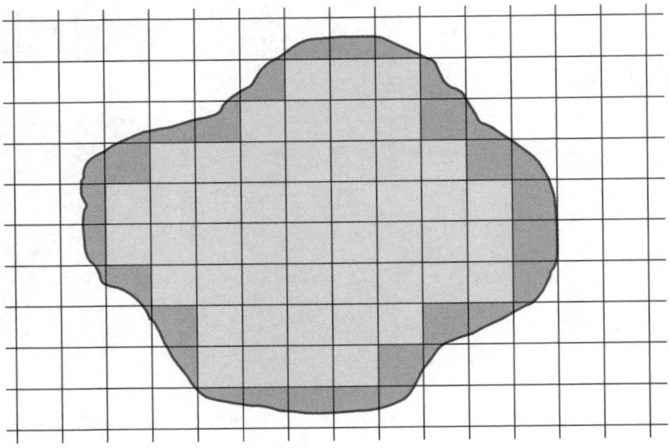

● 모눈종이에서 제주도의 넓이를 구하는 방식은 리만 적분의 소박한 접근 방법을 알 수 있는 세분화 작업의 한 예이다.

엇인가 유추하려는 유혹에 빠져들어 오해를 불러일으키는 경우가 있다.

그래서 차라리 아예 새로운 용어를 만들어 사용하는 경우가 더 유리할 때가 많다. 이런 이유로 수학 공부를 할 때 용어에 대해 자기가 알고 있는 상식의 편견에서 자유로워지지 않으면 안 된다.

수학이란 매우 체계적이며 논리적인 학문이며 용어의 엄격성이 보장되어야 하는 언어학이다. '수학이 무슨 언어학이냐'라며 의구심을 갖는 사람이 있다면 앞서 설명한 용어의 세 가지 접근 방법에서 어느 정도 이해할 수 있으리라 생각된다.

좀 더 구체적이고 실감나는 예는 바로 컴퓨터 언어이다.

다 아는 바이지만 컴퓨터 언어는 집합을 기본으로 수리 논리에 의해 만들어지고 있다는 것을 이해하면 수학이 적어도 기계 언어의 수단이 된다는 말은 수긍할 것이다.

북한에서 많은 수학 용어나 컴퓨터 언어를 우리말로 사용하고 있다고 하나 사실은 많은 경우 한글을 사용한 새로운 용어를 제정해서 사용하고

● 음악의 기호는 새로운 언어의 정의이다. 마치 수학의 기호와도 비슷하다.

있다는 말에 불과하다.

근래 컴퓨터 용어만 해도 수만 어휘가 넘으며 그 언어의 생성 소멸 주기가 매우 짧아 정신을 차릴 수 없다. 그래서 컴퓨터 용어 사전은 전통적인 사전의 의미를 갖지 못하고 있다.

수학 용어의 한 예를 들어보자.

이른바 적분(積分)이란 용어가 있는데 영어로는 Integration이다. '잘게 나누어 다시 쌓아 모으는 작업'이란 뜻 정도이나 사실 매우 심오하고 엄격한 논리가 내재된 수학적 정의가 필요한 용어이다.

물론 거칠게 받아들여 제주도의 넓이를 작은 모눈으로 나누어 그 모눈들의 총합으로 본래 넓이의 근삿값을 계산한다는 측면에서 적분이란 용어는 그럴 듯하다.

그런데 이 용어가 회로로 이루어진 컴퓨터 칩을 나타내는 용어로 쓰이기도 한다. 칩이란 조각을 나타내는 의미를 지녔다. 옥수수 가루로 만든 튀김 과자를 콘칩이라 부르는 연유도 여기에 있다.

사실 컴퓨터 칩은 집적회로 IC(Integration circuit)라 부르는 것이 타당

● 집적회로는 많은 소자를 하나의 칩 안에 집적화한 전자부품이다.

한 것이다. 왜냐하면 실리콘으로 만든 작은 칩에 수많은 회로가 쌓여 있기 때문이다.

그런데 킬로바이트를 IC의 용량의 크기로 나타내던 시절은 이미 너무 아득한 옛날처럼 느껴진다. 그러나 용량이 커지자 LIC(Large IC)로 나타냈다. 더 커지자 VLIC(Very LIC)로 나타냈고 더 많은 용량이 들어가자 SVLIC (Super VLIC)라 불렀다.

그 후 급속도로 대용량의 IC가 개발되어 가고 있는 것이 현실이다. 이렇게 하다 보면 어디서 더 크다는 언어를 불러올 수 있겠는가?

지금은 256메가 디램을 넘어섰다(이 책의 초판 원고를 쓸 때의 PC용량이다. 제3판 수정 보완을 하고 있는 2019년의 보통 PC용량은 4기가 디램을 넘어섰다. 1기가는 1천 메가를 가리킨다). 그래서 이제는 4의 거듭제곱(사실은 2의 거듭제곱)을 이용하여 디램의 용량을 나타내는 방법을 사용하고 있다.

63 / 기호의 발전

15세기에 접어들면서 유럽에서는 인쇄술이 등장했고, 그 결과 그리스와 아라비아 고전의 번역과 출판이 쉬워지면서 사람들이 이를 쉽게 구해 읽을 수 있게 되었다.

한편 이탈리아에서는 상인 계급의 생활에 여유가 생겨나자 고전의 부흥에 의한 인간 해방을 주장하는 휴머니즘 인본주의 또는 인문주의 운동이 일어났고, 16세기가 되면서 르네상스 시대가 시작되었다.

이 시기의 수학은 12세기부터 이어온 형성 과정으로 치밀하고 정확성을 추구한 고대 그리스 수학을 복원하는 동시에 새로운 수학의 창조로 나타난다.

대수학은 먼저 기호를 정비하는 데서 출발한다.

이제 차례로 이들에 대하여 설명해 보자.

먼저 플러스(+)와 마이너스(−) 기호는 '계산의 두목'이라는 별명을 가지고 있던 독일의 비트만이 1489년에 라이프치히에서 발표한 『산술책』에 나타난다.

처음에는 많고 적음의 뜻으로 쓰였으나 차차 덧셈과 뺄셈을 뜻하는 기호로 쓰여지게 되었다.

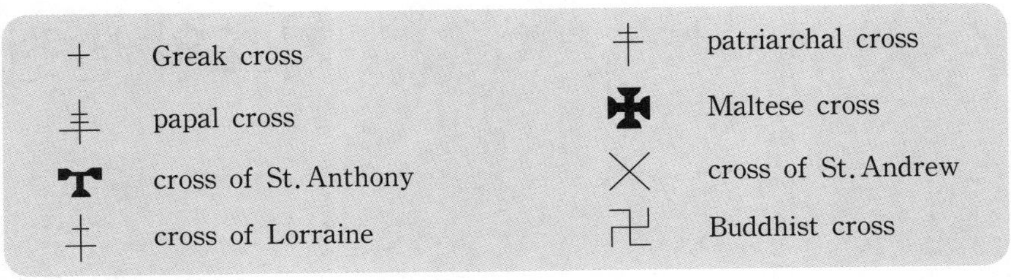

● 다양한 cross의 종류, 기호 †의 이름은 Latin cross이다.

플러스라는 말은 이 책에 나타나지 않으나 마이너스라는 말은 사용되고 있다. 이 +라는 기호는 and에 해당하는 라틴어의 et를 빨리 썼을 때 나타나는 형태에서 나왔다고 한다. 그러나 필자의 생각으로는 상호 보완한다는 뜻으로서 라틴 십자가에서 오지 않았나 싶다.

그러나 마이너스는 어떻게 하여 그런 기호가 되었는지 알려져 있지 않다.

제곱근기호(√‾)는 비엔나 대학 교수 슈라이버의 제자 루돌프가 그의 책 속에서 사용했다. 처음에는 √를 썼는데, 이는 근을 뜻하는 root의 머리글자 r에서 나왔음이 분명하다.

등호(=)는 영어로 된 최초의 대수학 책인 레코드의 『지혜의 숫돌』에 처음 나타난다. 레코드는 이것을 등호로 택한 이유를 다음과 같이 말하였다. "두 평행선(=)만큼 같은 것은 달리 있을 수 없기 때문이다."

나눗셈 기호(÷)는 스위스인 라안이 1659년에 취리히에서 출판한 대수학 책 『독일 대수』에서 처음 사용하였다.

소수 기호, 예를 들자면 3.754를 $\overset{0}{3}\overset{1}{7}\overset{2}{5}\overset{3}{4}$라 썼는데 이 기호를 처음으로 도입한 사람은 네덜란드 수학자 스테빈이다. 이로써 10진법의 체계는 완성된 셈이다. 스테빈은 도량형을 10진법으로 고치자고 주장하였는데, 이는 라그랑주에 의해 제시되어 사용된 미터법보다 200년이나 앞선 제안이어서 놀랍다.

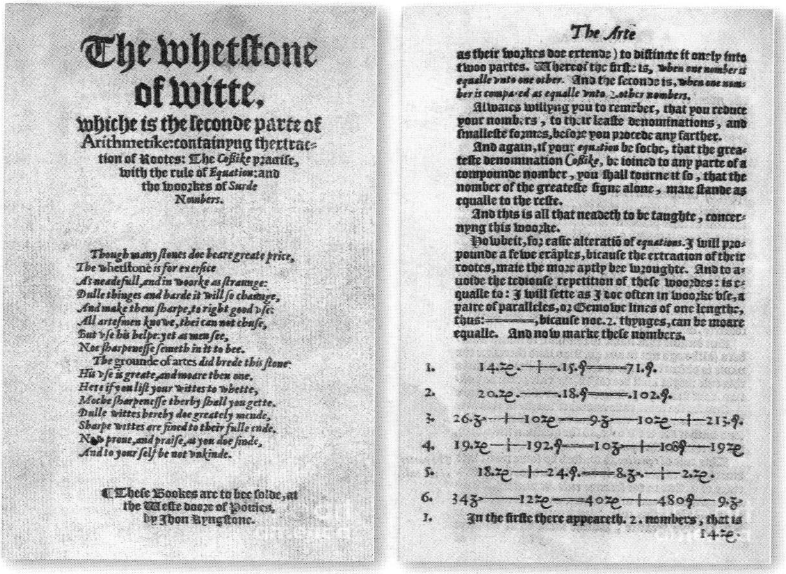

The whetstone of witte,
whiche is the seconde parte of Arithmetike: containyng thextraction of Rootes: The Cossike practise, with the rule of Equation: and the woorkes of Surde Nombers.

Though many stones doe beare greate price,
The whetstone is for exersice
As neadefull, and in woorke as straunge:
Dulle thinges and harde it will so chaunge,
And make them sharpe, to right good vse:
All artesmen knowe, thei can not chuse,
But vse his helpe: yet as men see,
Noe sharpenesse semeth in it to bee.
The grounde of artes did brede this stone:
His vse is greate, and moare then one.
Here if you list your wittes to whette,
Moche sharpenesse therby shall you gette.
Dulle wittes hereby doe greately mende,
Sharpe wittes are fined to their fulle ende.
Now proue, and praise, as you doe finde,
And to your self be not vnkinde.

These Bookes are to bee solde, at the Weste doore of Poules, by Jhon Kyngstone.

The Arte

as their woorkes doe extende) to distincte it onely into twoo partes. Whereof the firste is, when one nomber is equalle vnto one other. And the seconde is, when one nomber is compared as equalle vnto .2. other nombers.

Alwaies willyng you to remeber, that you reduce your nombers, to their leaste denominations, and smalleste formes, before you procede any farther.

And again, if your equation be soche, that the greateste denomination Cossike, be ioined to any parte of a compounde nomber, you shall tourne it so, that the nomber of the greateste signe alone, maie stande as equalle to the reste.

And this is all that neadeth to be taughte, concernyng this woorke.

Howbeit, for easie alteratiō of equations. I will propounde a fewe exāples, bicause the extraction of their rootes, maie the more aptly bee wroughte. And to auoide the tediouse repetition of these woordes: is equalle to: I will sette as I doe often in woorke vse, a paire of paralleles, or Gemowe lines of one lengthe, thus: =====, bicause noe .2. thynges, can be moare equalle. And now marke these nombers.

1. In the firste there appeareth. 2. nombers, that is

● 레코드의 『지혜의 숫돌』 중 일부이다.

17세기에 들어서면서 네이피어가 로그(log)를 고안하여 발표했고 해리엇과 오트리드는 대수의 기호화와 체계화에 공헌하였다.

부등호(>, <)는 영국의 수학자 해리오트가 죽은 지 10년 후에 출판된 그의 한 저서에 나타난다. 또 ≥와 ≤라는 부등호는 그로부터 1세기 후에 프랑스의 부게에 의하여 처음 쓰였다.

곱셈 기호(×)는 영국의 수학자 오트레드의 책 『수학의 열쇠』에 나타난다. 차의 기호 중 하나인 '∼'도 위의 오트레드의 책에 나타난다.

문자 기호는 프랑스의 수학자 비에트가 기지량과 미지량을 구별하기 위하여 기지량에 대하여는 *B, G, D,* …와 같이 자음을 나타내는 문자를 썼고, 미지량에 대하여는 *A, E, I, O*와 같이 모음을 썼다.

오늘날과 같이 기지량에 알파벳의 앞쪽 글자 *a, b, c, d,* …를 쓰고 미

● 콘트라베이스의 한 부분이다. 마치 수학의 적분기호 ∫(인터그럴)인 듯하다.

지량에 대하여 뒤쪽 글자 x, y, z를 쓰는 것은 뒤에 데카르트가 시작하였으며 a^3, a^4, … 등과 같이 지수 체계도 확립했다.

잘 알려진 대로 라이프니츠는 미분에서 dx, dy 기호를, 적분에서는 합(sum)의 머리글자인 S자를 위아래로 쭉 늘려서 ∫(인터그럴)을 사용하여 적분 기호인 $\int dx$를 만들었고 함수라는 용어도 처음으로 사용했다.

허수 단위인 $i=\sqrt{-1}$을 맨 처음 사용한 사람은 스위스의 오일러이다.

오늘날 우리가 쓰는 다양한 수학기호들은 이렇게 오랜 시간, 많은 수학자들에 의해 만들어지고 체계화되면서 오늘에 이른 것이다.

64 / 암호학의 발전

암호학이란 보통의 정보를 담은 평문을 해독 불가능한 형태로 변형하거나, 또는 암호화된 통신문을 해독 가능한 형태로 변환하기 위한 원리, 수단, 방법 등을 취급하는 학문이다.

우선 암호에 관련된 기본적인 용어를 몇 가지 소개한다.

송신자가 수신자에게 보내고 싶은 보통의 통신문을 평문 또는 원문이라고 하며, 평문을 그냥 보아서는 이해할 수 없는 암호문으로 변환하는 조작을 암호화라고 한다. 역으로 암호문을 본래의 평문으로 바꾸는 조작을 복호화라 한다.

복호화는 정당한 수신자가 정당한 절차를 통해 평문을 복원하는 경우를 말하며 부당한 제3자(도청자)가 다른 수단을 통해 평문을 추정하는 것을 암호해독이라 한다.

암호화와 복호화의 조작 원리를 암호 알고리즘이라 하며, 암호 알고리즘에 의한 변환을 제어하는 요소를 '키'라 한다.

암호학의 발달 과정은 문자 대입 방법을 주로 사용하던 시대와 복잡한 기계 등을 이용한 시대, 그리고 복잡도가 높은 암호 알고리즘을 사용하는 현대 암호학의 시대로 분류한다.

● 앨런 튜링은 컴퓨터의 아버지로 일컬어지는 훌륭한 수학자 이자 과학자였지만, 그의 삶은 비운의 인생이었다.

문자 대입 방법의 시대는 고대에서 19세기 말까지로, 이 시대의 암호화 과정에서는 통계적으로 나타나는 평문 문자의 특성을 배제하지 못하고 있으므로 암호문의 통계적 특성을 분석하여 암호문을 해독할 수 있었다.

이 시대를 대표하는 암호 체계로는 시저 암호, 비게네르 암호, 그리고 미국 남북 전쟁 때 남군이 사용한 뷰포트 암호 등을 들 수 있다.

20세기 초 전신기가 일반화된 시점에서 1940년대 말까지의 암호 체계는 주로 복잡한 기계를 이용하여 암호 알고리즘을 실현하였다.

이러한 암호 체계에서 생성된 암호문을 해독하기 위해서는 엄청난 계산량이 요구되었기 때문에 당시에는 상당히 안전한 체계였다.

그러나 컴퓨터의 발달과 새로운 해독 방식이 개발됨에 따라 오늘날에는 이런 종류의 암호 체계를 안전한 체계로 볼 수 없게 되었다.

제2차 세계대전 중 상대방의 암호 체계를 공격하기 위하여 1943년 12월 영국의 앨런 튜링(Alan Turing, 1912~1954)은 여러 동료들과 함께 세계 최초의 전자계산기로 일컬어지는 ‘콜로서스’를 개발했다.

콜로서스에는 약 1,800개의 진공관이 활용되었는데, 1초에 약 5,000자를 종이 테이프를 통해 기계에 공급할 수 있었다. 그 뒤 콜로서스는 계속 개량되어 지상 최대의 작전으로 불리는 연합국의 노르망디 상륙 작전이 시작되기 5일 전이던 1944년 6월 1일 본격적인 가동을 시작했다.

이어진 컴퓨터의 발달이 암호화와 그 해독 기법 연구 발전에 결정적인 역할을 해왔음을 알 수 있다.

초기에 사용된 복잡한 기계를 일반적으로 로터 기계라 부른다. 대표적인 기계로는 제2차 세계대전 중 사용된 독일의 에니그마와 미국의 M-209 등을 들 수 있다.

1940년대 말 섀넌이란 사람이 암호학에 관한 논문을 발표했는데 이때를 현대 암호학의 시작으로 간주하고 있다.

1970년대 초 전자 산업의 획기적인 발달로 인하여 섀넌의 이론과 이로부터 발전한 전반적인 각종 이론 등에 부합하는 복잡한 암호 알고리즘의 실현이 가능하게 되었다. 이러한 사실 때문에 1970년대 초를 실질적인 암호학의 시점이라고 이야기하는 사람들도 있다.

RSA−129 and Its Factors

114381625757888867669235779976146612010218296721242362562561842933706935245733897830597123563958705058989075147599290026879543541
=
3490529510847650949147849619903898133417764638493387843990820577
×
32769132993266709549961988190834461413177642967992942539798288533

● RSA 129자리 암호문인데 이것은 등호 오른편 두 개의 소수의 곱이다.

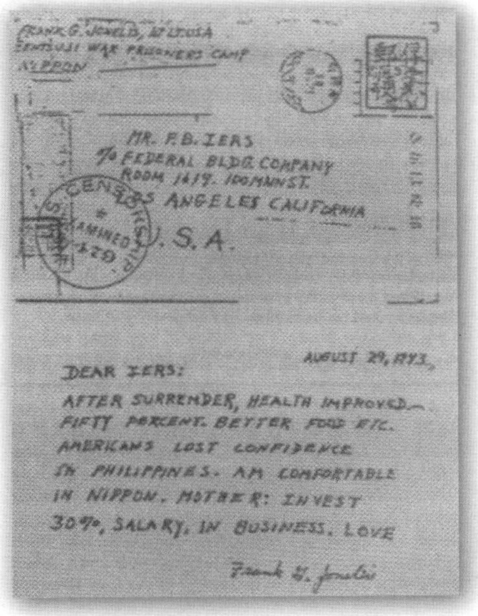

MR. F.B. IERS
FEDERAL BLDG. COMPANY
LOS ANGELES CALIFORNIA
U.S.A.

AUGUST 29, 1943.

DEAR IERS:

AFTER SURRENDER, HEALTH IMPROVED
FIFTY PERCENT. BETTER FOOD ETC.
AMERICANS LOST CONFIDENCE
IN PHILIPPINES. AM COMFORTABLE
IN NIPPON. MOTHER: INVEST
30%, SALARY, IN BUSINESS. LOVE

● 제2차 세계대전 중 일본에 있던 전쟁 포로 수용소에서 미국 로스앤젤레스 FBI에게 배달된 이 엽서는 일본측의 검열을 무사히 통과했다. 각 줄에서 맨 앞 두 단어씩만 연결해 읽으면 미군측 피해 상황에 대한 정보가 나타난다.

현대 암호 체계는 크게 나누어 공개 키 암호 체계, 스트림 암호 체계, 블록 암호 체계 등으로 나눌 수 있다.

암호 체계 창안자 이름의 머리 글자를 딴 RSA 암호 체계는 인수분해 문제의 높은 난이도를 이용한 가장 대표적인 공개 키 암호 체계이다. 인수분해를 이용한 암호 알고리즘은 1976년에 디피와 헬만에 의해 그 개념이 처음 소개되었으며, 1978년에 미국의 MIT에서 최초로 효율성과 보안성을 두루 갖춘 RSA 암호 체계가 개발되었다.

65 / 수학과 정보 보호

필자가 군 생활을 할 때 동료들로부터 조금 얼뜨다는 평을 종종 들었다. 그 이유는 밤마다 하달되는 암구호 때문이었다. 밤에 보초를 설 때의 어려움은 잠이나 추위, 더위도 아닌 하달된 암호를 가끔 잊어버려 쩔쩔매는 일이었다. 예컨대 그날 밤 암호가 '고구마'이면 '고구미'라고 한다든지 '닭다리'이면 '닭갈비'라고 하는 등 혼동이 잦았다.

소박한 의미에서 암호란 동료들끼리는 공유하면서도 제3자에게는 비밀로 하고자 정해둔 신호나 언어류이다. 요사이 십대들끼리 사용하는 은어에서부터 전쟁터에서 피아를 식별하거나 명령을 하달하기 위해 만들어진 암호문 등이 전통적인 예이다.

암호문을 정하는 자는 상대가 해독할 수 없도록 노력을 하고, 상대는 어떻게 해서든지 그 암호나 암호문을 쉽게 해독하려는 노력을 하는 것은 당연하다 할 것이다.

여기에서 출발한 것이 정보 보호학이다.

암호에 대한 역사적 이야기는 많이 있다. 예컨대 중국 후한 시절 위나라 조조가 전쟁 중 '계륵'이란 암호로 철수하고자 하는 마음을 드러낸 고사는 유명하다.

1895년 일어난 을미사변에서 일본 군인들이 정해진 암구호의 반응에 따라 피아를 식별하여 우리 군인을 공격했던 역사는 우리의 수치스런 암호 역사 중의 하나이다.

제2차 세계대전 중 일본의 해상 수송에 관한 암호를 해독한 미국이 일본에 큰 타격을 준 예도 있고, 2000년대에는 한 해커에 의해 미국 NASA의 컴퓨터 시스템의 비밀번호, 즉 암호가 해독된 일도 있다.

요즘 웬만한 사람들은 또 하나의 암호인 아이디를 대 여섯 개씩 가지고 있다. 나에게도 잊혀지지 않는 군번이며 주민등록번호, 이메일 패스워드, 증권거래번호, 그리고 몇 개의 통장 비밀번호, … 등이 있다.

그런데 이들 암호들이 고구마나 계륵 등 단순한 것에서 문자나 숫자의 복잡한 순열에 의한 난수표, 더 나아가 수백 자리에 이르는 숫자들로 정해지는 까닭은 왜일까?

이는 우리가 정보화시대에 살고 있으므로 내 정보는 보호하고 상대 정보도 내 것으로 만들어야 살아 남기 때문이다. 그리고 컴퓨터의 빠른 연산 속도와 날로 발전하는 프로그램에 의해 상대의 비밀번호를 반복 조합

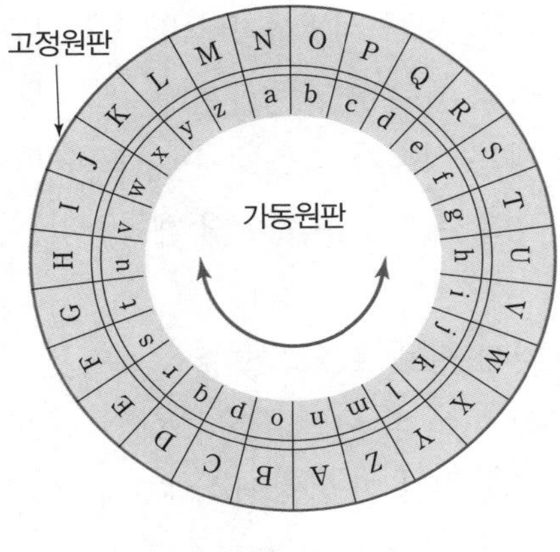

● 암호술에서 암호를 작성하고 번역하는 데 사용하는 기구인 사이퍼 원판이다.

● 제2차 세계대전 중 독일군은 에니그마를 이용해 암호를 생성했다.

에 의한 시뮬레이션으로 해독하는 것이 가능해지고 있기 때문이다.

암호화와 해독(암호학에서는 열쇠라 한다)하는 것이 어떻게 하는 것이 효과적인가의 이론을 제공해 주는 학문이 수학이라면, 그것을 기술적으로 어떻게 효과적으로 처리하느냐는 컴퓨터 공학의 역할일 것이다. 이 두 분야가 손을 잡고 하나의 학문 분야로 정보 보호학이라는 것을 개척해 가고 있다.

수학자의 아이디어와 섬세한 알고리즘이 컴퓨터학자에게 넘겨진 후 이들에 의해 더욱 정교한 컴퓨터 프로그램이 만들어진다. 이어 다시 세련된 수학이론을 거치고…, 이러한 상호보완에 의해 정보 보호학은 발전하고 있다.

특히 암호학에 관련된 수학이론 중에서는 어떤 정수가 소수(素數)인지 아닌지 판정하는 노력과 더불어 대단히 큰 소수를 찾아내는 것 등이 핵심적인 작업 중 하나이다.

사실 대단히 큰 소수를 알아내는 수학 방법은 없다. 그러나 여러 가지

$$
\begin{aligned}
E(R_0) &= 011110100001010101010101011110100001010101010101 \\
K_1 &= 000110110000001011101111111111000111000001110010 \\
E(R_0)+K_1 &= 011000010001011110111010100001100110010100100111 \\
S\text{-box outputs} &= 01011100100000101011010110010111 \\
f(R_0,\ K_1) &= 00100011010010101010100110111011 \\
L_2 = R_1 &= 11101111010010100110010101000100
\end{aligned}
$$

● 가장 현대적인 DES 암호화의 하나의 예이다.

노력에 의해 대단히 큰 두 소수를 알고 있다고 하자.

이때 이 두 수를 곱한 합성수를 비밀번호로 한 후 처음의 소수를 암호의 키로 삼는 것은 암호학에서 대단히 중요한 원리이다. 왜냐하면 다시 그 소수를 찾는 것은 그리 용이한 일이 아니기 때문이다. 지금까지 알려진 최대의 소수는 65,060자릿수이다. 이제 우리는 어두운 암호의 일상에서 벗어날 수 없게 된 듯하다.

암호에 관한 에피소드 하나를 소개한다.

1923년 독일의 한 기술자가 '에니그마(enigma : 수수께끼)'라는 타자기 모양의 암호 제조기를 고안해 냈다. 자판의 글자를 치면 전기신호가 암호 문자를 만드는 이 장치는 20년 후인 제2차 세계대전 때 큰 힘을 발휘했다.

연합군은 독일의 암호문을 해독할 수 없어 전전긍긍했다. 경우의 수가 너무 많아 도저히 풀 수 없을 것처럼 보였다. 영국은 암호학교를 세우고 1천여 명의 과학자가 매달렸지만 전쟁 막바지인 1943년에야 해독장치를 만들 수 있었다. 인류 역사상 가장 극적인 암호체계가 풀린 것이다.

현재 앞으로도 인간이 만든 암호체계는 인간에 의해 뚫리고, 또 뚫릴 것이다.

66 / 증명되지 않은 것은 틀린 것인가?

우선 제목에 대한 대답은 '아니오'이다. 더 나아가 과학적이란 말은 얼마나 신뢰할 수 있을까? 역시 부정적으로 답할 수밖에 없다.

과학에는 가설과 예측이 있기도 하지만 확인된 내용들에 대해서만 사실로 받아들이는 특징이 있다. 그래서 확인된 사실들을 과학적이라고 주장하는 것에 이의를 제기하기 힘들다.

그런데 확인되지 않은 대상들을 비과학적이라고 매도하는 '과학적'이라는 언어 종교에 깊이 빠진 사람들이 가끔 있다.

대표적인 예가 엥겔스와 마르크스이다. 그들은 당시로서는 상당한 수준의 수학 지식과 과학적 호기심을 가진 진보주의자였다. 실제로 그들이 여러 수학자와 교분을 나눈 기록이 있기는 하다.

그들은 공산주의 이론을 확립하면서 '과학적'이라는 수식어를 무척 애용했다. 자신들의 이론을 과학적이라는 매력있는 언어로 포장하여 신뢰를 강요하고 여타 다른 것은 은연 중 비과학적이라고 여겼다. 그런 입장에서 그들에게 자본주의는 비과학적이어서 폐기되어 마땅한 대상이었던 것이다.

확인이 안 되어 미지의 세계로 남아있는 것을 우리는 비과학적이라고

● 영국의 철학자이며 수리논리학자인 러셀(1872~1970)은 1950년 노벨문학상을 수상하기도 하였다.

말할 수 없다. 자신이 알고 있는 과학 지식 혹은 상식의 범주에 들어오는 것은 과학적이고, 그 범주에 들어오지 않는 것들은 비과학적이라 말하는 것은 매우 무모한 주장이다. 언젠가 그것들에 대해 우리가 인식할 수 있는 다양한 사실들이 밝혀질 때까지는 차라리 판단을 미루는 것이 현명한 일이다. 내가 알고 있는 과학은 저 바닷가 모래알 중 일부일 뿐이다.

수학에 나타난 수많은 정리들은 옳음이 증명되었고 효용가치가 있는 것들이다. 그러나 아직 나타나지 않고 미확인된 수학적 내용이 더 많다. 더욱이 옳음이 증명된 정리들도 주어진 조건 아래서의 참일 뿐, 조건의 변화에 따라 거짓이 될 수도 있다. 수학이 불변의 진리는 아니다.

한편 수학에서도 여러 가지 예측의 문제들이 있다. 그것들은 아직 증명되지 않았으므로 옳고 그름에 대해 판단이 미뤄져 있다.

예를 들어 어떤 사람이 허무맹랑한 주장을 해놓고 누군가 그 주장이 틀렸다는 반증을 하지 않는다면 이 주장은 옳은 것이라고 할 수 있을까?

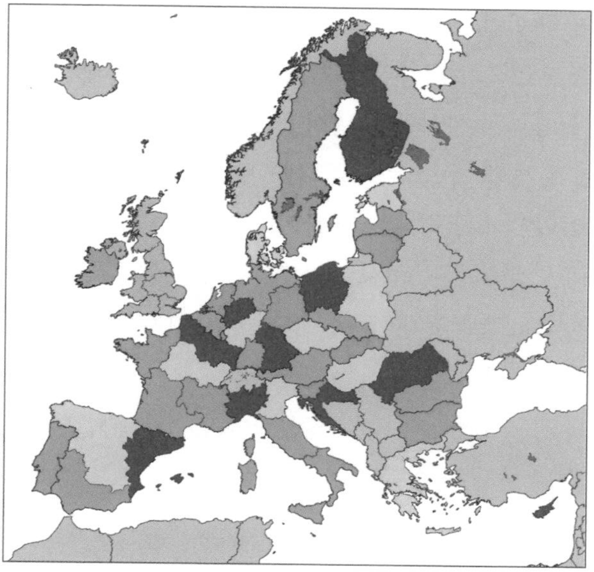

● 유럽의 각국을 구분할 수 있는 채색은 네 가지 다른 물감이 있으면 된다.

반증이 나타날 때까지 진위에 대해 판단을 미룰 수는 있을 것이다. 그러나 그로 인해 그 주장을 옳다고 할 수는 없다. 그런 식의 주장은 그리스 시대 활약했던 일부 소피스트들의 말장난에 불과하다.

유명한 4색 문제도 수학적 논리에 의해 증명된 것이 아니므로 증명으로 인정을 하느냐 마느냐의 논쟁이 오래전부터 있어 왔다. 4색 문제는 결국 어떤 수학적 명제가 사람에 의해 수학적으로 증명된 것이 아니고, 컴퓨터와 같은 다른 수단에 의존하여 증명되었을 때 이것을 증명으로 받아들일 것이냐의 여부에 대한 논쟁이다.

지도에서 인접한 나라를 서로 다른 색을 칠해 구별하려면 적어도 몇 가지의 색이 필요한가?

이 문제의 조건은 이웃한 어떤 두 나라도 같은 색으로 칠하지 않아야 한다는 것이 핵심인 4색 문제로 알려져 있다. 4색 문제는 1852년 수학 교육자인 드 모르간의 제자였던 거스리가 처음으로 제기했다.

그것은 곧 다른 수학자들의 관심을 끌게 되었으며, 많은 수학자들은 4가지 색이면 충분할 것이라고 확신했지만 아무도 증명을 하지는 못했다.

1976년에 와서야 일리노이 대학의 아펠과 하켄은 토론토에서 개최된 수학 회의에서 컴퓨터를 이용한 4색 문제에 대한 증명을 제시했다. 그들은 컴퓨터를 이용한 시뮬레이션을 실행하여 1,000시간 이상 십만 가지가 넘는 서로 다른 상황을 확인하는 증명 과정을 거쳤다. 이 작업은 한 사람이 평생 동안 수작업을 해야하는 분량이었다.

이 색 문제의 증명은 컴퓨터를 주로 사용해 만들어진 최초의 증명이란 점에서 더욱 중요하다.

그런데도 많은 수학자들은 이렇게 반복 작업에 의해 가능성을 확인해 가는 증명 방법은 수학 지식의 논리가 아니고 사람의 예리한 통찰력으로 귀납적 작업에 의한 결과이기 때문에 일반 귀납적 결함이 있을 수도 있다고 생각한다.

그래서 컴퓨터의 증명을 증명으로 받아들일 수 있는가의 의구심으로 수학계에서 아직까지도 논쟁거리가 되고 있다.

67 페르마의 마지막 정리와 앤드루 와일스

1900년 파리 국제수학자회의에서 힐베르트가 제시한 새로운 세기의 '23가지 수학 문제' 중 10번째는 부정 방정식의 결정 문제로 '부정 방정식의 유리 정수해의 존재 여부를 유한 회의 수단으로 판정하는 일'이라는 문제였다.

이 문제의 특수한 경우로 디오판토스 부정 방정식의 일종인 페르마의 마지막 정리는 여러 면에서 매우 유명하다. 이 마지막 정리는 'n이 2보다 큰 정수일 때 $a^n + b^n = c^n$을 만족하는 0이 아닌 정수 해 a, b, c는 존재하지 않는다'는 내용이다.

n이 2일 때는 피타고라스 정리의 일부로 직각 삼각형의 세 변 a, b, c에 대해 c가 빗변 길이일 때 $a^2 + b^2 = c^2$이라는 것은 널리 알려져 있다.

특히 변의 길이가 정수인 직각 삼각형들은 기원전부터 관심 거리였다. 변의 길이가 3, 4, 5 또는 5, 12, 13 같은 것들은 일찍이 알려졌다. 그런 수들을 이른바 '피타고라스 수의 3요소'라 한다.

그 후 이런 수들의 쌍은 깊이 연구되어 얼마든지 많이 제시할 수 있어 별 문제가 없다. 그러나 수학자들은 여기에 만족하지 않고 제곱이 아니라 지수를 높여 $a^3 + b^3 = c^3$ 및 $a^4 + b^4 = c^4$ 또는 $a^{2001} + b^{2001} = c^{2001}$

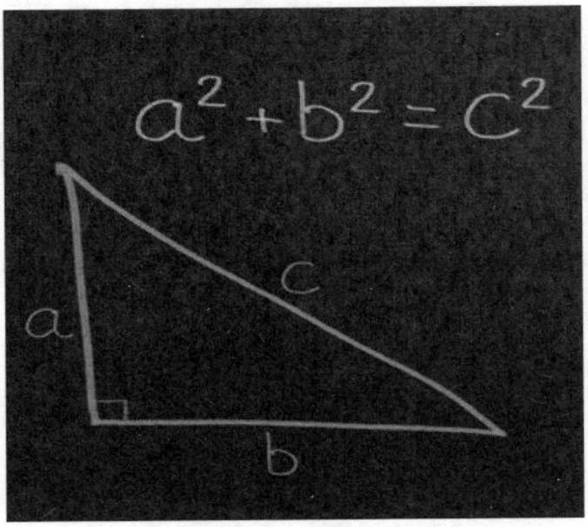

● 피타고라스 공식을 나타낸 직각삼각형이다.

을 만족시키는 정수의 해 a, b, c가 있는지를 알아내려 했다.

그리고 이것은 한층 재미있는 문제로 등장했다.

물론 그런 수들은 존재한다. $a=0$, $b=0$, $c=0$ 또는 $a=0$, $b=c$일 때 말이다. 하지만 이런 해들은 너무 당연하여 무시된다. 따라서 문제는 위의 성질을 만족시키는 다른 정수 a, b, c가 있느냐 하는 것이다.

이 문제에 대해 특별히 관심을 가진 사람이 프랑스의 법률가인 피에르 드 페르마(Pierre de Fermat, 1601~1665)였다.

그는 아마추어 수학자로 여가 시간을 이용해 수학 공부를 했다. 페르마는 가죽 상인의 아들이었고 초기 교육은 가정에서 받았다. 30세 때 툴루즈 지방 의회의 의원직을 얻어 겸손하고 꼼꼼하게 직무를 잘 수행하여 평판이 좋았다.

그 후 변호사로서 활동하는 동안 많은 여가 시간을 수학 연구에 바쳤다. 비록 생애 동안 연구 결과를 거의 발표를 하지는 않았지만 그는 그 시대의 뛰어난 수학자들 및 과학자들과 많은 교류를 가졌고 동시대인들에게 상당한 영향을 끼쳤다.

● 페르마는 프랑스의 수학자이다. 근대의 정수 이론 및 확률론의 창시자로 알려져 있고, 17세기 최고의 수학자로 손꼽힌다.

그는 대수학의 아버지라고 불리는 그리스의 수학자 디오판토스의 책을 읽다가 피타고라스 수의 3요소를 알게 되면서 그것을 제곱이 아닌 임의의 지수로 일반화하면 어떨까 하는 생각을 하였다. 그는 드디어 '페르마의 마지막 정리'로 불리는 '지수가 3 이상인 경우의 방정식 $a^n + b^n = c^n$을 만족하는 정수해는 있을 수 없다'는 사실을 확신했다.

이 정리에 대한 기록은 디오판토스의 『산수론』 복사 본 여백에 '나는 실로 놀랄 만한 증명을 발견하였지만, 증명을 쓰기에는 이 여백이 너무 좁다'는 글을 남김으로써 후세 사람들을 괴롭혔다.

그때부터 이 문제는 수학자들을 사로잡았고 많은 수학자들이 생애에 한 번쯤은 어떻게 해서라도 증명에 성공하기를 꿈꾸었다. 그러던 중 지수 3과 4에 대한 증명은 이루어졌으나 일반적인 경우는 증명하지 못하고 있었다.

이런 과정을 거치며 정수론의 상당 부분이 이 문제를 해결해 보려는 노력에서 발전했다고 해도 지나치지 않다.

● 1993년에 앤드루 와일스에 의해 페르마의 마지막 정리가 사실이라는 것이 드디어 증명됐다.

1908년 독일의 부호 볼프스켈은 페르마의 마지막 정리를 증명하는 사람에게 10만 마르크의 상금을 주겠다고 했지만 그 뒤로도 여전히 이 문제는 해결되지 못했다.

그러다 1993년 가을 영국 수학자이며 미국 프린스턴 대학 교수인 앤드루 와일스가 7년간의 고독한 연구 끝에 드디어 페르마의 마지막 정리에 대한 증명을 발표하게 된다.

하지만 200쪽에 달하는 이 증명은 너무나도 복잡하여 페르마가 꿈꾸었던 단순성과와는 거리가 아주 멀었다. 그 후 혹시 오류가 있는지의 여부를 확인하기 위해 정밀 검토를 받았고 자신의 원래 증명에서 발견된 심각한 오류 하나를 수정한 후 제자인 테일러 교수와 함께 1994년에 새로운 증명을 제시했다.

현재 이 증명은 공식적으로 맞는 것으로 인정받고 있다.

하지만 페르마는 정말 '페르마의 마지막 정리'를 증명했을까? 하는 의구심은 여전히 남아 있다.

68 / 3대 작도 불능 문제

수학을 가르치는 필자에게는 정말 아름다운 추억이 하나 있다.

어느 날 충북 어떤 작은 읍의 구세군 사관 한 분이 찾아와 고등학교에 다니는 아들이 3대 작도 불능 문제 중 일반각의 3등분 문제를 해결했는데 그 사실을 검토해 줄 수 있느냐고 부탁했다.

나는 우선 그분과 그의 아들을 실망시키지 않아야겠다는 생각이 앞섰다. 이런저런 이야기로 분위기를 조성한 뒤 그 증명 내용을 볼 수 있겠느냐고 했더니 그는 먼저, 그 증명을 도용하지 않겠다는 약속을 해달라고 하여 매우 난감한 생각이 들었다.

그러나 잠시 생각하니 그분의 자녀에 대한 깊은 사랑과 신뢰가 또 하나의 소박한 믿음으로 승화되어 그렇게 말씀하였으리라 하는 생각이 들어 나의 가슴속에 잔잔한 감동의 물결이 일렁이었다.

그때 나는 우선 두 가지를 말씀드렸다.

첫 번째는 유클리드 도구인 눈금 없는 자와 컴퍼스만 사용하여 일반각을 삼등분할 수 있느냐의 질문은 이미 19세기에 여러 사람에 의해 불가능하다는 사실이 증명되었으니, 우선은 그 증명이 틀렸다는 사실부터 증명해야 한다고 권고하였다.

두 번째는 그 증명을 하기보다는 일반각을 3등분할 수 있다는 그토록 열정적인 신념으로 수학 공부를 지속적으로 하는 것만도 정말 훌륭한 일이며 분명히 훗날 당신의 아들은 수학에 큰 업적을 남길 수 있을 것이라고 말해주었다.

아마도 그분의 아들은 지금쯤 훌륭한 수학자가 되어 있으리라고 믿어 의심치 않는다.

고대 그리스 시절 소피스트들을 중심으로 연구의 초점이 되어온 3대 작도 문제라는 것이 있다. 이 문제들의 작도가 불가능하다는 사실이 19세기가 되어서 겨우 증명되었지만 그리스 시절 이후 2천여 년 동안 어떻게든 해결하려고 꾸준히 노력해 왔다. 문제의 해결은 이루지 못했지만 이런 노력에 따른 부수적인 수학적 결실도 많았다.

그 첫 번째 문제는 '임의의 각을 3등분할 수 있느냐'의 문제이다. 임의로 주어진 각은 2등분할 수 있다. 그리고 직각도 3등분할 수 있다. 그렇다면 '일반적으로 임의의 각도 3등분할 수 있지 않을까'라는 질문이 자연스레 생겼던 것이다.

두 번째 문제는 '원적 문제'인데 이것은 원의 넓이와 똑같은 정사각형을 만드는 문제다. 이 문제는 정4각형, 정5각형 등과 같은 다각형의 넓이와 같은 삼각형을 작도할 수 있고, 특히 삼각형의 넓이와 같은 초승달 모양도 만들 수가 있다. 그렇다면 원의 넓이와 같은 4각형도 작도할 수 있지 않을까? 하고 생각한 데서 발생한 문제다.

기록에 의하면 BC 450년경 그리스 철학자 아낙사고라스가 이 문제를 최초로 다루었다.

이 문제를 대수적으로 표현하면 주어진 원의 반지름을 r이라 하고 작도하려는 정사각형의 변의 길이를 x라 하면 $\pi r^2 = x^2$을 만족하는 x를 구하는 작업이다. 이때 x는 무리수일 수밖에 없으니 작도가 불가능하다.

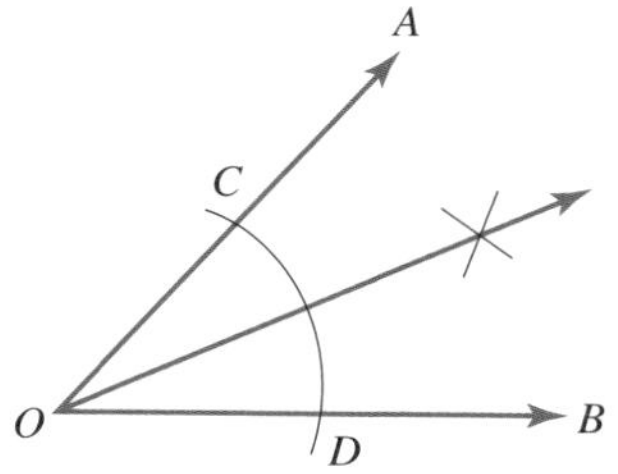

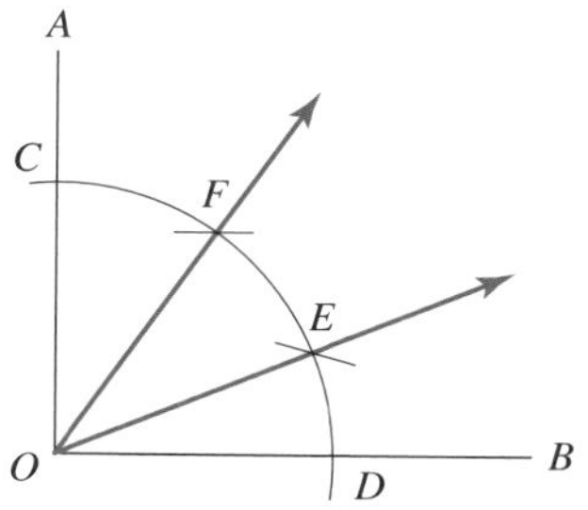

● 일반각의 이등분과 직각의 삼등분 방법이다.

세 번째는 델로스 문제로 알려진 '배적 문제'인데 어떤 정육면체의 2배인 부피를 지닌 정육면체를 만드는 문제다.

이 문제에 얽힌 다음과 같은 전설이 있다.

BC 4세기경 에게해의 델로스라는 작은 섬에 전염병이 유행하여 사망하는 사람이 많았다. 섬 사람들은 섬의 신인 아폴론 신이 노해서 그렇다고 생각하고 신의 노여움을 풀기 위해 기도를 올렸다. 그러자 아폴론 신이 이르기를 "내 앞에 있는 정육면체의 제단이 너무 좁으니 제단을 2배의 부피로 만들어 달라. 그러면 병을 없애 주겠다"라고 하였다.

그래서 백성들은 석공을 시켜 2배의 부피가 되는 정육면체를 만들려고 1변의 길이를 2배로 하여 만들어 바쳤으나 질병은 그치지 않았다. 왜냐면 입체는 세제곱으로 늘어나므로 처음 것의 부피가 1이면 새것의 부피는 무려 8이 된다. 그러니 신은 진노를 멈출 수 없었을 것이다.

결국 두 배의 정육면체를 만드는 것은 무리수 길이는 어떤 기준자로도 작도할 수 없다는 사실에 의해 불가능한 일이다.

'일반 각의 삼등분 불가' 증명은 조금 더 정밀한 수학적 작업이 필요하다. 참고로 일반 각을 삼등분할 수 없다는 대수적 증명의 핵심이 되는 식을 소개한다.

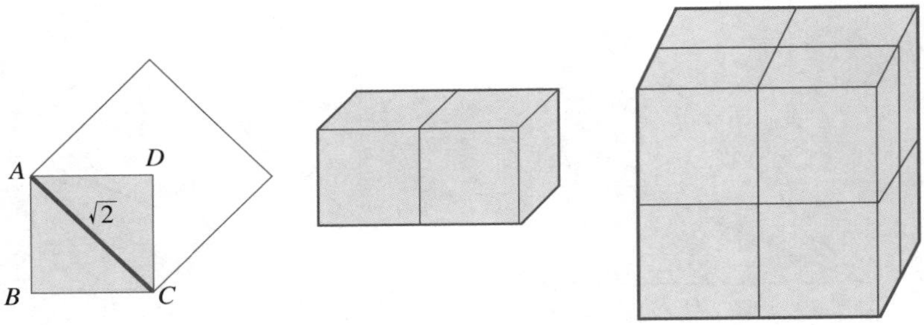

● 배적 문제를 이해할 수 있는 예들이다.

그것은 삼각법의 한 식 $\cos\beta = d\cos^3\frac{\beta}{2} - 3\cos\frac{\beta}{3}$이 항등식임을 증명하는 것이다.

또 하나는 임의의 a에 대해 $x^3 - 3x + a = 0$를 만족하는 x를 찾는 문제로 귀착된다. 이 계산은 특수한 a가 아니고서는 대수적인 근이 존재하지 않는다. 그러므로 임의의 각을 3등분하는 것은 불가능하다.

69 / 피타고라스 생애

초기 그리스 수학에 관한 기록은 철학자 프로클로스의 저서로 알려진 「에우데무스 요약」이라고 불리는 글에 주로 의존하고 있다. 이 요약은 프로클로스가 정리한 '유클리드 제1권의 주해' 머리말을 이루고 있는 것으로 내용은 그리스 초기로부터 유클리드 시대에 이르기까지 그리스 기하학의 발전에 관한 간단한 조망이다.

프로클로스는 5세기에 살았으면서도 많은 역사적인 중대한 작품을 정리했는데 그 대부분이 오늘날까지 전해 내려오지 못한 채 분실되고 말았다. 다만 그와 그 밖의 여러 사람의 단편적인 작품이 또 다른 기록자들에 의해 오늘날까지 전해지고 있다.

아리스토텔레스의 제자인 에우데무스가 쓴 책은 BC 335년 이전의 그리스 기하학의 역사를 요약한 것으로 프로클로스 시대에 이미 분실되고 말았다. 「에우데무스 요약」이라는 제목은 그 책이 에우데무스 작품에 근거하고 있기 때문에 붙여진 것이다.

한편 경험과 직관에 의존하던 고대 수학이 그리스 문명의 발달과 더불어 그리스 수학자들에 의해 논증적 수학의 싹을 틔웠다. 그 대표적인 사람이 지중해 이오니아 지방의 탈레스(Thales, BC 624?~BC 545?)와 그

● 피타고라스는 고대 그리스의 수학자 · 철학자이자 종교적 지도자였다. 피타고라스의 정리로 유명하며 그의 영향은 플라톤, 유클리드를 거쳐 현대까지 미치고 있다.

학파인데 이들은 매우 합리적인 것만을 추구하였다. 그 뒤 피타고라스(Pythagoras, BC 580?~BC 500?)를 중심으로 한 피타고라스 학파는 여기에 종교적인 신비주의를 첨가하였다.

그는 철학자이자 종교적 지도자로 수학과 천문학 그리고 음악의 이론 발전에 지대한 공헌을 했으며 순수 수학을 연구한 최초의 수학자인데 그래서 그를 '수학의 역사' 자체라고도 말한다.

그는 그리스의 사모스 섬에서 태어나 이집트와 바빌로니아에서 유학했으며 페르시아, 인도, 바빌로니아, 이집트 등 동방의 신비주의와 많이 접하면서 그곳의 지식들을 습득했다.

특히 탈레스와 아낙시만드로스의 영향을 많이 받았다고 한다. 사모스 섬으로 돌아와서 학교를 설립하려 했으나 실패했으며 사모스 섬의 통치자에게 추방 당해 남부 이탈리아의 크로톤으로 이주하게 된다.

마흔 즈음에 크로톤에 철학, 종교 학교를 세웠는데 피타고라스 학파가

● 피타고라스가 수학 연구를 하고 있는 모습이다.

생겨날 정도로 많은 추종자들이 그를 따랐다. 당시 사람들은 세계를 신화로 설명하려 했고 수학이나 과학을 통해 설명하려 하지는 않았다.

피타고라스 역시 신비주의에 젖어 있었고 영혼의 전이를 믿었는데 한 번은 강아지가 뭇매를 맞는 장면을 목격하고는 "강아지를 그만 때려라. 이 개 안에는 내 친구의 영혼이 살아있다. 나는 개의 목소리에서 그것을 알 수 있다"고 말한 적도 있다고 한다.

이런 피타고라스의 신비주의적 사고는 비난받았지만 수학자로서는 달랐다. 신비주의적 관념에도 불구하고 '수'의 개념을 통해 세계를 설명해 내려 한 지식인이기도 했기 때문이다.

피타고라스 학파는 내부의 일을 외부에 알리는 것을 금했고 모든 발견은 스승에게 바치는 것이 전통이었다. 그들은 엄격한 교리에 따라 검소한 생활을 했고 신비한 의식도 행했다. 피타고라스 학파는 금욕적이고 은둔적인 삶을 살았고 채식주의자로 생활했으며, 개인 소유는 어느 것도 인정하지 않았다. 그래서 이런 피타고라스 학파를 비밀결사조직으로 보는 이도 있다.

그 후 이 단체의 영향과 귀족적 경향이 너무나 대단해져서 남부 이탈리아의 민주 세력이 학교의 건물을 파괴하고 단체를 해산시키기에 이르렀다. 한 기록에 따르면 피타고라스는 메타폰티온으로 피신을 했으나 아마 그곳에서 자객에 의해 살해된 듯하다. 이때 나이가 70~80세쯤 되었다.

피타고라스 개인의 활동에 관해서는 알려진 바는 그리 많지 않다. 그 이유는 앞서 설명한 것처럼 피타고라스 학교가 그들의 발견을 발설하는 것을 금했기 때문에 그의 제자들과 그의 업적을 구분해내는 것이 불가능하다. 그럼에도 피타고라스의 학교는 수학에 있어 눈에 띄는 공헌을 한 것이 사실이다.

피타고라스 학파의 영향과 전통은 2세기경까지 5백년 이상 이어져 왔으며 후에 집필된 기하학의 고전, 유클리드의 『기하학 원론』도 피타고라스 학파의 업적들을 모아놓은 것이라 한다.

70 / 피타고라스 업적

피타고라스 학파의 업적 중 가장 중요한 것으로는 직각 삼각형의 정리에 대한 증명과 무리수의 발견이다.

사실 직각 삼각형에 관한 성질은 피타고라스보다 1천여 년 전 바빌로니아 사람들이 이미 알고 있었으며 실생활에 활용했다. 그러나 그것을 피타고라스가 논리적으로 증명하였다는 데 의미가 큰 것이다.

그러나 무리수에 대해서는 그동안 모든 길이는 적당한 기준자에 의해 잴 수 있다고 생각했었던 입장, 즉 '모든 수와 길이는 비율로써 기하학적 성질을 설명할 수 있다'는 믿음에 대한 반란이었기에 피타고라스 스스로 당혹감에 빠질 수밖에 없었던 사건이다.

대수적으로 말하면 정수의 비(ratio)로 나타낼 수 있는 수가 유리수(rational number)인데 그런 비율로 나타낼 수 없는 수가 있다는 것을 알게 된 것이다. 이로써 무리수(irrational number)의 존재가 밝혀지게 된다.

피타고라스 학파들은 '만물은 수이다'라는 신념을 가졌다. 그리고 수를 홀수, 짝수, 소수, 합성수, 완전수, 잉여수, 부족수, 조화수 등으로 분류했다. 삼각수, 제곱수도 연구했고 인수의 합, 비례와 평균, 산술 평균, 조화 평균도 다뤘다.

완전수란 자기 자신을 제외한 모든 약수의 합이 자기 자신과 같아지는 수이다. 예를 들면 6과 28 같은 수들이다.

또한 과잉수란 자기 자신을 제외한 모든 약수의 합이 자기 자신보다 큰 수이며, 부족수란 자기 자신을 제외한 모든 약수의 합이 자기 자신보다 작은 수이다. 예를 들면 18은 과잉수이고, 10은 부족수이다.

친화수란 수 a가 b의 (b 자신을 제외한) 모든 약수의 합이 되고, 또 b가 a의 (a 자신을 제외한) 모든 약수의 합이 되는 한 쌍의 수 (a, b)를 가리키는 말이다. 예를 들면,

$$220 = 1 + 2 + 4 + 71 + 142 \quad \text{(284의 약수의 합)}$$

$$284 = 1 + 2 + 4 + 5 + 10 + 11 + 20 + 22 + 44 + 55 + 110 \quad \text{(220의 약수의 합)}$$

이므로 220과 284는 친화수이다. 피타고라스 학파는 단 한 쌍의 친화수 (220, 284)만을 발견했을 뿐이다. 제2, 제3의 쌍은 17세기에 페르마와 데카르트에 의하여 겨우 발견되었다. 18세기에는 오일러가 62번째 쌍까지 발견하였다.

피타고라스 학파는 수를 도형과도 결부시켰다. 1, 3, 6, 10, …과 같이 정삼각형으로 배열할 수 있는 수들을 삼각수라 했다. 1, 4, 9, 16, …과 같이 정사각형으로 배열할 수 있는 수들을 사각수라 불렀다. 마찬가지로 오각수, 육각수들로 다루었다.

이와 같은 수의 연구는 그 자체로는 별로 가치가 있는 것은 아니지만 뒤에 정수론 연구에 큰 영향을 주었다.

한편 피타고라스는 다섯 가지 정다면체, 정사면체, 정육면체, 정팔면체, 정십이면체, 정이십면체를 우주의 근본이라고 생각했다.

흙은 정육면체로부터, 불은 피라미드(정사면체)로부터, 공기는 정팔면

● 이탈리아 보에티우스의 책에 수록된 피타고라스의 모습으로 상상력이 풍부한 그림이다.

체로부터, 물은 정이십면체로부터, 구는 정십이면체로부터 생성된다고 본 것이다.

피타고라스는 우주의 중심에 불이 위치한다고 생각했다. 만약 태양을 불이라 생각하였다면 지동설의 단서를 제공한 최초의 사람이라 할 수 있다. 한편 그는 그 불이 피라미드로부터 생성된다고 믿었다. 즉 피라미드가 태양신의 신전인 셈이다.

피타고라스는 신만이 유일체이고 지구상의 모든 것은 복수체라고 믿었다. 천문학에서 피타고라스 학파는 천체들의 주기를 수학적 관계로 푸는 데 초점을 맞췄다.

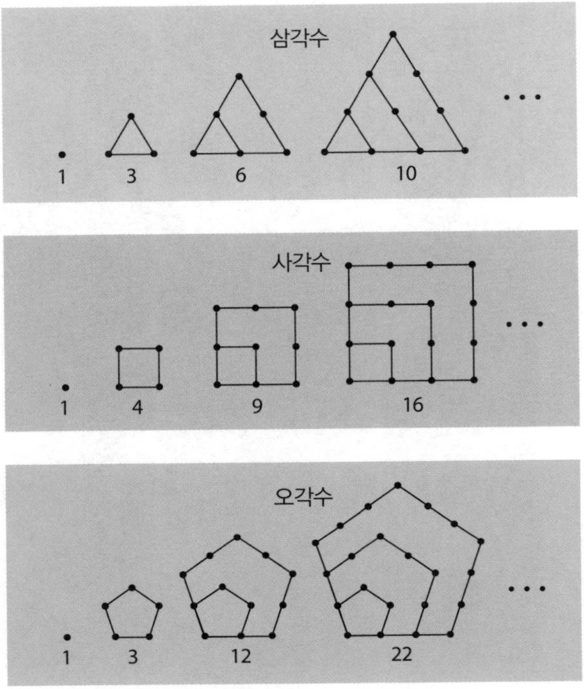

● 삼각수, 사각수, 오각수를 도형에 의해 나타낸 그림이다.

자연의 조화는 '숫자들의 비율'로 신에 의해 만들어진다고 생각했던 피타고라스 학파의 수 철학은 자연현상 안의 대칭과 조화에 관심을 가졌다. 그 대표적인 것이 황금 분할비에 대한 신념이었다.

또 음악의 음계를 현 길이의 조화로부터 정했는데 처음에 길이가 1인 현을 울려서 소리를 내고, 다음에 길이가 $\frac{2}{3}$인 현을 울려서 소리를 내면, 처음의 소리보다 5도 높은 소리가 나고, 또 길이가 $\frac{1}{2}$인 현은 원래의 소리보다 8도 높은 소리가 난다는 것을 발견하여, 이들을 기초로 해서 음계를 만들었다.

수 철학은 우주로 확대돼 천구의 운동을 음표에 빗대 설명하는 '우주 조화론'으로 일반화되었다. 천구의 행성들이 궤도를 그리는 동안 만들어 내는 소리가 구의 조화를 이룬다고 생각했던 것이다.

'구들의 조화'라고 불리는 우주 조화론은 케플러에게까지 영향을 끼쳤다. 케플러는 각각의 행성운동을 서로 다른 옥타브의 음계로 표현하려는 시도를 했다.

이뿐만 아니라 피타고라스는 샛별이나 저녁별이 모두 같은 행성인 금성이라는 사실도 처음으로 알아냈다. 이렇듯 그와 그의 학파들이 후세의 학문에 끼친 영향은 풍요롭다 할 수 있을 것이다.

71 / 유클리드

기하학의 아버지라고 불리는 고대 그리스 수학자 유클리드(Euclid, BC 330?~BC 275?)의 생애에 대해서 알려진 바는 그리 많지 않지만, 이전의 기하학과 자신이 체계화한 기하학을 『기하학 원론(Elements)』이란 책으로 엮어내면서 후세 수학자들에게 영향을 끼쳤다.

그가 살았던 시대는 마침 알렉산더 대왕이 동서를 정복하여 문물 교류가 활발해진 시기여서 이집트의 기하학과 바빌로니아의 대수학 등이 그리스 지식인들에 의해 논증적으로 어느 정도 체계화되던 시기이다.

유클리드는 프톨레마이오스의 제자들과 함께 아테네에 위치한 플라톤 아카데미에서 연구를 했다고 알려져 있다.

이후 그는 연구를 위해 그리스에서 이집트의 알렉산드리아로 이주했다. 프톨레마이오스 1세가 알렉산드리아 도서관에 수학 학교와 박물관을 열기 위해 그를 초청했고, 그는 이곳에서 그의 위대한 작업인 『기하학 원론』을 탄생시켰다.

한편 파포스의 책에는 아폴로니우스가 유클리드의 제자였다는 기록이 남아 있는데 현재 여덟 권으로 전해지는 유클리드의 저서 『원추곡선론』의 첫 네 권은 유클리드가 집필했지만 나머지 네 권은 아폴로니오스가

● 기하학의 아버지 유클리드의 연구는 후세의 수학자들에게 지대한 영향을 끼쳤다.

유클리드의 업적을 정리하고 완성한 것이라고 기록하고 있다. 이런 점으로 미루어 유클리드는 알렉산드리아의 수학을 융성하게 만들었을 뿐 아니라 훌륭한 제자를 길러 낸 스승이기도 했던 것이다.

그는 공정하고 입바른 소리를 잘했지만 친절한 성격을 지녔다고 한다. 당시 왕이었던 프톨레마이오스 1세가 유클리드에게 기하학을 배우는 가장 좋은 방법이 무엇이냐고 물었을 때 "기하학에는 왕도가 없습니다"라고 대답했다고 한다.

이 말은 오늘날에도 노력하지 않고 무언가 쉽게 얻으려는 사람들에게 종종 인용되는 말이기도 하다.

『기하학 원론』은 13권의 책으로 구성되어 있는데 1권부터 6권까지는 평면 기하학에 관한 내용이 실려 있다. 7권에서 9권까지는 정수론에 관련된 내용이 정리되어 있으며, 그는 여기에 소수의 성질로 '가장 큰 소수는 존재하지 않는다'는 것을 증명해 놓았다. 10권에는 무리수에 관한 에우독소스 이론들이, 11권부터 13권까지는 입체기하학에 관한 내용이 수

Preclarissimus liber elementorum Euclidis perspicacissimi: in artem Geometrie incipit quā foelicissime.

Punctus est cui' ps nō est. ¶ Linea est lōgitudo sine latitudine cui' quidē extremitates sūt duo pūcta. ¶ Linea recta ē ab uno pūcto ad aliū breuissima extēsio i extremitates suas utrūqз eorū recipiēs. ¶ Supficies ē que lōgitudinē & latitudinē tantū hз: cuius termini quidē sūt linee. ¶ Supficies plana ē ab una linea ad aliā extēsio i extremitates suas recipiens. ¶ Angulus planus ē duarū linearū alternus cōtactus: quarum expāsio ē sup supficiē applicatioqз nō directa. ¶ Qū ido aūt angulum continēt due linee recte rectilineus angul' noiat. ¶ Qū ido recta linea sup rectā steterit duoqз anguli utrobiqз fuerit eq̄les: eoꝝ uterqз rect' erit. ¶ Lineaqз linee superstās ei cui supstat ppendicularis uocat. ¶ Angulus uero qui recto maiorē obtusus dicit. ¶ Angulus uero minor recto acut' appellat. ¶ Termin' ē qd' uniuscuiusqз finis est. ¶ Figura ē q̄ termino uel terminis cōtinet. ¶ Circul' est figura plana una qdē linea cōtēta: q̄ circūferētia noiat: i cui' medio pūct' est: a quo oēs linee recte ad circūferētiā exeūtes sibiiuicē sūt equales. Et hic qdē pūct' centrū circuli dicit. ¶ Diameter circuli ē linea recta que sup ei' centꝝ trāsiēs extremitatesqз suas circūferētie applicans circulū i duo media diuidit. ¶ Semicirculus ē figura plana diametro circuli & medietate circūferētie cōtēta. ¶ Portio circuli ē figura plana recta linea & parte circūferētie cōtēta: semicirculo quidē aut maior aut minor. ¶ Rectilinee figure sūt q̄ rectis lineis cōtinent quaꝝ quedā trilatere que trib' rectis lineis: quedā quadrilatere que q̄tuor rectis lineis. quedā multilatere que pluribus q̄ quatuor rectis lineis cōtinent. ¶ Figuraꝝ trilateraꝝ: alia ē triāgul' hñs tria latera equalia. Alia triāgulus duo habens eq̄lia latera. Alia triāgulus triū inequaliū laterū. Haꝝ iteꝝ alia est orthogoniū: unū. s. rectū angulū habēs. Alia ē ambligonium aliquē obtusum angulū habens. Alia ē oxigonium: i qua tres anguli sūt acuti. ¶ Figuraꝝ aūt q̄drilateraꝝ Alia ē q̄dratum quod est eq̄laterū atqз rectangulū. Alia est tetragon' long': que ē figura rectāgula: sed eq̄latera nō est. Alia est helmuaym: que ē equilatera: sed rectāgula non est.

● 그리스어로 쓰여진 유클리드의 『기하학 원론』은 9세기경 발견되었다. 기하학, 비례, 수에 관한 이론을 다룬 포괄적인 논문 형식의 이 책은 BC 3세기경에 쓰여진 것으로 알려져 있다.

록되어 있다.

이 책은 정다면체의 성질과 정다면체는 다섯 종류만 존재한다는 것에 대한 토론으로 끝을 맺고 있다. 잘 알려진 대로 정다면체는 정사면체, 정육면체, 정팔면체, 정십이면체, 정이십면체 등의 다섯 개만이 존재한다.

원론의 전반부에서 유클리드는 그의 선구자들이 발견한 중요한 기하학적 사실을 체계적인 형식으로 기록하였는데, 기하학의 논리전개에 필요한 증명 없이 사용하는 다섯 개의 공준과 크기의 문제에 일반적으로 적용되는 다섯 개의 공리를 제시하여 사용하는 용어에 대한 정의를 명백히 하고 있다.

그리고 어떤 특수한 도형의 특수한 성질이 아닌 일반적인 도형의 일반적인 성질을 하나 하나 정리로 증명하고 있다.

원론에 나와 있는 평면기하학의 공리와 공준을 열거해 보면 다음과 같다.

(1) 같은 것과 같은 것들은 서로 같다.
(2) 같은 것들에 같은 것을 더하면 그 합은 서로 같다.
(3) 같은 것들에서 같은 것을 빼면 그 차는 서로 같다.
(4) 서로 포개어지는 것들은 서로 같다.
(5) 전체는 부분보다 크다.

한편 공준은

(1) 임의의 서로 다른 두 점은 직선으로 연결할 수 있다.
(2) 직선은 무한히 연장할 수 있다.
(3) 임의의 점을 중심으로 하고 임의의 길이를 반지름으로 하는 원을 그릴 수 있다.
(4) 모든 직각은 같다.
(5) 한 평면 위의 한 직선이 그 평면 위의 두 직선과 만날 때 동측 내각의 합이 2직각보다 작으면 이 두 직선은 그 쪽에서 만난다.

특히 공준 (5)번은 후에 평행선 공리라 불렸는데 인간의 사고 영역이 공간화하고 추상화되는 과정에 수정이 불가피해졌고 이로 인해 비유클리드 기하학이 탄생하게 된다.

72 데카르트

음수와 좌표 평면을 탄생시킨 근대 자연과학의 아버지 데카르트(René Descartes, 1596~1650)는 프랑스에서 태어나 1628년에 자기 사상을 완성하고자 네덜란드로 이주하였고, 전 유럽을 여행하며 사상 체계를 완성했다.

그는 『우주론』을 완성하고 막 출판하려던 1633년에 갈릴레이의 지동설에 대한 위법 판결이 내려지자 책의 간행을 중단하였으며, 그 후 물의를 일으킬 만한 부분을 삭제하고 '굴절공학', '기상학', '기하학(해석기하학의 최초 형태)'의 세 부록을 한 권의 책으로 묶어 출간하였다.

『방법서설』은 이들 세 논문의 서설로 맨 마지막에 쓴 것이다. 그는 수학적 증명만이 가장 과학적이고 엄밀한 결론에 도달할 수 있다고 생각하여 수학의 실증적 인식과 방법론에 4가지 접근 방법을 제시한 것이 『방법 서설』의 주된 내용이다.

첫 번째는 명증성, 즉 의심하지 못하게 하기 위해 먼저 회의함으로써 문제에 접근하는 것이고, 둘째, 그런 다음 문제를 잘게 분할하고 분석하여 세 번째로 이들 단순한 분석 결과를 종합한 후, 마지막 네 번째 분석에서 종합으로 이르는 계열을 빠뜨리지 않고 나열하는 것이다.

● 데카르트는 프랑스의 철학자이자 수학자로도 널리 알려져 있다.
'근대철학의 아버지'라 불리우며, 합리주의 철학의 길을 열었다.

이 과정을 함축한 그의 유명한 말 "나는 생각한다. 고로 존재한다(Cogito ergo sum)"는 말이 『방법 서설』 내용의 백미라 할 수 있을 것이다.

어려서부터 몸이 무척 약했던 데카르트는 오전 11시까지는 수면을 취해야 했다고 한다. 반나절을 누워서 지내는 동안 사색하는 버릇이 생겼고 놀라운 질문으로 아버지를 자주 감탄시켜 '작은 철학자'라고 불리기도 했다. 영리한 데카르트를 아끼던 제수이트 대학의 교장은 데카르트의 건강을 걱정해 아침에는 마음대로 잠을 자도록 허락했다. 하지만 그는 게으름을 피우지 않았고 침대에 누워 명상하며 시간을 보냈다. 데카르트는 자기 자신에 대해 매우 엄격했고 아침 명상은 죽을 때까지 변함없이 지킨 습관이었다. 후에 중년이 된 데카르트는 이 아침 명상 시간이 자신의 수학과 철학의 원천이 됐다고 말했을 정도였다.

이후 스콜라 철학이 대세를 이루던 프와티에 대학에 진학하지만 학점은 낮았다. 그는 신앙심의 가치를 결론으로 정해두고 시작하는 스콜라 철학을 비판하고 생각의 옳음을 증명하는 길은 '실증적 방법'뿐이라

● 프랑스 우표에 실린 데카르트의 모습이다.

고 생각했다.

데카르트는 여러 학문에 관심을 기울이다 수학의 보편적 방식이 여타 과학을 일체화하는 데 적용될 수 있을 것이라는 생각으로 수학에 몰두하게 된다.

졸업 무렵에는 수학에 바탕을 둔 이성적 사고 체계를 발견해내는 것이 회의론적 사고를 해결하는 열쇠라는 결론을 내렸다. 논리학과 수학으로 자연을 설명해내는 하나의 통일된 학문 체계를 세우려고 했던 것이다.

데카르트의 수학사적 업적 중 가장 중요한 것은 음수에 대한 개념을 구체화하고 음수를 좌표계에서 표현해 낸 것이다.

그는 스물 두 살에 군대 막사에서 천장을 쳐다보다가 방안지 모양의 천장 모습에서 아이디어를 얻어 오늘날 쓰고 있는 좌표평면을 만들어냈다고 한다. 좌표를 도입해 직선 위에서 양수와 음수, 영을 나타냄으로써 기하학에 새로운 길을 열었다.

그 이전에는 그리스인이 만든 좌표법이 쓰이긴 했지만 음수가 도입된 평면 좌표계가 만들어진 것은 처음이었고 파격적인 아이디어였다. 기하학에 대수학을 접목시켜 얻어낸 결과라 하겠다. 이로써 점집합과 수식을 하나로 보게 되어 기하와 대수가 통일되는 시작이 되었다. 중 · 고등학교에서 직선이나 곡선이 식과 대응되는 것을 배우게 되는데 이것이 데카르트의 업적이다.

이와 관련해 발전한 기하학을 해석기하학이라 한다. 유클리드 기하학 이후 별다른 진전이 없던 기하학이 다시금 발전하고 거듭나게 된 데는 데카르트의 역할이 컸다. 이때부터 기하학이 수의 변화를 나타내게 됐고, 미적분학이 태동하는 토대가 마련된다.

데카르트는 해석기하학을 완성함에 있어 계산의 응용보다는 합리적인 수학적 방법의 발견에 비중을 뒀다. 즉 데카르트는 도형의 문제 풀이에서 철학의 원리를 터득했던 것이다.

해석기하학의 완성은 수학사에 있어 수학과 천문학의 동양적 우위를 서양의 우위로 바꾸게 된 일대 전기가 되었다. 데카르트 수학이 가져온 미적분학의 발달로 수학은 계산 도구로서의 역할을 하게 된다.

여기에 중요한 영향을 끼친 것이 데카르트의 해석기하학임은 두말할 나위 없다. 그 후 베르누이 형제, 오일러, 라그랑주, 라플라스 등에 의해 해석기하학은 널리 응용되었다.

73 / 수학의 천재성과 가문

뛰어난 수학의 이론이나 정리들을 보면 가끔 누구누구의 정리라 하여 이름이 붙여진 경우가 종종 있다. 이때 질문이 떠오르기도 한다. '그 이론은 그가 발명한 것일까, 발견한 것일까?'

일반적으로 어떤 이의 천재성에 의해 이 세상에 없던 것을 새로 창조해내면 발명이라 하고, 어떤 이의 끈기 있는 노력과 자기 희생에 의해 세상 어디인가 있었지만 알려지지 않았던 것을 찾아내면 발견이라 한다.

그렇다면 수학 이론은 어디에 속할까? 그 대답은 사람들마다 다르다. 수학 논문은 고도로 추상화된 정신적 산물로 그 논문의 저자에 의해 만들어진 것이기에 '발명'이라고 말하는 사람이 있다.

그런가 하면 밝혀진 논문의 내용은 또 다른 누군가에 의해서도 밝혀질 수도 있고, 미래 언젠가 밝혀질 이론은 지금도 존재하지만 단지 현재 밝혀지지 않았을 뿐이다. 그러니 수학 이론은 '발견'이라고 말하는 사람도 있다.

그것이 발명이든 발견이든 이런 것을 해내는 수학의 대가들은 천재성을 지녔고 끈질긴 노력가임에 틀림이 없다. 그리고 훌륭한 스승을 만난 행운아들도 많다.

● 야곱 베르누이와 요한 베르누이의 모습이다.

살펴보면 수대에 걸쳐 한 집안에서 수학자나 물리학자들을 배출하는 경우가 있다. 이는 집안의 천재성과 집안 구성원들 사이에 상호 영향을 주고 받으며 큰 업적을 남긴 것이라 하겠다.

그 대표적인 예가 잘 알려진 대로 17세기 후반부터 유능한 수학자와 과학자를 많이 배출한 스위스의 베르누이 가문이다. 그 가문의 기록과 수학적 업적을 대강 살펴보면 다음과 같다.

먼저 두 형제 야곱 베르누이(Jacob Bernoulli, 1654~1705)와 요한 베르누이(Johann Bernoulli, 1667~1748)로부터 시작된다. 이 두 사람은 라이프니츠의 미적분에 관한 논문이 발표되기 전부터 생업을 거의 포기하고 수학자가 되었다. 그들은 미적분학의 놀랄 만한 위력을 깨닫고 다양한 문제에 그 도구를 적용한 최초의 수학자들에 속한다.

야곱은 1687년부터 바젤 대학의 수학 교수직에 있었다. 요한은 1697년부터 그로닝겐 대학의 교수가 되었으나 1705년 형 야곱이 죽자 바젤 대학의 교수직을 승계 받아 나머지 생애 동안 바젤 대학의 교수로 있었다. 두 형제는 종종 격렬한 경쟁자이기도 했다. 그래서인지 라이프니츠와도 각각 의견을 교환했었다.

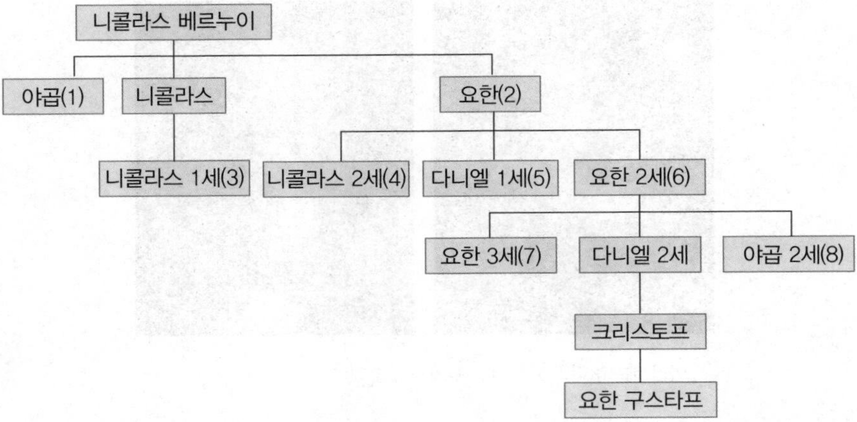

● 베르누이 가문의 가계도이다.

야곱 베르누이의 수학적 업적 중에는 극좌표의 최초 사용, 직교 좌표와 극 좌표 모두에서 평면 곡선의 곡률 반경을 구하는 공식의 유도, 현수선 연구, 많은 고차 평면 곡선들의 연구, 등속강하곡선, 즉 물체가 균일한 수직 속도로 떨어질 때 생기는 곡선을 발견했다. 그 외에도 많은 물리적 운동에 관한 것들을 수식화하였다.

요한 베르누이는 그의 형 야곱보다도 수학에 더 많은 기여를 한 사람이다. 그는 미적분학에 대한 깊은 연구로 유럽 대륙에서 이 분야의 유용성을 인정하게 만드는 데 큰 영향을 끼쳤다. 미적분학에 간혹 등장하는 로피탈 후작은 요한의 협조 아래 1696년 최초의 미적분학 교재를 만들었는데 대부분이 요한의 자료였다.

분수함수의 극한에서 부정형의 계산법 이후에 미적분학 책에서 로피탈의 정리로 잘못 알려지게 된 것은 바로 이러한 과정에서였다.

요한 베르누이는 니콜라스 2세(1695~1726), 다니엘 1세(1700~1782)와 요한 2세(1710~1790)까지 세 아들을 두었는데 모두 18세기 수학자와 과학자로 명성을 떨쳤다.

수학분야에 전도가 유망했던 니콜라스 2세는 성 페테르부르크 학술원에 초빙되었는데, 불행하게도 불과 8개월 후에 그곳에서 익사하였다.

요한 2세는 법률학을 공부하였으나 인생 후반기를 바젤 대학의 수학 교수로 보냈다. 그의 자녀로는 요한 3세, 다니엘 2세, 야곱 2세가 있었다.

특히 요한 3세(1744~1807)는 아버지처럼 법학을 공부했으나 역시 수학에 심취하였고 19세의 나이에 베를린 학술원 수학 교수 제의를 받기까지 했다. 오늘날의 카오스 이론의 단초가 되는 우연설을 주장하기도 했다.

다니엘 2세의 아들 크리스토프, 그리고 그의 아들 요한 구스타프로 이어지는 5대에 걸친 베르누이 가문의 수학적 천재성은 잊혀지지 않을 것이다.

74 / 신이 사랑한 아벨과 갈루아

역사에 이름을 남긴 천재 중에는 이른 나이에 세상을 떠난 이들이 많다. 젊음으로 가장 빛나는 시절에 죽음을 맞이한 이들이기에 더욱 안타깝다. 천재는 신이 사랑하여 일찍 데려간다는 말도 이들로 인해 나온 것이다.

많은 수학자 중에 거의 동시대에 살면서 짧은 생애 동안 수학에 큰 업적을 남긴 두 수학자가 있다.

그들의 짧은 삶은 정말 극적이라 소개하지 않을 수 없다.

노르웨이의 한 가난한 목사의 아들로 태어난 아벨(Niels Henrik Abel, 1802~1829)을 먼저 소개한다.

그는 가난했지만 공부를 잘해 장학금으로 중고등 과정과 대학 과정을 마쳤다. 살아 있을 때는 인정받지 못해 빈곤한 생활은 지속되었고, 결국 결핵에 시달리다가 짧은 생애를 마감했다. 얼마나 가난했는지 동생이 머물 데가 없어 대학 기숙사에 동생을 데려다가 생활했을 정도이다.

그러나 그런 생활 속에서도 그는 수학의 대발견에 짧은 생애를 바쳤다.

그는 이미 중학 시절에 5차 방정식의 해법에 지대한 관심을 가지고 그 해법을 발견하였다고 생각하였으나 잘못된 것이었다. 그 후 1824년에 5차 이상의 일반적인 방정식을 푸는 것이 불가능하다는 증명을 하고 그

● 노르웨이 출신의 천재 수학자 아벨은 누구보다 수학을 사랑했고, 수학의 역사에 혁혁한 업적을 남겼다.

내용을 자비로 출판했다. 그러나 가난한 그는 인쇄 비용의 절약을 위해 설명을 줄일 수밖에 없었다. 그로 인해 증명 과정에 비약이 많다 하여 가우스의 인정을 받지 못하였다.

그 이듬해에 정부 지원으로 베를린, 비엔나, 이탈리아, 스위스, 파리 등지로 유학을 떠났고 외국 수학자들과 사귀기도 했다. 베를린에서는 5차 방정식의 대수적 해법의 불가능 증명을 발표하였다.

파리에서는 학술원에 제출한 타원함수에 관한 논문이 당대 최고 수학자인 코시의 서랍에 묻혀 햇빛을 보지 못하였다. 그 후 1927년 귀국했으나 변변한 교수 자리 하나 구하지 못하고 결핵으로 신음하다가 사랑하는 여인에게 안긴 채 26세의 나이로 아깝게 세상을 떠났다.

그의 업적은 대수 방정식에 관한 것 외에도 2항 급수론, 타원함수론, 아벨함수의 도입 등이 유명하다. 특히 대수적 구조에서는 교환 가능한 군을 아벨군이라 부르기도 한다.

● 약간 반항적인 갈루아의 모습이다.

그리고 비슷한 시기에 정말 극적으로 살다 간 현대 방정식론의 또 다른 선구자인 갈루아(Évariste Galois, 1811~1832)를 소개하지 않을 수 없다.

그는 파리 근처 작은 마을의 시장 아들로 유복한 가정에서 태어났다.

중학교에 재학 중이던 17세 나이에 이미 방정식론에서 중요한 발견을 하여 그 기록을 학술원에 제출했으나 역시 코시가 분실해 버렸다. 당대의 최고 수학자인 코시이지만 자신의 무관심으로 아벨과 갈루아에게 진 빚은 수학사에 영원히 잊혀지지 않을 것이다.

그는 중학교를 졸업한 후 당시 최고의 명성을 지니고 있던 에꼴 폴리테크니크의 입시에 두 번 실패하였고, 그 무렵 방정식의 일반해에 관한 논문을 학술원에 제출했으나 심사를 맡았던 푸리에가 갑자기 죽는 바람에 답을 들을 수 없었다.

1829년에 고등사범학교에 들어갔으나 1830년의 혁명에 참가하고 교장 배척 운동을 하는 등으로 인해 그 이듬해 퇴학당했다.

그 후 정치 운동에 몰두하다가 죽던 해 몇 달 동안 투옥되었는데 가석

방 기간 중 사랑하는 여인의 경쟁자와 결투로 죽었다. 그 결투가 비밀 경찰의 음모였다는 설도 있다.

1832년 5월 30일 이른 새벽, 갈루아는 25발짝 떨어진 곳에서 권총 탄환에 맞아 쓰러졌고 아무도 돌보아 주는 이 없이 버려져 있는 것을 오전 9시경에야 지나가던 농부가 발견하고 병원으로 옮겼지만 숨졌다. 그의 나이 21세였다.

그리고 단 한 사람 그의 아우만이 죽음의 자리를 지켰는데 울부짖는 동생을 달래기 위하여 마지막으로 한 말이 바로 "아우여! 울지 말라. 스무 살의 나이에 죽기에는 내 모든 용기가 필요하다"였다고 한다.

죽기 전날 갈루아가 친구에게 남긴 유서의 한 자락에 써진 수학 내용이 그의 수학사상을 담은 전부였다. 그것은 주로 대수 방정식과 치환군과의 관계를 논하여 방정식이 대수적으로 풀리기 위한 조건을 구한 것으로, 이것이 40년 후에 60페이지의 소책자로 간행되어 비로소 반항적 공화주의자 갈루아가 19세기의 지도적인 수학자의 한 사람으로 역사에 남게 되었다.

후세의 수학사가들은 "아벨은 가난이 죽였고, 갈루아는 온 세상의 바보들이 학살하였다"고 말한다.

75 / 뉴턴과 라이프니츠

오늘날의 미적분학을 완벽하게 체계화한 뉴턴과 라이프니츠는 거의 동시대 사람으로서 물리학과 수학사에 정말 뛰어난 성과를 남긴 사람들이다. 그들은 학문의 동반자이면서 상호 경쟁적이었던 관계로 더 유명하다.

먼저 아이작 뉴턴(Isaac Newton, 1642~1727)의 업적을 살펴본다.

갈릴레이가 작고한 해의 크리스마스 날 뉴턴은 영국의 울즈소프이라는 조그마한 마을 자작농의 유복자로 태어났다. 그는 농사일보다 기계 모형을 고안하거나 실험을 하든가 문제를 푸는 것을 더 즐겨하였다.

그는 케임브리지 대학 재학 시절 영국에 유행한 페스트(흑사병) 때문에 휴교(1665~1666)한 2년 동안 고향에 돌아와 미적분학과 만유인력 등 역학 체계를 포함한 큰 업적을 완성했다.

그러나 그의 업적은 케플러, 갈릴레이, 바로우, 네이피어 등의 연속적인 운동에 관한 업적과 윌리스의 무한산술에 있어서의 기호적 수법의 영향을 받았다.

먼저 그는 유량이란 시간의 함수, 즉 운동에서처럼 시간과 함께 변하는 양으로 생각하여 이를 x, y, z 등으로 나타냈고, 유속은 유량의 속도로 생각하여 오늘날의 도함수처럼 $\dot{x}$, $\dot{y}$, $\dot{z}$로 나타냈다.

● 뉴턴은 수학의 3대 천재 중 하나로 손꼽히며, 17세기 과학혁명의 완성자로 평가 받고 있다.

뉴턴의 첫 번째 공적은 역학 체계를 확립한 데에 있다.

프린키피아로 알려져 있는 그의 저서 『자연철학의 수학적 원리』는 지상의 물체나 하늘의 별과 같은 우주 만물의 운동론을 다룬 것으로 관성의 법칙, 힘 · 가속도 · 질량의 관계, 작용 · 반작용의 관계를 다룬 역학의 세 법칙과 만유인력의 법칙이 실려 있다.

여기에는 또 갈릴레이의 운동학과 케플러의 세 법칙을 그 체계 안에 포괄함으로써 자연의 법칙을 수학을 써서 표현한다는 기본철학을 확립했다.

뉴턴의 두 번째 공적은 무한소 해석학, 즉 오늘날의 미적분학을 확립한 것이다.

프린키피아의 주된 내용도 그의 무한소 해석학을 써서 비로소 표현된 것이다. 실제로 뉴턴은 이 같은 수학을 사용해서 인공위성의 가능성을 예언했으며, 인공위성의 출현은 300년 전의 그의 이론이 옳음을 실증해 주었다.

● 라이프니츠는 독자적으로 미적분학을 발견한 것으로 평가받으며, 오늘날 사용하는 미적분학의 많은 기호들을 창시하였다.

그러나 뉴턴은 겸손하게도 "나는 세 거인들의 어깨 위에 서 있었다"라고 말했고, 실제로 데카르트로부터는 해석기하학을, 케플러로부터는 22년간의 관측으로 얻어진 행성 운동의 세 법칙을, 갈릴레이로부터는 뉴턴 역학의 기본이 되는 세 운동법칙 중 두 가지를 물려받았다.

다음으로 라이프니츠(Gottfried Wilhelm Leibniz, 1646~1716)는 독일 사람으로 철학, 수학, 법학 등의 학문 전반에 걸쳐 탁월한 업적이 있고 정치와 외교 등 실무에도 종사했다.

수학은 단지 그의 천재성을 발휘한 여러 분야 중 한 분야에 불과하다.

1684년경에 라이프니츠는 카발리에리의 방법을 따른 원자론에 '연속률'이라는 원리를 덧붙여 뉴턴의 극한 개념을 대신한 또 다른 미적분학을 세웠다.

그는 접선법과 구적법을 합리화하고 dx, dy 등의 기호를 써서 그들 사이의 사칙 규칙을 확립하였고, $\int$로 적분을 표시했다. 여기에서 d는 차를 나타내며 $\int$는 S로서 합을 나타낸다. 그는 가히 기호법의 천재였다.

영국과 유럽 대륙 사이에는 항시 경쟁적이고 서로 시기하는 일이 많다. 그래서인지 뉴턴과 라이프니츠는 미적분학의 개발을 서로 모방했다고 비난하기도 했다.

논란은 그들 사후에도 계속되었고, 18세기까지 라이프니츠는 뉴턴의 미적분학을 표절한 것으로 되어 있었다. 이로 인해 영국학파가 유럽의 대륙학파와 분리될 정도로 격렬한 장기간의 논쟁이 있었다.

그 후 학자들의 검토 결과 서로가 독창적이었음이 판명되어 그들 두 사람의 공로는 독자적으로 인정하고 있다. 그러나 라이프니츠의 방법이 좀 더 세련되었음이 인정되어 오늘날 수학 교재에서 거의 표본으로 삼고 있다.

수학자로서의 라이프니츠는 훌륭한 해석적 능력을 가졌을 뿐만 아니라 풍부한 사상을 가지고 있었다.

그는 미적분학의 발견 외에도 미정계수법을 도입하였고 처음으로 행렬식을 사용하였다. 그리고 함수라는 말을 처음 사용했으며 위상 수학과 기호 논리를 예언했다.

포락선(일정한 조건을 만족하는, 한 무리의 직선이나 곡선에 접하는 곡선) 이론의 기초를 세운 두 논문 중 하나에서 처음으로 좌표와 좌표축이라는 용어를 썼으며 역학에도 업적이 있다.

76 / 수학의 왕 가우스

수학 역사에서 3대 수학자를 들 때 아르키메데스와 뉴턴 그리고 가우스를 소개하는 경우가 종종 있다.

그중 수학의 왕으로 칭송 받는 카를 프리드리히 가우스(Carl Friedrich Gauss, 1777~1855)는 독일의 브룬스비크에서 태어났다.

아버지는 고집 세고 교육적 식견이 없는 벽돌 공장을 운영하는 육체 노동자였으며, 어머니는 비록 교육은 받지 못했지만 그가 공부하는 데 늘 용기를 북돋아 주었고 평생 동안 자식의 업적을 자부심으로 간직하며 살았다.

가우스는 세 살 때 아버지의 벽돌 공장 급여 장부의 계산 착오를 지적했을 정도로 어렸을 때부터 보기 드문 신동이었다 한다. 가우스의 초등학생 시절 선생님이 학생들을 조용하게 하려고 1부터 100까지 더하도록 시켰다.

모든 학생들이 열심히 계산하여 답을 제출하는데 가우스 혼자만이 아무런 계산도 없이 5,050을 정확하게 답하자 선생님은 놀라지 않을 수 없었다.

가우스는 등차수열의 합 $1 + 2 + 3 + \cdots + 98 + 99 + 100$ 을 단지 $100 +$

● 수학의 왕으로 불리우는 가우스는 대수학 · 해석학 · 기하학 등 여러 방면에 걸쳐 뛰어난 업적을 남겼다.

1 =101, 99 + 2 = 101, 98 + 3 = 101…로 계산하면 50개의 쌍이 나오므로 답은 50 × 101, 즉 5,050이라고 암산하였던 것이다.

이 일은 가우스가 단지 10살 때의 이야기이다. 말년에 가우스는 자기는 말보다 계산을 먼저 배웠다고 농담하곤 했다.

가우스가 15세에 브룬스비크에 있는 대학에 입학하고 18세에 괴팅겐 대학에 들어가자 그의 천재성에 감동한 듀크 공작은 가우스에게 많은 도움을 주었다.

가우스는 언어학에도 탁월하였으나 수학을 전공하기로 작정했던 17세의 어느 날 정다각형의 유클리드 작도법에 대한 놀랄 만한 이론을 세우고 이 방법으로 정17각형의 작도법을 발견하였다.

뉴턴처럼 자기 논문을 발표하기 주저했던 가우스는 획기적인 수학적 사실을 발견할 때마다 매우 비밀스러운 일기를 써두는 습관이 있었다. 그런데 1898년에야 비로소 그 일기가 발견되었고 거기에는 많은 논쟁이 있었던 이전의 문제들에 대한 해결 방법이 있었다.

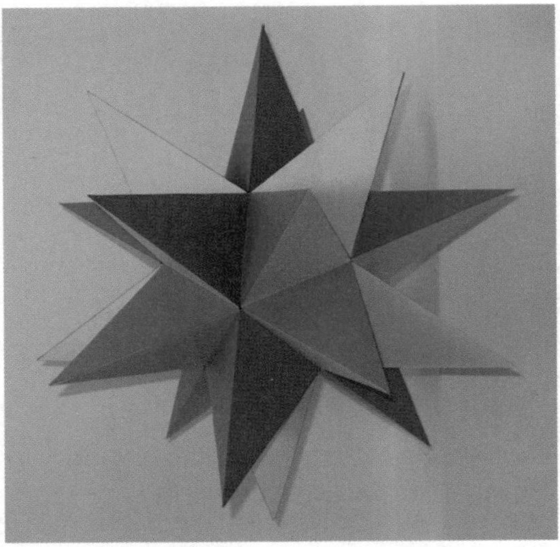

● 5개의 5각형이 각 꼭짓점에서 만나는 케플러 입체이다.

일기에는 146개의 간단한 수학내용을 담고 있으며 마지막 날짜는 1814년 7월 9일로 되어 있다.

그 후 두 개를 제외한 일기의 모든 항목이 대체로 판독되었다. 예컨대 유클리드의 평행선 공준은 증명될 수 없다는 것을 증명해 두기도 했다.

그로부터 5년 뒤 정n각형은 n이 '페르마의 소수'이거나 2의 거듭제곱일 때 구성할 수 있다는 논문을 발표한다. 참고로 지금까지 알려진 페르마의 소수로는 3, 5, 17, 257, 65, 537이 있다.

그는 20세가 되던 해에 헬름슈테트 대학에서 박사학위를 받았는데, 그의 학위 논문 내용은 복소수 계수를 가지는 $n(>0)$차원 대수 방정식은 중복을 허락하여 n개의 근을 가진다는 유명한 '대수학의 기본정리'를 일반적으로 증명한 것이었다.

그는 자신을 도와준 듀크 공작에게 논문을 헌정하여 은혜를 잊지 않았다.

이 정리의 증명은 뉴턴, 오일러, 달랑베르, 라그랑주 등에 의하여 시도되었으나 실패한 바 있다.

1801년에 출판된 『수론 연구』는 정수론과 관련된 업적들을 모두 담았다. 특히 방정식 $x^n - 1 = 0$의 해를 구하는 것과 원주의 n등분 작도 가능성과의 관계를 정수론적으로 설명한다. 정17각형의 작도는 자신의 정수론 연구에 의한 한 예에 불과하다.

그는 "수학은 과학의 여왕이고 정수론은 수학의 여왕이다"라는 말을 남겼는데, 수학에 대한 신념을 엿볼 수 있는 말이다.

수학의 천재 가우스는 1855년 2월 23일 괴팅겐 천문대에 있는 그의 집에서 세상을 떠났다. 그 직후 독일의 하노버 지역 왕은 가우스에 경의를 표하는 기념 메달을 만들도록 하였는데 그 메달에는 "하노버의 왕 조지 5세가 수학의 왕에게…"이라고 새겨져 있다. 이후 가우스는 수학의 왕으로 불리게 되었다.

77 칸토어

무한의 세계는 신의 영역으로 치부되었던 시절 감히 무한을 헤아리려 도전한 한 수학자가 있었다. 그는 기존의 수학자들로부터도 학문적으로 배척당했고, 종교적으로도 이단으로 낙인찍혔다.

이 사람이 바로 현대 수학의 기본이 되는 집합론의 기초를 다진 칸토어(Georg Cantor, 1845~1918)이며 수학 분야에서는 그를 감히 수학의 혁명가라 부르고 있다.

그는 덴마크 출신인 아버지와 러시아 출신인 어머니 밑에서 러시아의 상트페테르부르크에서 태어났고 1856년에 부모와 함께 독일의 프랑크푸르트로 이주하였다.

아버지는 신교로 개종한 유태인으로서 주식 환전 브로커 역할도 하면서 성공한 상공인이었을 뿐만 아니라 예술과 문화에 조예가 깊었다. 그의 어머니는 태어날 때부터 카톨릭 신자였으며 음악을 좋아했다고 한다. 그 영향으로 칸토어는 예술적 재능이 있었고 바이올린 연주가이기도 했다.

그런가 하면 중세신학, 연속성과 무한에 관한 복잡한 논쟁에도 깊은 관심을 가졌다. 그의 아버지는 그가 공업 기술사가 되길 바랐지만, 1863

● 집합론의 창시자인 칸토어는 '수학의 본질은 자유에 있다'라고 주장한 수학의 자유인이었다.

년 아버지가 돌아가시자 그는 당시 유명한 독일 수학자 바이어슈트라스와 크로네커에게 가르침을 받기 위해 베를린으로 이주했다.

그곳에서 그는 수학자 슈바르츠를 사귀었으며 철학, 물리, 수학을 취리히, 괴팅겐, 베를린 대학교에서 공부했다. 이어 1869년부터 1905년까지 할레 대학에서 오랫동안 강의하다가 1918년 할레에 있는 정신병원에서 죽었다.

칸토어의 초기 관심사는 정수론, 부정 방정식, 삼각 급수에 있었다. 그는 삼각 급수의 미묘한 이론에서 영감을 얻어 해석학의 기초로 눈을 돌렸던 것 같다.

그는 수렴하는 유리수 수열을 활용하고, 데데킨트의 기하학적인 접근 방법과는 다르게 무리수의 아름다운 취급법을 만들어냈으며, 1874년에는 집합론과 무한이론에 관한 혁명적인 연구를 시작하였다. 이 연구로 칸토어는 수학의 새로운 분야를 창조하였다.

그는 논문에서 실제적인 무한의 수학적 취급에 기초를 두어 초한수 이론을 발전시키고 유한수들의 계산법과 유사하게 '초한수의 계산법'을 만들었다.

그는 1879년부터 1884년까지 집한론의 기초적인 개념을 설명하는 여섯 권의 시리즈 『수학저널』을 출판했다. 29세의 젊은 나이로 발표한 혁명적인 논문에는 유명한 '칸토어 집합'과 '연속체 가설'이 들어 있다.

대부분의 수학 내용은 여러 과정을 통해 발전하는데, 다른 분야와는 달리 집합론은 오로지 한 수학자에 의해서 태어났다.

집합의 개념과 연산법칙이 칸토어 이전에도 존재했지만 그를 집합론의 창시자라고 칭하는 이유는 무한의 개념을 집합을 이용해 명확히 규명해냈기 때문이다.

칸토어의 무한 개념은 철학적 사고의 전환을 가져왔고 자연 과학뿐 아니라 인문 과학에까지 영향을 끼쳤다. 하지만 그의 업적은 많은 수학자들에 의해 배척됐고 스승 크로네커마저도 그를 공격했다.

크로네커는 칸토어의 새로운 사고에 독설을 퍼부었다. 크로네커는 수에는 정수, 음수, 분수와 허수만이 있고 무리수는 쓸모 없는 수로 간주했다.

크로네커는 칸토어가 수학과 관련된 모든 것에 도전하고 있다며 매우 화를 냈다고 한다. 그는 칸토어가 꿈에 그리던 베를린 대학 교수의 길도 막아버렸다.

칸토어는 그의 논문에서 "수학의 본질은 자유에 있다"라고 주장했는데 수학만이 아니라 어떤 학문도 자유로운 발상에서 발전한다는 측면에서 명언이 아닐 수 없다.

데데킨트나, 바이어슈트라스, 힐베르트, 러셀, 제르멜로는 칸토어를 지지했고 힐베르트는 그의 업적을 인간 지성의 절정으로까지 평했다.

이런 호응에도 불구하고 무한은 셀 수 있고, 크기도 비교할 수 있다는 칸토어의 사고는 당시 상식으로는 받아들여지지 않았으며 그는 세상의

● 니체는 칸토어와 동시대의 인물이다.

비난을 감수해야 했다. 인신공격까지 당했던 칸토어는 급기야 신경 쇠약증에 걸려 결국 그 충격으로 정신병원에 입원하게 된다.

어쨌든 칸토어의 집합론은 거의 모든 수학 분야에 스며들었고, 위상과 실함수론의 기초에서 특히 중요하다는 것이 증명되었다.

논리적인 어려움도 있고 역설도 나타났으나 거의 완벽한 체계임에는 의심의 여지가 없다.

그런데 우연인지 혹은 시대적 갈등의 산물인지는 몰라도 '신은 죽었다'고 말했던 니체(Friedrich Nietzsche, 1844~1900)가 1882년에 『짜라투스트라는 이렇게 말했다』를 발표한 후 정신 이상 증세로 죽어간 시기와 칸토어의 정신 질환 갈등 시기가 일치하여 매우 흥미롭다.

78 직관주의와 앙리 푸앵카레

며칠을 두고 고심하던 수학 문제를 전차 승강장의 계단을 밟는 순간 섬광처럼 떠오르는 아이디어로 해결책을 찾았다는 일화가 전해져 오는 앙리 푸앵카레(Henri Poincare, 1854~1912)는 프랑스의 수학자이며 이론 천문학자, 과학 철학자, 우주 진화론자이다. 더 나아가 상대성 이론 그리고 위상 수학에 영향을 미쳤으며, 학문의 방법론에 있어서는 이른바 직관주의자였다.

그는 제1차 세계대전 동안 프랑스 공화정의 대통령을 지낸 유명한 정치가 레이몽 푸앵카레의 사촌이었다.

1875년 파리 이공과대학 수학과를 졸업한 후 이어 광산학교에서 공부하여 1879년에 채광기사 자격을 취득했다. 같은 해에 파리 대학교에서 이학박사 학위를 받았다. 광산학교를 졸업하고 칸 대학교의 강사로 임명되었으나 2년 후 파리 대학교로 옮겨 1912년 죽을 때까지 수학과 과학의 여러 교수직을 가졌다.

통계 역학의 기초가 되는 에르고드 개념을 도입하기도 하고 해석학의 지식을 대수 방정식 해의 존재 가능성에 적용해 자기동형 함수 개념을 발전시켰다.

● 직관주의자 푸앵카레는 수학에서는 수론 · 함수론 · 미분 방정식론에 업적을 남겼으며, 물리학 분야에서도 전자기파론 · 양자론 · 상대성이론에 공헌하였다.

그는 겸손하게도 자신이 알아낸 동형 함수 성질 가운데 일부를 독일의 수학자 푸크스의 이름을 따서 푸크시안이라고 명명했다. 그리고 푸크시안이 비유클리드 기하학에서 발생하는 변환과 관계가 있음을 알아냈다. 푸크스는 미분 방정식론 창시자의 한 사람이다.

수학에 대한 중요한 기여로 1887년 파리 과학아카데미의 회원이 된 그는 수학자로 명성을 얻은 뒤 수학의 의미를 일반 대중에게 설명하는 데 자신의 문학 재능을 십분 활용하였으며, 수학적 발견과 창조의 심리 상태를 탐구하는 한편 잠재 의식을 중요시했다.

푸앵카레는 어떤 수학적 결론은 선험적이며 논리학과 무관하다고 주장했다는 점에서 근대 직관주의 학파의 선구자이다. 후세의 수학자들은 푸앵카레야말로 수학 분야에서 전반적으로 능통한 마지막 학자로 평가하기도 한다.

그는 매년 소르본에서 순수 또는 응용 수학의 다른 주제에 관하여 명쾌한 강의를 하였는데, 이 강의 내용을 일반 대중에게 보급시키려는 그

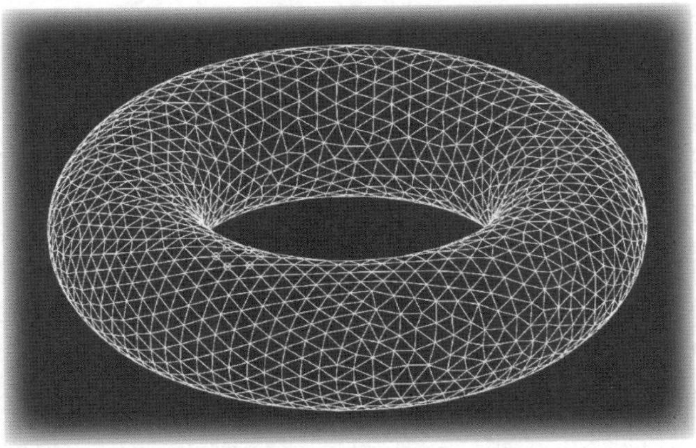

● 푸앵카레의 정리에서 얻을 수 있는 곡면인 꼬인 토러스의 모습은 오늘날 우주선의 모델이 되었다.

의 애정 어린 노력으로 대부분 곧바로 출판되었다.

그의 비싸지 않은 보급판 해설서는 날개 돋친 듯 팔렸고, 모든 직업의 사람이 널리 읽었으며, 그것은 명쾌한 설명과 매력적인 문장의 뛰어난 대중 수학서로 평가받았고, 여러 언어로 번역되었다.

사실상 푸앵카레의 인기 있는 책은 문학적으로도 매우 뛰어나서 프랑스 작가의 최고의 영예인 프랑스 학술원의 문학부분 회원으로 뽑혔다.

푸앵카레는 한 분야에 결코 오래 머물려고 하지 않았고, 이 영역에서 저 영역으로 재빠르게 옮겨다니길 좋아했다. 그래서 그의 동시대인 중의 한 사람은 그를 '식민지 개척자가 아닌 정복자'로 묘사하기도 했다.

미분 방정식에 관한 그의 박사학위 논문은 해의 존재 정리에 관한 것이었다. 이 논문을 통해 그는 자기동형함수, 특히 소위 제타-푸크스 함수의 이론을 발전시켰는데 푸앵카레는 이것이 대수적 계수를 가지는 2계 선형미분 방정식을 푸는 데 이용될 수 있음을 보였다.

푸앵카레는 라플라스처럼 확률론 분야에 상당한 기여를 하였다. 그는 또한 20세기의 관심분야인 위상 수학에 참여하여 오늘날 수열적 위상 수학의 푸앵카레군에 그의 이름이 들어가게 된다.

응용수학에서 이 다재다능한 천재는 광학, 전기학, 전신, 모세관 현상, 탄성, 열역학, 전위 이론, 양자 이론, 상대성 이론, 우주 진화론 같은 다양한 분야에 기여했다.

상당히 신중한 수학자였던 가우스와 매우 대조적인 사람으로 평가받고 있는 푸앵카레는 약간 어눌하고 매우 예민한 데다 근시가 있어 항시 안정하지 못하고 서성거렸는데 이럴 때도 골똘히 머리로는 수학을 연구하였다. 그러다 아이디어가 떠오르면 재빨리 메모하여 놓치는 부분 없이 논문으로 만들었다.

79 / 형식주의와 힐베르트

유클리드 원론의 논리적 결함을 극복하면서 탄생한 비유클리드 기하학은 근 · 현대 수학을 좀 더 엄격한 공리론적 수학으로 그 개념과 방법을 발전시키고 체계화하는 계기를 만들었다.

특히 수학자 힐베르트(David Hilbert, 1862~1943)는 근 · 현대 수학의 체계화에 큰 영향을 끼친 인물이다. 그의 연구들로 인해 수학은 형식적이고 체계적인 기호들로 이전에 비해 더 엄밀하게 논증할 수 있게 되었다. 후대의 수학자들은 이를 두고 형식주의 수학이라고 부르고 있다.

19세기에서 20세기에 걸쳐 세계 수학을 이끈 주역인 힐베르트는 1862년 쾨니히스베르크에서 태어나 쾨니히스베르크 대학교에서 1884년에 박사 학위를 받았고 그 대학교에서 처음에는 무급 강사로 나중에는 교수로 강의하였다.

1892년 슈바르츠가 괴팅겐 대학에서 베를린 대학으로 자리를 옮기자 클라인은 힐베르트에게 괴팅겐 대학 수학교수를 맡아줄 것을 부탁한다.

그러나 클라인은 동료 교수들을 설득하는 데 실패해 하인리히 베버가 그 자리를 맡게 됐고, 3년 뒤 베버가 스트라스부르크로 떠나게 되자 클라인의 의도대로 힐베르트는 1895년 봄에 괴팅겐 대학의 교수 자리를

● 현대수학의 아버지라 불리우는 힐베르트는 기하학을 공리화하고, '힐베르트 공간'을 정의하여 함수 해석학의 기초를 닦아 일반 상대성이론을 수학적으로 정의하는 데 핵심적인 역할을 하였다.

맡게 되었다.

괴팅겐 대학으로 이적한 힐베르트는 괴팅겐 대학을 수학천재들의 중심지로 명성을 떨치게 만들었고 1930년 괴팅겐 대학에서 퇴임하였다. 정년 후 1943년에 제2의 고향이었던 괴팅겐에서 죽음을 맞이한다.

힐베르트는 폭넓은 수학자였으며 많은 분야에서 매우 중요한 공헌을 하였다.

중요 연구 분야로는 대수적 불변량 정리, 대수적 수론, 공리론으로 연구를 시작했던 기하학의 기초, 디리클레 문제와 변분법, 스펙트럼 정리와 힐베르트 공간개념을 포함한 적분 방정식 등이 있다. 또 수리 물리학 외에도 기체의 운동이론과 상대성이론, 그리고 수학의 기초와 수리 논리에 대한 비판적 연구에도 관심을 보였다.

그는 특히 기하학 분야에 가장 큰 공헌을 했는데 기하학 분야에 있어 힐베르트는 유클리드 이후 가장 커다란 영향을 끼친 수학자다. 유클리드

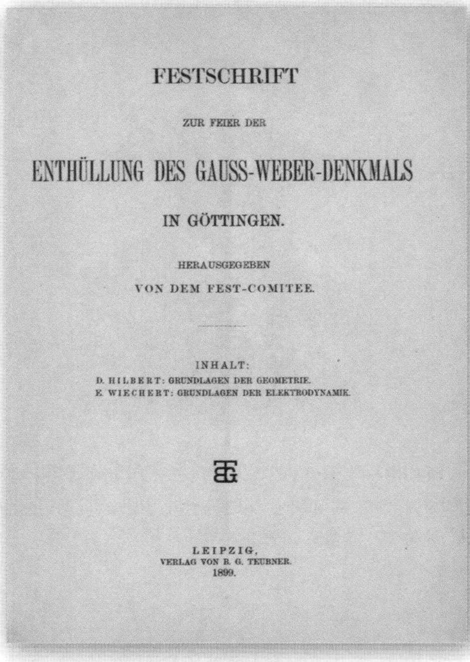
FESTSCHRIFT

ZUR FEIER DER

ENTHÜLLUNG DES GAUSS-WEBER-DENKMALS

IN GÖTTINGEN.

HERAUSGEGEBEN

VON DEM FEST-COMITEE.

INHALT:

D. HILBERT: GRUNDLAGEN DER GEOMETRIE.

E. WIECHERT: GRUNDLAGEN DER ELEKTRODYNAMIK.

LEIPZIG,

VERLAG VON B. G. TEUBNER.

1899.

● 힐베르트는 『기하학의 기초』에서 공리적으로 방법을 제시해 새로운 사고를 이끌어내었다.

기하학의 공리들을 체계적으로 연구한 힐베르트는 유클리드처럼 21개의 공리를 제시했다.

1899년에는 유클리드 기하학을 대체할 새로운 『기하학의 기초』를 출판한다. 이 책은 점과 직선, 평면, 그리고 이들 사이의 여섯 가지 관계 유형에 관한 21개의 공리로 구성되어 있다.

이어 1900년 힐베르트는 파리에서 열린 국제수학자 회의에서 '수학의 문제들'이란 연설문을 통해 다가올 20세기에 해결해야 할 23개의 미해결 문제들을 제시했다.

당시 눈길을 끌었던 이 문제들은 20세기 수학에 커다란 도전정신과 활력을 불러일으켰다. 그 후 많은 수학자들은 이 근본적인 문제들에 대해 큰 관심을 가졌다. 그리고 힐베르트의 23문제들은 그중 하나가 풀릴 때마다 커다란 사건이 되었다.

1900년 이후 수학사에 있어 힐베르트가 차지하게 된 위상은 아주 커졌고 대학이나 각종 단체에서 그를 초청하려고 애썼다.

그 후 그는 1902년 베를린 대학으로부터 들어온 교수 제의를 거절하고 오히려 무척이나 아끼던 민코프스키를 불러와 같이 공부하며 가르쳤다.

그의 무한차원 공간에 대한 연구는 이후 '힐베르트 공간'으로 불렸으며, 힐베르트 공간은 해석학과 양자역학에 유용한 개념이 됐다.

힐베르트는 순수 수학 분야뿐만 아니라 수학의 응용에도 많은 관심을 보였다. 그는 양자 역학에 쓰이는 파장 방정식 공간을 만들어낸 수학자이며, 1915년에는 아인슈타인보다 먼저 일반상대론의 핵심인 중력 방정식을 발견했지만 힐베르트는 우선권을 주장하지 않았다고 한다.

당시 물리학자 하이젠베르크와 슈뢰딩거가 주장한 행렬 역학과 파장 역학이 수학적으로는 결국 같다는 사실을 밝히기도 했다. 이 때문에 수학자들은 물리학의 수학화에 적극적으로 나서게 됐으며 힐베르트는 "물리학은 물리학자들에게만 맡기기엔 너무나 어렵다!"라는 말을 하기까지 했다.

현대 이론 물리학자들은 수학을 언어와 도구로 하지 않고는 그 무엇도 할 수 없는 게 현실이다.

80 / 여성 수학자 에미 뇌터

남성과 여성 어느 쪽이 수학을 잘할까에 대한 질문에 대해 단정적으로 대답하기는 곤란하다. 그러나 교단에서 수학을 가르치는 필자의 경험에 의하면 수학 공부는 확실히 여학생들이 우수하다는 사실은 말할 수 있다. 장학금을 받는 것도 여학생이 더 많은 것을 보면 여성의 차분함이 수학 공부에 도움이 되는 면이 있지 않나 하는 생각이 든다.

하지만 불행히도 수학 역사는 (적어도 기록에 의하면) 거의 남성들에 의해 이루어져 왔다.

그러나 현대 수학에 들어오면서 많은 여성들이 활약하고 있어 다행스러운 일이다. 그중에서도 대수학에 가장 걸출하게 공헌한 여성이 있어 소개한다. 그녀는 바로 에미 뇌터(Emmy Noether, 1882~1935)이다.

자신의 의지와 부모의 격려에 힘입어 그녀는 여자가 고등 교육을 받는 데 비판적이었던 당시의 편견을 이겨낼 수 있었으며, 특히 그녀 어머니의 딸에 대한 사랑은 지극했다고 한다.

당시 여성에 대한 편견은 1898년 에를랑겐의 과학원에서 발표한 문서에 잘 반영되어 있는데, '여학생들의 입학은 모든 교육 질서를 뒤엎는 일'이라고 주장한 기록이 남아 있다.

● 에미 뇌터는 '뇌터 정리'와 '뇌터 환'으로 현대 수학에 큰 족적을 남겼으며, 아인슈타인으로부터 '여성의 고등교육이 시작된 이래 가장 훌륭하고 창조적인 수학의 천재였다'는 찬사를 받았다.

그녀는 에를랑겐 대학의 학생이 제법 많은 학급에서 다른 1명의 여학생과 함께 수학 강의를 청강했다. 그 대학은 여학생들을 공식적으로 등록시키지 않았는데 1904년에 규정을 바꿈으로써 그녀는 정식 학생으로 등록해 학업을 계속할 수 있었고 1907년에 모교에서 수학으로 박사 학위를 받고 교수로 재직하는 영광을 누린다.

뇌터의 수학적인 장점은 어려운 개념들을 추상적으로 변형하는 능력에 있었다. 수학 연구에서 강력한 도구로 사용되는 공리적 방법을 개발하는 데 기여했던 그녀는 현대 대수학의 발전에 큰 역할을 했다.

예를 들면, 그녀는 대수학을 위상 수학과 연결시키기를 제안하면서 획기적으로 새로운 수학 연구 분야를 창출하는 데 영향을 끼쳤다. 그녀는 특히 가환군에 대해 깊이 연구하였는데 가장 기념비적인 것은 이데알들이 위로 연쇄하는 조건에 대해 1921년에 발표한 「환에서의 이데알 이론」이라는 논문이다.

● 칸딘스키의 작품으로 자유롭고 다양하게 표현한 기하학적 추상화 그림이다.

이러한 업적으로 인해 수학자 바일은 그녀의 추모식에서 "그녀는 무엇보다도 대수학 연구에서 새롭고도 획기적인 사고 방법을 창출했다"라고 칭송했다.

여자들이 고등 교육을 받아서는 안 된다고 생각했던 남자 교수들의 끊임없는 저항에도 불구하고, 뇌터는 에를랑겐과 괴팅겐 대학에서 아주 성공적이며 인기가 많은 교수 생활을 했다.

클라인이 힐베르트를 사랑하여 괴팅겐 대학으로 데려왔던 것처럼 힐베르트는 1907년에 뇌터를 에를랑겐 대학으로부터 괴팅겐 대학으로 데려오려 했으나, 동료 교수들이 그가 여성이라는 점을 들어 반대했다. 힐베르트는 매우 실망하여 교수 채용에 있어서 성이 왜 문제인가라고 항의했으나 받아들여지지 않았다.

그러다 제1차 세계대전이 끝나면서 정치상황의 변화로 1922년에 드디어 괴팅겐 대학으로 옮겨오게 된다. 그녀는 자기 학생들을 진심으로 돌보았으며, 거의 대부분이 남학생이었던 그녀의 학생들을 괴팅겐에서는 '뇌터 보이'라고 불렀다.

그러나 1933년 히틀러가 독일의 정권을 장악하면서 뇌터는 다른 유태계 지식인들과 함께 모든 학술 활동에 참여하는 것을 금지 당했다.

그녀는 미국으로 이민을 가서 브린모어 대학과 뉴저지의 프린스턴 고등연구소에서 강의와 연구를 계속했다. 그녀는 미국에서 2년도 되지 않는 세월을 보냈으나 동료들과 학생들로부터 많은 존경과 우정을 얻었다.

1935년 그녀는 종양 제거 수술을 받다가 뜻하지 않게 운명했으며, 그녀의 죽음은 전 세계의 많은 친구들을 슬프게 했다.

그녀의 친구였던 모스크바 수학회의 알렉산드로프는 그녀를 회고하며 이런 찬사를 보냈다. "에미 뇌터는 최고의 여성 수학자였으며, 위대한 과학자였으며, 훌륭한 스승이었으며, 또한 언제까지나 기억에 남을 인물이다."

81 / 최초의 여성 수학자 히파티아

2009년 스페인에서 제작된 영화 '아고라(agora, 광장)'는 2011년 우리나라에서도 개봉되어 관객들에게 강렬한 인상을 남겼다. 이 영화의 주인공은 바티칸미술관의 서명의 방 프레스코 벽화에서도 만날 수 있다.

이 벽화는 르네상스시절 이탈리아 화가 라파엘로(Sanzio Raffaello, 1483~1520)가 1509~1510년에 걸쳐 그린 그의 대표작품 '아테네 학당'이라는 유명한 벽화이다. 여기에는 그리스와 로마 시대의 저명한 철학자와 수학자 60여 명이 그려져 있다. 손을 들어 하늘을 가리키고 있는 플라톤, 손바닥이 바닥을 향하고 있는 아리스토텔레스, 그리고 그들의 스승인 소크라테스와 제자들이 제일 먼저 보인다.

수학자인 필자에게는 이 벽화에서 다음 사람들이 눈에 띤다. 누워 있는 디오게네스, 우측 전면에 컴퍼스를 들고 서있는 유클리드와 제자들, 이와 대칭되는 좌측에 피타고라스와 제자들의 모습이다.

그런데 그림 속 인물 중에서 가장 돋보이는 한 사람이 있다. 이 벽화의 하단 왼쪽에 유일하게 여성 한 사람이 당당하게 서서 전면을 바라보고 있다. 이 벽화에서 유일무이한 여성이면서 당당한 태도로 서서 정면을 응시하는 이 여성은 누구일까?

● 최초의 여성 수학자 히파티아.

이 여성은 최초의 여성 수학자, 천재 천문학자, 신플라톤주의 철학자라는 수식어를 갖고 있는 히파티아(Hypatia)다. 영화 '아고라'의 주인공이 바로 그녀이다. 그녀는 355년경에 이집트의 알렉산드리아에서 태어났고 415년경에 죽은 것으로 추정된다.

그녀의 아버지 테온(Alexandria Theon, 350?~400) 역시 뛰어난 수학자이자 천문학자였으며, 국립연구소인 뮤세이온(Mouseion)의 회원이며 알렉산드리아 도서관의 관장이었다. 히파티아는 아버지의 영향을 받아 수학과 천문학, 철학 등에 능통했고, 뛰어난 강의로 많은 제자들을 두었다.

그 무렵 로마제국에서는 철학과 기독교 사이에 갈등이 지속되고 있었다. 기독교에서는 철학이 기독교의 정통성을 위협한다는 입장이었고, 철학에서는 신성(神性)보다 인성(人性)을 앞세우는 입장이었기에 둘은 서로 대립할 수밖에 없었다. 기독교 입장에서는 과학적이고 신플라톤주의 철학자인 히파티아를 대표적인 이교적 인물로 인식했다.

강경파 키릴로스(Kyrillos)가 주교로 임명되면서 알렉산드리아의 중심

● 라파엘로의 작품 아테네 학당.

인물이던 히파티아는 눈엣가시였다. 키릴로스는 추종자들을 이용하여 히파티아를 납치, 고문하고 결국 불 속에 던져 죽인다. 영화 '아고라'에는 이런 대사가 나온다.

"감히 여자가 지식으로 사람들의 영혼을 농락하고 신의 섭리를 부정하다니!"

당시의 종교적, 정치적 격랑 속의 편견이 그녀를 희생양으로 몰아간 것이다. 그녀의 죽음 이후 많은 학자들이 알렉산드리아를 떠나면서 학문적 중심이 무너지고 우리가 암흑시대라 부르는 중세 기독교 시대가 시작된다.

히파티아의 일대기는 소설가 브라이언 트렌트(Brian Trent)에 의해 소설로 재조명되어 우리에게 소개되기도 했다(『소설 히파티아』, 전영택 옮김, 궁리, 2007). 그리고 영화 '아고라'를 통해 히파티아의 파란만장한 모습이 세상에 알려졌다. 그러나 안타깝게도 그녀의 수학적 업적이나 저서는 전해지는 것이 그리 많지 않다.

일차와 이차 방정식을 주로 다루는 '디오판토스의 대수'와 원추곡선에 대한 '아폴로니우스의 원추곡선'은 물론 '프톨레마이오스의 천문학설'이라는 아버지 테온의 저서에 대한 해설서 등을 집필하였으나 대부분 약탈당하거나 파손되어 현재는 어느 것도 전하고 있지 않다. 10세기에 쓰인 비잔틴 백과사전 수이다스에 그녀의 수학과 천문학에 관한 저서가 몇 권 소개되어 있다. 다행히 그녀의 저서 중 '디오판토스의 천문규칙에 관하여'란 책의 일부분이 지금까지 전해져 오고 있다.

지적일 뿐만 아니라 아름답기까지 했던 그녀에게는 구혼자들의 청혼이 끊이지 않았는데 그녀는 늘 자신은 '진리와 결혼했다'는 말로 그들의 청혼을 물리쳤다고 한다. 그랬던 히파티아의 학문적 업적이 거의 전해지지 않는다는 것은 안타깝기 그지없다.

마지막으로, 특별한 재능을 지녔지만 시대적, 종교적 이유로 오랜 세월 정당한 평가를 받지 못했던 그녀에 대한 두 사람의 평가를 소개한다. 과학적 입장에서의 긍정적인 평가와, 종교적 입장에서의 부정적인 평가이다. 독자 여러분은 시대적, 종교적 가치관에 의해 한 인물에 대한 평가가 얼마나 극명하게 갈릴 수 있는지를 알 수 있을 것이다.

> "알렉산드리아의 철학자 테온의 딸인 히파티아는 문학과 과학 분야에 당시의 모든 사람들을 훨씬 뛰어넘는 업적을 이루었다."
>
> – 소크라테스 스콜라스티쿠스의 교회사

> "당시 알렉산드리아에 히파티아라는 이교도 여성 철학자가 나타나서 모든 시간을 마술에 쏟으면서 악마 같은 계략으로 수많은 사람을 현혹시켰다."
>
> –니키우의 주교 요한의 연대기

마지막으로 영화 대사 중 한 마디를 소개한다.

"나는 이미 진리와 결혼했어요."

당시 저명한 귀족출신 남성들의 구애를 거절하는 히파티아의 명대사다.

82 러시아 여성 수학자 소피아 코발레프스카야

독일 여성 수학자 에미 뇌터를 소개하면서 이미 언급한 바 있지만 20세기 초까지 유럽에서 여성은 학문적 욕구를 충족할 수 있는 정규 배움의 길에서 완전히 제외되어 있었다. 간혹 재능 있는 젊은 여성들이 제도권 교육을 기웃거리는 것도 허락하지 않는 분위기였다.

그러나 이런 사회적 여건 속에서도 수학이란 분야의 매력에 빠져 끊임없는 연구를 통해 큰 성과를 이룬 여성들도 존재한다. 세계 3대 여성 수학자를 소개하라면 필자는 단연코 '에미 뇌터'와 '소피아 코발레프스카야' 그리고 2014년에 필즈상을 탄 '마리암 미르자카니'를 꼽을 것이다. 여기서는 불꽃같은 열정으로 삶을 살았던 러시아 여성수학자 소피아 코발레프스카야(Sofia Kovalevskaya, 1850~1891)를 소개한다.

그녀는 편미분방정식에서 유명한 '코시-코발레프스키 정리'를 증명한 것으로 널리 알려졌다. 중 · 고등학교 시절 수학을 공부하면서 '코시(Cauchy)'를 한번쯤은 들어보았을 것이다. 당대 최고 수학자이며 해석학에 혁혁한 공을 세운 코시와 함께 수학을 공부한 그녀는 수학 발전에 많은 업적을 남겼다.

누군가 수학도라면 시인 아닌 사람이 없다고 했던가? 그녀 역시 문학

● 코발레프스카야는 유럽 최초의 여자 대학교수가 되었으며, 편미분방정식, 대수함수에 관한 논문 등 많은 논문을 발표하였다.

에도 대단한 소질을 지녔다고 알려져 있다. 그녀의 학문적 업적에 앞서 그녀의 성장배경에 대해 간단히 소개하겠다.

소피아는 러시아 귀족 출신의 아버지 쿠르코프스키와 독일 명문가 출신의 어머니 슈베르트에게서 2녀 1남의 둘째 딸로 태어났다. 포병장교였던 아버지는 엄격했고, 외국어와 음악에 재능이 있었던 어머니는 자부심이 강했다. 부모는 둘째 딸인 그녀에게 관심이 없었다. 대신 수학에 관심이 많았던 삼촌이 그녀를 귀여워했고, 늘 그녀와 수학에 관해 토론하곤 했다. 소피아가 수학적으로 재능이 있다는 사실도 삼촌이 처음 알아챘고 부모에게 전했다. 아버지의 칭찬과 관심은 그녀가 수학에 더욱 몰두하게 된 계기가 되었다.

그녀는 16살 때, 상트페테르부르크에서 유명한 수학선생 스트라노류프스키를 만나 미적분학 수업을 받게 됐는데 첫 수업에서 그녀의 빠른 이해에 스트라노류프스키가 크게 놀랐다고 한다.

소피아는 수학을 본격적으로 공부하고 싶었지만 당시의 러시아는 대학에 여성 입학을 금하고 있었다. 외국에 나가려 해도 미혼 여성은 부친이나 남편의 보증이 필요했다. 그녀는 외국에서라도 공부를 이어가기 위해 18살의 나이로 위장결혼을 하게 된다.

소피아는 남편과 1869년 독일 하이델베르크로 가서 공부하기 위해 그곳에 남고 남편은 혼자 러시아로 돌아온다. 하이델베르크 대학에 청강생으로 등록한 그녀는 수학, 물리학, 화학 강좌를 청강했다.

소피아는 근대 해석학의 대부 카를 바이어슈트라스(Karl Weierstrass, 1815~1897) 밑에서 공부하기 위해 20살이 되던 1870년 8월 베를린 대학으로 갔다. 그러나 그곳 역시 여학생을 받아들이지 않는 폐쇄적인 곳이었다.

그녀는 할 수 없이 바이어슈트라스 집을 직접 찾아간다. 바이어슈트라스는 불쑥 찾아온 그녀를 거절하기 위해 대학원 수준의 어려운 문제를 내주며 일주일 내에 풀어오라고 했는데 소피아는 정확하고 완벽하게 문제들을 풀어냈다. 이에 감탄한 바이어슈트라스는 그녀를 자신의 제자로 받아들이고 개인적으로 수업을 해주었다.

소피아는 1874년에 '편미분방정식의 이론에 대하여'라는 논문을 썼고, 더 나아가 훗날 '코시-코발레프스키 정리'로 불리는 논제를 완성했다. 베를린 대학에서는 학위를 받을 수 없었기 때문에 소피아는 괴팅겐 대학의 박사학위 논문에 대한 심사를 신청했다.

소피아는 괴팅겐 대학의 심사 조건이었던 논문 세 편을 제출했고, 그녀가 '편미분방정식의 이론에 대하여', '제3종의 아벨 적분에 대하여', '토성 고리에 관한 라플라스의 연구에 대한 보충과 고찰'이라는 세 편의 논문에서 보여준 탁월함에 심사위원들은 만장일치로 그녀의 박사학위 수여에 찬성했다. 독일에서 수학으로 박사학위를 받은 최초의 여성이 된 것이다.

그 후 러시아로 돌아간 그녀는 유명한 수학자인 체비세프 등과 교류하며 활발히 활동하였으나 여성이라는 이유로 직장을 구하지 못했다. 그 사이 위장결혼을 했던 블라디미르와 정식 결혼식을 올렸고 두 사람 사이에 딸이 태어났다.

1875년경부터 소피아는 자신의 시, 비평, 소설 등이 상당히 호평받기 시작하면서 톨스토이, 투르게네프 등 문학계의 거장들과 교분을 쌓아갔다. 문학계와 사교계의 활동이 늘어가면서 그녀는 점점 수학에서 멀어져갔다. 이를 안타깝게 생각한 체비세프가 그녀에게 러시아 과학자회의에서 논문을 발표해 달라고 요청했다.

소피아는 아벨의 적분에 대한 논문을 러시아어로 번역하여 발표했는데 이것이 큰 반향을 불러일으킨다. 이에 용기를 얻은 소피아는 1879년 딸을 데리고 베를린으로 돌아가 바이어슈트라스를 만나 수학 연구에 대한 새로운 출발을 하게 된다. 우여곡절 끝에 1884년 여성이라 받았던 반대를 이겨내고 스웨덴의 스톡홀름 대학에서 교수가 되었다.

1888년 소피아는 '고정점을 중심으로 한 고체의 회전문제'라는 논문으로 프랑스 과학아카데미의 보르뎅 상(Prix-Bordin)을 수상한다. 그 상을 수상하는 기념 강연에서 그녀는 다음과 같이 말했다. 실제로 정열이 가득한 삶을 살았던 그녀였기에 더 큰 울림을 주는 말이다.

"당신이 아는 것을 말하라. 반드시 행해야 하는 것을 행하라. 가능성 있는 것은 놓치지 말고 성취하라"

"영혼의 시인이 될 수 없다면 좋은 수학자가 되는 것은 불가능하다"고 했던 소피아, 그녀는 좋은 수학자이자 뛰어난 문학가이기도 했다. 그러나 신이 다재다능했던 그녀를 너무 사랑했던 것일까. 수학과 문학에 큰 족적을 남긴 그녀는 안타깝게 1891년 41세의 젊은 나이로 열정적인 삶을 마감했다.*

---

* 소피아 코발레프스카야에 대한 필자의 글은 김혜숙 씨가 번역한 코둘라 톨민의 저서『소피아 코발렙스카야』(시와 진실, 2003)에 크게 빚지고 있다.

83 / 이란의 여성 수학자 마리암 미르자카니

2014년 8월 13일부터 21일까지 대한민국 서울 COEX에서 개최된 제27차 세계수학자대회에 세계 122개국의 수학자 5천여 명이 참가했다. 역대 최다 국가에서 최다 인원의 수학자가 참가한 대회였다. 이 대회는 수학자 마리암 미르자카니(Maryam Mirzakhani, 1977~2017)가 여성 수학자로는 최초로 필즈상을 수상하는 대회였다는 데 의미가 컸다.

당시 그녀는 유방암 말기 선고를 받고 투병 중이었다. 그녀는 이 사실을 고국 이란에 있는 가족에게도 알리지 않았고, 동료 수학자들 중 극히 일부만이 알고 있는 상황이었다. 당시 대회 조직위원회에서도 그녀의 참석이 어려울 것으로 전망하였으나 투병 중임에도 밝은 표정으로 참석해 대회를 빛낸 그녀에게 많은 수학자들이 감동과 찬사를 보냈다.

보수적인 이란 사회에서 태어나 여성 최초의 필즈상 수상자가 되기까지 그녀의 인생은 어떠했을까.

그녀는 1977년 이란의 테헤란에서 태어났다. 지정학적으로 현재의 이란이란 나라는 고대 바빌로니아 문명을 꽃피운 메소포타미아를 중심으로 한 페르시아제국에 뿌리를 두고 있다.

오늘날의 유럽 문명이 동서양을 연결하는 아랍의 이슬람 문명에 빚지

● 이란의 여성 수학자 마리암 미르자카니는 여성 최초로 필즈상을 수상하였다.

고 있다는 것을 누구도 부정하기 힘들 것이다. 수학 용어에도 이슬람 문명의 흔적이 남아 있다. 가깝게는 오늘날 우리가 사용하는 숫자를 '아라비아숫자'라고 부르는 것은 물론이고, 대수학을 지칭하는 '알지브라(Algebra)'는 이슬람 수학자 알 콰리즈미(Al Khwarizmi, 780~850)의 이름과 외과 의사들의 역할에서 나왔다는 설이 있다. 대수학에서 문제를 푸는 과정이 외과 의사들의 '접골 혹은 깁스를 한다'는 아랍어 용어인 '자브르'와 비슷하여 오늘날의 알지브라라는 용어가 되었다는 것이다.

이러한 수학적 뿌리가 있는 이란의 특수 고등학교에서 공부하던 그녀는 17세 때인 1994년 체코의 프라하에서 열린 국제수학올림피아드에 참가하여 42점 만점에 41점을 받아 이란 여학생으로는 처음으로 금메달을 수상하면서 수학계를 놀라게 했다. 그녀는 이듬해 1995년 캐나다에서 열린 이 대회에서 만점을 받아 금메달을 땄다.

같은 해 만점을 받았던 우리나라 신석우 학생은 현재 미국 버클리 대학 수학과 교수로 재직 중이다. 그의 필즈상 수상을 기대해 본다. 현재

종합성적은 1위 중국, 2위 미국, 3위 러시아이며 우리 나라는 4위를 유지하고 있다.

1999년 테헤란 샤리프 기술대학교 수학과를 졸업한 그녀는 미국으로 건너가 2004년 하버드대에서 박사학위를 받고 프린스턴대 교수가 되었다. 2008년 스탠포드대로 자리를 옮겨 재직하던 중 2017년 7월 15일 40세의 나이로 요절했다.

그녀의 유족으로는 체코 출신 이론컴퓨터 과학자인 남편과 여섯 살짜리 딸이 있고 이란 모국에는 부모님이 살아계신다.

그녀의 학문적 업적을 간략하게 소개한다.

미르자카니 교수는 기하학의 난제 중 하나로 꼽히는 '리만 곡면의 역학 · 기하학과 모듈라이 공간'을 주제로 논문을 써서 2014년 여성 최초로 필즈상을 받았다. 마흔 살 이전에 획기적 연구 성과를 낸 젊은 수학자에게 수여되는 필즈상이 여성에게 수여된 것은 1936년 이 상이 제정된 이후 78년 만에 처음이다.

그의 연구는 기하학과 동력학계 분야 연구를 통해 수학의 여러 분야를 연결하는 다리 같은 역할을 했다. 또한 우주의 기원을 밝히는 끈이론을 규명하는 데도 활용됐다. 그녀는 2016년 미국 국립과학원(NAS)의 정회원이 되었으며, 저명한 수학 상인 라마누잔상 심사위원이 되었다.

한동안 병이 호전되는 듯도 했으나 2013년부터 뼈조직에까지 암세포가 퍼져 2017년 세상을 떠났다. 그녀의 죽음 앞에서 요절했던 천재수학자들, 닐스 헨리크 아벨, 에바리스트 갈루아, 스리니바사 라마누잔, 게오르그 리만이 떠오르는 건 어쩌면 당연한 일인지도 모른다. 신은 천재를 너무 사랑해 빨리 데려가는 것일까.

미르자카니 교수는 학문적 공로도 크지만 세계 여성 과학 · 수학 꿈나무들에게 희망을 줬다는 데 더 큰 의미가 있다. 남성들이 주류를 이루는 수학계에서 최고 권위 상을 여성 수학자가 받은 것은 사실 이변이었다.

미르자카니 교수는 필즈상 수상 직후 한 연설에서 "중 · 고등학교 시절부터 부모님이 수학을 포기하지 않도록 끊임없이 격려해 주셨다"며 "젊은이들은 하고 싶은 일을 하라"고 조언했다. 그러면서 오늘날 자신을 있게 한 것은 "훌륭한 선생님과 좋은 친구, 언제든 산책을 갈 수 있는 서점이 가까이 있었기 때문"이라며 겸손한 모습을 보였다. 너무 빨리 사라져버린 별이기에 더 아쉽다.

수정증보판
수학은 자유이다

초판 발행 | 2003년 03월 05일
4쇄 발행 | 2008년 01월 10일
수정증보 발행 | 2020년 01월 10일

지은이 | 신기영
펴낸이 | 조승식
펴낸곳 | (주)도서출판 북스힐

등록 | 1998년 7월 28일 제22-457호
주소 | 서울시 강북구 한천로 153길 17
전화 | 02-994-0071
팩스 | 02-994-0073
홈페이지 | www.bookshill.com
이메일 | bookshill@bookshill.com

ISBN 979-11-5971-231-9
정가 16,000원